实例名称： 实战——简约企业招聘H5页面设计
视频位置： 视频\第6章\6.3 实战——简约企业招聘H5页面设计.mp4

实例名称： 实战——企业邀请函H5页面设计
视频位置： 视频\第6章\6.5 实战——企业邀请函H5页面设计.mp4

实例名称： 实战——七夕活动促销H5页面设计
视频位置： 视频\第6章\6.1 实战——七夕活动促销H5页面设计.mp4

实例名称： 实战——横幅广告Banner设计
视频位置： 视频\第4章\4.1 实战——横幅广告Banner设计.mp4

U0338500

实例名称： 实战——新品上市活动H5页面设计
视频位置： 视频\第6章\6.2 实战——新品上市活动H5页面设计.mp4

实例名称： 实战——食品小程序界面设计
视频位置： 视频\第3章\3.6 实战——食品小程序界面设计.mp4

实例名称： 实战——主播招募令设计
视频位置： 视频\第9章\9.1 实战——主播招募令设计.mp4

实例名称： 实战——直播宣传长页设计

视频位置： 视频\第9章\9.2 实战——直播宣传长页设计.mp4

实例名称： 实战——主播推荐海报设计

视频位置： 视频\第9章\9.3 实战——主播推荐海报设计.mp4

实例名称： 实战——游戏直播间设计

视频位置： 视频\第9章\9.5 实战——游戏直播间设计.mp4

实例名称： 实战——公众号封面设计

视频位置： 视频\第4章\4.2 实战——公众号封面设计.mp4

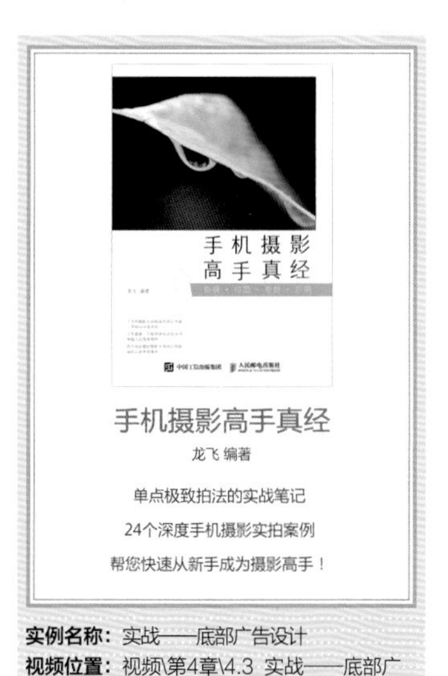

实例名称： 实战——底部广告设计
视频位置： 视频\第4章\4.3 实战——底部广告设计.mp4

实例名称： 实战——旅游小程序界面设计
视频位置： 视频\第3章\3.3 实战——旅游小程序界面设计.mp4

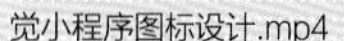

实例名称： 实战——绿色视觉小程序图标设计
视频位置： 视频\第3章\3.2 实战——绿色视觉小程序图标设计.mp4

实例名称： 实战——星东小程序界面设计
视频位置： 视频\第3章\3.4 实战——星东小程序界面设计.mp4

实例名称： 实战——婚纱摄影小程序界面设计
视频位置： 视频\第3章\3.5 实战——婚纱摄影小程序界面设计.mp4

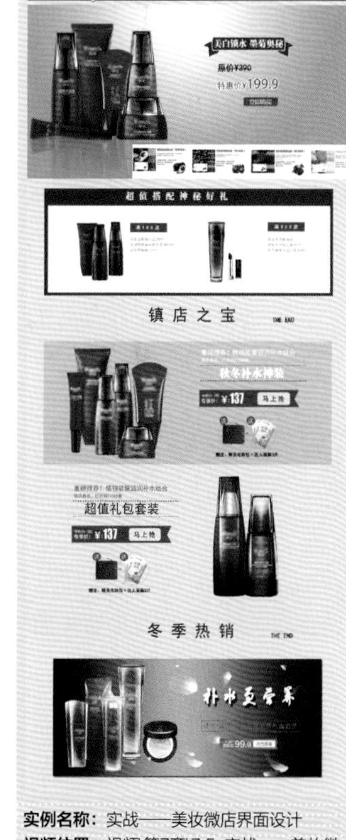

实例名称： 实战——美妆微店界面设计
视频位置： 视频\第7章\7.5 实战——美妆微店界面设计.mp4

实例名称： 实战——商品简介区设计
视频位置： 视频\第7章\7.3 实战——商品简介区设计.mp4

实例名称： 实战——店铺收藏设计
视频位置： 视频\第7章\7.4 实战——店铺收藏设计.mp4

实例名称：实战——微信口令红包H5页面设计
视频位置：视频\第6章\6.4 实战——微信口令红包H5页面设计.mp4

构图君

构图专家，垂直细分第一人

原创300篇文章，总结了500多种构图技法

赶快关注

向摄影技术再精进一点

实例名称：实战——公众号求关注设计
视频位置：视频\第4章\4.4 实战——公众号求关注设计.mp4

实例名称：实战——插画版朋友圈设计
视频位置：视频\第5章\5.5 实战——插画版朋友圈设计.mp4

实例名称：实战——名人版朋友圈设计
视频位置：视频\第5章\5.1 实战——名人版朋友圈设计.mp4

实例名称：实战——简介版朋友圈设计
视频位置：视频\第5章\5.2 实战——简介版朋友圈设计.mp4

实例名称：实战——店招版朋友圈设计
视频位置：视频\第5章\5.4 实战——店招版朋友圈设计.mp4

实例名称：实战——招代理朋友圈设计
视频位置：视频\第5章\5.3 实战——招代理朋友圈设计.mp4

实例名称：实战——店招设计
视频位置：视频\第7章\7.1 实战——店招设计.mp4

实例名称：实战——店铺公告设计
视频位置：视频\第7章\7.2 实战——店铺公告设计.mp4

实例名称：实战——微博主图设计
视频位置：视频\第8章\8.3 实战——微博主图设计.mp4

实例名称：实战——微博LOGO设计
视频位置：视频\第8章\8.1 实战——微博LOGO设计.mp4

实例名称：实战——主图水印设计
视频位置：视频\第8章\8.4 实战——主图水印设计.mp4

实例名称：实战——微博背景设计
视频位置：视频\第8章\8.2 实战——微博背景设计.mp4

实例名称：实战——主播顶部展示设计
视频位置：视频\第9章\9.4 实战——主播顶部展示设计.mp4

实例名称： 实战——推荐公众号设计
视频位置： 视频\第4章\4.5 实战——推荐公众号设计.mp4

实例名称： 实战——微博广告设计
视频位置： 视频\第8章\8.5 实战——微博广告设计.mp4

实例名称： 实战——添加“斜面和浮雕”样式
视频位置： 视频\第2章\2.1.7 实战——添加“斜面和浮雕”样式.mp4

实例名称： 实战——添加“描边”样式
视频位置： 视频\第2章\2.1.8 实战——添加“描边”样式.mp4

实例名称： 实战——添加“渐变叠加”样式
视频位置： 视频\第2章\2.1.9 实战——添加“渐变叠加”样式.mp4

实例名称： 实战——添加“投影”样式
视频位置： 视频\第2章\2.1.11 实战——添加“投影”样式.mp4

实例名称： 实战——添加“外发光”样式
视频位置： 视频\第2章\2.1.10 实战——添加“外发光”样式.mp4

实例名称： 实战——复制/粘贴图层样式
视频位置： 视频\第2章\2.1.12 实战——复制/粘贴图层样式.mp4

实例名称： 实战——运用裁剪工具裁剪图像
视频位置： 视频\第2章\2.1.13 实战——运用裁剪工具裁剪图像.mp4

实例名称：实战——旋转/缩放图像

视频位置： 视频\第2章\2.1.14 实战——旋转/缩放图像.mp4

实例名称： 实战——用“反向”命令抠图

视频位置： 视频\第2章\2.2.1 实战——用“反向”命令抠图.mp4

实例名称： 实战——用多边形套索工具填充图像

视频位置： 视频\第2章\2.2.3 实战——用多边形套索工具填充图像.mp4

实例名称： 实战——用矩形选框工具抠图

视频位置： 视频\第2章\2.2.2 实战——用矩形选框工具抠图.mp4

实例名称： 实战——扩展选区图像

视频位置： 视频\第2章\2.2.4 实战——扩展选区图像.mp4

实例名称： 实战——将路径转换为选区

视频位置： 视频\第2章\2.2.5 实战——将路径转换为选区.mp4

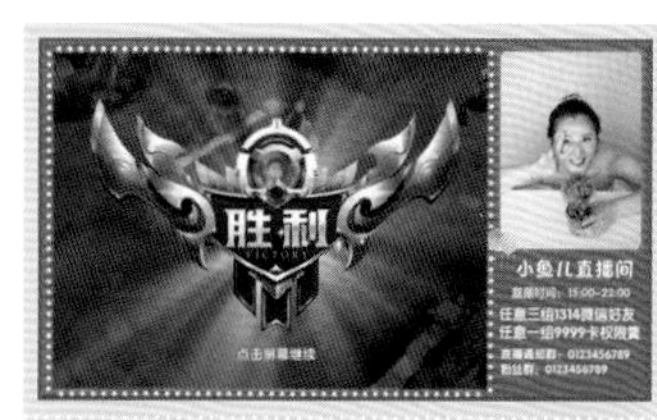

实例名称： 实战——应用剪贴蒙版抠图

视频位置： 视频\第2章\2.2.7 实战——应用剪贴蒙版抠图.mp4

实例名称： 实战——应用矢量蒙版抠图

视频位置： 视频\第2章\2.2.6 实战——应用矢量蒙版抠图.mp4

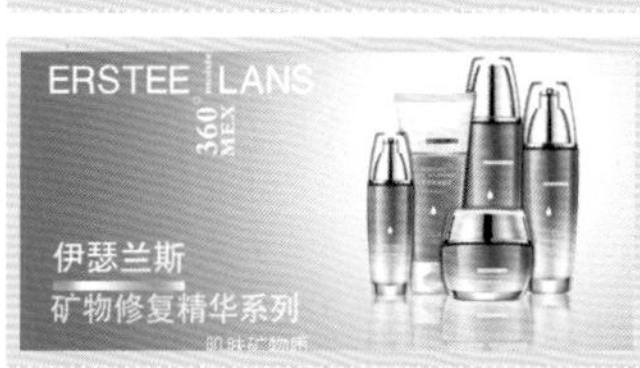

实例名称： 实战——运用渐变工具填充渐变色

视频位置： 视频\第2章\2.3.1 实战——运用渐变工具填充渐变色.mp4

实例名称： 实战——使用“亮度/对比度”命令

视频位置： 视频\第2章\2.3.2 实战——使用“亮度/对比度”命令.mp4

实例名称：实战——使用“曲线”命令
视频位置：视频\第2章\2.3.3 实战——使用“曲线”命令.mp4

实例名称：实战——使用“自然饱和度”命令
视频位置：视频\第2章\2.3.4 实战——使用“自然饱和度”命令.mp4

实例名称：实战——使用“黑白”命令
视频位置：视频\第2章\2.3.6 实战——使用“黑白”命令.mp4

实例名称：实战——使用“色相/饱和度”命令
视频位置：视频\第2章\2.3.5 实战——使用“色相/饱和度”命令.mp4

实例名称：实战——输入横排文字
视频位置：视频\第2章\2.4.1 实战——输入横排文字.mp4

实例名称：实战——输入沿路径排列文字
视频位置：视频\第2章\2.4.4 实战——输入沿路径排列文字.mp4

实例名称：实战——输入直排文字
视频位置：视频\第2章\2.4.2 实战——输入直排文字.mp4

实例名称：实战——输入段落文字
视频位置：视频\第2章\2.4.3 实战——输入段落文字.mp4

新媒体美工设计全攻略

周凤◎编著

小程序＋公众号＋朋友圈＋H5界面＋微商＋微博＋直播

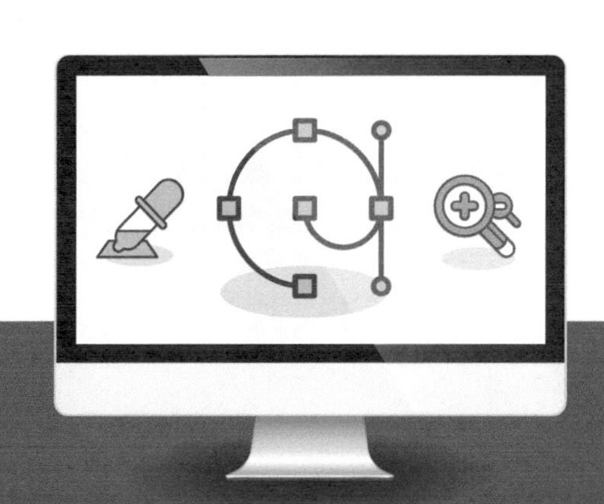

人民邮电出版社
北京

图书在版编目（CIP）数据

新媒体美工设计全攻略 ：小程序+公众号+朋友圈+H5界面+微商+微博+直播 / 周凤编著. -- 北京 ：人民邮电出版社，2018.5（2023.8重印）
ISBN 978-7-115-47987-7

Ⅰ. ①新… Ⅱ. ①周… Ⅲ. ①图象处理软件 Ⅳ. ①TP391.413

中国版本图书馆CIP数据核字(2018)第051727号

内容提要

本书主要讲解如何利用 Photoshop CC 软件进行新媒体广告设计与制作。全书内容丰富，采用理论与实例相结合的讲解方式。第 1 章主要讲解新媒体设计的基础知识；第 2 章介绍运用 Photoshop 软件设计新媒体界面的必备操作与技巧；第 3～9 章，通过 35 个优秀案例来展示小程序、公众号、朋友圈、H5 界面、微商、微博、直播等 7 类热门平台各个模块的设计制作方法，涵盖多个行业与多种类型。

本书附赠的资源文件包括书中所有案例的源文件素材以及 PSD 效果文件，共计 280 多款。同时还配有 500 分钟的高清视频，全程同步式对所有案例进行讲解，并提供移动端扫码在线观看和本地下载播放两种方式，让您轻松学习，高效利用，成为新媒体设计行家。

本书结构清晰，适合新媒体广告设计初学者、内容创业者、新媒体从业人员等学习使用，同时也可以作为各类计算机培训机构、大中专院校等相关专业的辅导教材。

◆ 编　　著　周　凤
　责任编辑　张丹阳
　责任印制　陈　犇
◆ 人民邮电出版社出版发行　　北京市丰台区成寿寺路 11 号
　邮编　100164　　电子邮件　315@ptpress.com.cn
　网址　http://www.ptpress.com.cn
　北京捷迅佳彩印刷有限公司印刷
◆ 开本：700×1000　1/16　　彩插：4
　印张：18　　2018 年 5 月第 1 版
　字数：453 千字　　2023 年 8 月北京第 8 次印刷

定价：59.00 元

读者服务热线：(010)81055410　印装质量热线：(010)81055316
反盗版热线：(010)81055315
广告经营许可证：京东市监广登字 20170147 号

FOREWORD 前言

有没有发现，现在越来越多的企业和明星开始玩起了新媒体，运用亲民的头像与昵称、流行的网络词汇与大众进行交流，颠覆以往高不可攀的形象，变得“萌萌哒”。为什么会有这样的变化呢？因为以微信、微博为主体的新媒体，主要具有四大优势，分别是宣传成本低、能与消费者互动、广告创意发挥空间大和有效提高品牌信任度，正是这四大优势使得新媒体受到许多企业的青睐，成为新时代重要的信息传播方式。

由于新媒体的日趋火爆，新媒体美工也应运而生。新媒体美工主要是对传播载体进行美化，使其给大众带来更加舒适的视觉体验。

本书内容

本书从众多的新媒体平台中精选一些热门平台，包括小程序、公众号、朋友圈、H5界面、微商、微博、直播等7个热门平台，每个平台选取5个示范案例，详细讲解了多种行业与多个模块的制作方法，手把手教大家制作爆款新媒体界面，帮助你赢得更大的市场与机会。

本书主要分为三大块内容：第1章主要讲解了新媒体的定义、色彩搭配常识、界面的文字设计、常见的版式布局和一些设计时的注意事项；第2章主要介绍运用Photoshop设计新媒体界面的必备操作，包括抠图技巧、调色技巧和文字排版技巧等；第3～9章重点介绍小程序、公众号、朋友圈、H5界面、微商、微博、直播7个热门平台各个模块的设计制作方法等内容，涵盖多个行业与多种类型。

本书特色

（1）专注新媒体设计：本书精选小程序、公众号、朋友圈、H5界面、微商、微博、直播等7个热门平台，通过65个案例，详细讲解了各个平台各个模块的制作方法，让界面变得更有吸引力，更加精确地传达所要表达的信息；同时，各个案例在力求实用的基础上尽量做到精美、漂亮，一方面培养读者朋友的美感，另一方面让读者在学习中享受美的视觉感受。

（2）“理论+实例”相结合：本书并没有讲大篇幅的理论知识，而是以案例为主，实战为王。共计65个优秀的案例可以让读者在短时间里学会更多的内容，也可以避免在学习的过程中走弯路。从多个案例中体会并掌握新媒体设计的要点，让读者快速成为一位新媒体设计高手！

（3）随书附赠所有案例的素材文件和效果源文件，以及500分钟高清语音教学视频，全程同步对所有案例进行讲解，读者可扫描“资源下载”二维码，关注“数艺社”微信公众号获得文件下载方法，或随时扫描案例旁边的二维码在线观看讲解视频。

资源下载

适合读者

本书结构清晰，适合于网站美工、网店美工、微店美工、图像处理人员、平面广告设计人员、网络广告设计人员等学习使用，也可供网络直播平台从业者、内容创业者、互联网创业者、新媒体从业者、H5开发人员、公众平台运营者、微博运营者、企业经营者、营销人员以及普通读者等人群阅读，同时，也可以作为各类计算机培训中心、大中专院校等相关专业的辅导教材。

本书作者

本书主要由绥化学院周凤编著，其中约450千字由周凤老师编写，其他参与编写的人员还有龙飞、郭珍、苏高、胡杨等人，在此一并表示感谢。由于作者知识水平有限，书中难免有错误和疏漏之处，恳请广大读者批评、指正，联系微信号：157075539。

目录

CONTENTS

第 1 章 快速入行：新媒体美工

第 2 章 软件入门：Photoshop基础

第 3 章 微信小程序界面设计

第 4 章

微信公众号界面设计

第 5 章

微信朋友圈界面设计

第 6 章

H5手机网页界面设计

CONTENTS

目录

第1章

快速入行：新媒体美工

学习提示

新媒体是新技术的支持下产生的一种新的媒体形态，它可以同时向所有关注者提供同样的内容，并且能让传播者与接收者进行交流，它被形象地称为“第五媒体”。新媒体将成为新时代的主要传播方式，所以对新媒体界面进行美化的新媒体美工也将成为一种热门的职业。

本章重点导航

- 新媒体美工的定义
- 设计必备的色彩知识
- 字体赋予界面竞争力
- 版式布局突显格调
- 新媒体设计注意事项

今年七夕
怎么过
?

空中有个家

1.1 新媒体美工的定义

新媒体是相对于传统媒体来说的，它是一种利用数字技术、网络技术、移动技术，通过互联网、无线通信网、有线网络等渠道，以及电脑、手机、数字电视机等终端，向用户提供信息和娱乐的传播形态。

它可以同时向所有关注者提供个性化的内容，使传播者与接受者对等的交流。由于它的交互性与即时性，海量性与共享性，多媒体与超文本，个性化与社群化等特性，使其在业界迅速发展，因此，新媒体美工也便应运而生。

新媒体美工主要是对传播载体进行美化，使其更容易被大众所了解与接受。本书主要选取了一些热门的传播平台进行案例示范，图1-1便是一些运用新媒体美工技术设计的界面。

图1-1 新媒体设计

1.2 色彩让界面更具魅力

对于打开界面的用户来说，他们首先会被界面中的色彩所吸引，然后根据色彩的差异对画面的主次逐一进行了解。本节主要对新媒体的色彩设计知识进行讲解，这些基础知识也是后期新媒体设计配色中的关键所在。

1.2.1 色调奠定主旋律

在大自然中，我们经常见到这样一种现象：不同颜色的物体或被笼罩在一片金色的阳光之中，或被笼罩在一片轻纱薄雾似的、淡蓝色的月色之中；或被秋天迷人的金黄色所渲染；或被冬季银白色的世界所统一。这种在不同颜色的物体上，笼罩着某一种色彩，使不同颜色的物体都带有同一色彩倾向，这样的色彩现象就是色调。

色调指的是新媒体界面中画面色彩的总体倾向，是大方向的色彩效果。在界面设计的过程中，往往会使用多种颜色来表现形式多样的画面效果，但总体都会保持同一种倾向，偏黄或偏绿，偏冷或偏暖等。这种颜色上的倾向就是画面给人的总体印象，被称为色调，如图1-2所示。

图1-2 不同色调的H5设计

色调是色彩运用中的主旋律，是构成新媒体界面的整体色彩倾向，也可以称之为“色彩的基调”，画面中的色调不仅仅是指单一的色彩效果，还是色彩与色彩直接相互关系中所体现的总体特征，是色彩组合恰到好处的多样性与统一性呈现出的色彩倾向。

1. 色调色相的倾向

色相是决定色调最基本的因素，对色调起着重要的作用。色调的变化主要取决于画面中设计元素本身色相的变化，如某个页面呈现为红色调、绿色调或黄色调等，指的就是画面设计元素的固有色相，就是这些占据画面主导地位的颜色决定了画面的色调倾向，如图1-3所示，该H5画面中以粉色为主色调，粉色代表着可爱、青春、恋爱等心理暗示，十分符合界面七夕活动的主题特征。

专家指点

在新媒体界面中使用大面积的低明度色彩时，浓重、浑厚的色彩会给人深沉、凝重的感觉，同时可表现出深远寓意的画面效果。

而如果界面使用明度较高的色彩进行配色时，各种色彩之间的明暗反差会变小，会让画面呈现出高贵精致的感觉。

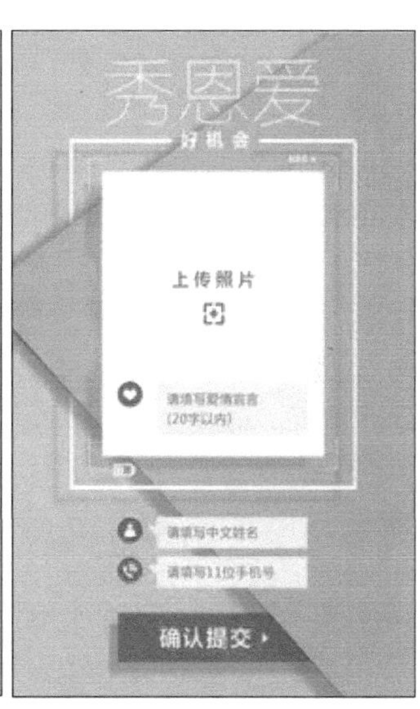

图1-3 色调色相的倾向

2. 色调明度的倾向

当构成画面的基本色调确定之后，接下来的色彩明度变化也会对画面造成极大的影响。画面明亮或者暗淡，其实就是明度的变化赋予画面的不同明暗倾向。在设计界面进行构思设计时，采用不同的明度的色彩能够创造出丰富的色调变化，如图1-4所示。

图1-4 色调明度的倾向

该H5界面中使用明度值较高的色彩进行配色时，高明度色彩之间的明暗反差会变小，使得画面呈现出清淡、明快之感。同时，运用相近色调作为文字的颜色，便可以让画面显得更欢快，更加符合界面的主题表现。

3. 色调纯度的倾向

在色彩的三大基本属性中，纯度同样是决定色调的不可或缺的因素。不同纯度的色彩所赋予的画面感觉也不同，我们通常所说的画面鲜艳度或昏暗均为色彩的纯度所决定的。

在新媒体设计中，色调纯度的倾向，一般会根据具体主题的色彩来确认。不过，就色彩的纯度倾向而言，高纯度色调和低纯度色调都能赋予画面极大的反差，给观者带来不同的视觉印象，如图1-5所示。

图1-5 色调纯度的倾向

在低纯度的灰色画面中，一支粉色的化妆品摆放在画面中心，为原本平淡的画面增添了一种协调、高端与高品质的感觉，迎合了活动推广的主题。

当画面以高纯度的色彩组合表现主题时，鲜艳的色调可以表达出积极、强烈而冲动的印象。如上右图所示的界面使用了高纯度的色彩，使主体更加突出，增强了视觉冲击力。

1.2.2 调和配色使画面更和谐

“调”是调整、调配、安排、搭配、组合等意思，“和”可理解为和谐、融洽、恰当、适宜、有秩序、有条理，没有尖锐的冲突，相得益彰等解释。配色的目的就是为了制造美的色彩组合，而和谐是色彩美的首要前提，它使色调让人感觉到愉悦，同时调配后的颜色还能满足人们视觉上的需求以及心理上的平衡。

我们知道，和谐来自对比。没有对比就没有刺激视觉神经兴奋的因素，但只有兴奋而没有舒适的休息会造成过分的疲劳，以及精神的紧张，这样调和也就成了一句空话。所以，在设计时既要有对比来产生和谐的刺激美，又要有适当的调和来抑制过分的对比刺激，从而产生一种恰到好处的对比。总的来说，色彩的对比是绝对的，而调和是相对的，调和是实现色彩美的重要手段。

1. 以色相为基础的调和配色

在保证色相大致不变的前提下，通过改变色彩的明度和纯度来达到配色的效果，这类配色方式保持了色相上的一致性，所以色彩在整体效果上很容易达到调和。

以色相为基础的配色方案主要有以下几种。

同一色相配色：指相同的颜色在一起的搭配，比如蓝色的上衣配上蓝色的裤子或者裙子，这样的配色方法就是同一色相配色法。如图1-6所示，画面中微店海报的文字、背景等都使用粉色进行搭配，通过明度的变化使其产生强烈的差异，也使得画面配色丰富起来，表现出柔和的特性。

图1-6 同一色相配色

类似色相配色：指色相环中类似或相邻的两个或两个以上的色彩搭配。例如：黄色、橙黄色、橙色的组合；紫色、紫红色、紫蓝色的组合等都是类似色相配色。类似色相配色的配色在大自然中出现的特别多，比如嫩绿、鲜绿、黄绿、墨绿等。

对比色相配色：指在色环中，位于色环圆心直径两端的色彩或较远位置的色彩搭配。它包含了中差色相配色、对照色相配色、辅助色相配色。在24色相环中，两色相相差4～7个色，称为基色的中差色；在色相环上有90度左右的角度差的配色就是中差配色；它的色彩对比效果明快，是深受人们喜爱的颜色；在色相环上，色相差为8～10的色相组合，被称为对照色。从角度上说，相差135度左右的色彩配色就是对照色。色相差11～12，角度为165~180度的色相组合，称为辅助色配色。

色相调和中的多色配色：在色相对比中，除了两色对比，还有三色、四色、五色、六色、八色甚至多色的对比。在色环中成等边三角形或等腰三角形的三个色相搭配在一起时，称为三角配色。四角配色常见的有红、黄、蓝、绿及红、橙、黄、绿等色。

2. 以明度为基础的调和配色

明度是人类分辨物体色最敏锐的色彩反应，它的变化可以表现事物的立体感和远近感。如希腊的雕刻艺术就是通过光影的作用产生了许多黑白灰的相互关系，形成了成就感；中国的国画也经常使用无彩色的明度搭配。有彩色的物体也会受到光影的影响产生明暗效果，如紫色和黄色就有着明显的明度差。

明度可以分为高明度、中明度和低明度三类，这样明度就有了高明度配高明度、高明度配中明度、高明度配低明度、中明度配中明度、中明度配低明度、低明度配低明度6种搭配方式。其中，高明度配高明度、中明度配中明度、低明度配低明度，属于相同明度配色。在新媒体设计中，一般使用明度相同、色相和纯度变化的配色方式。如图1-7所示，画面中背景图片的配色均为高明度调和配色，带给人清爽、亮丽、阳光感强的印象，表现出优雅、含蓄的氛围，是一组柔和、明朗的色彩组合方式，非常符合画面中女性饰品的特点。且通过同样大小的圆形字母来组成主题文字，利用相同色相的不同明度完成配色，构成一种安静的视觉效果。

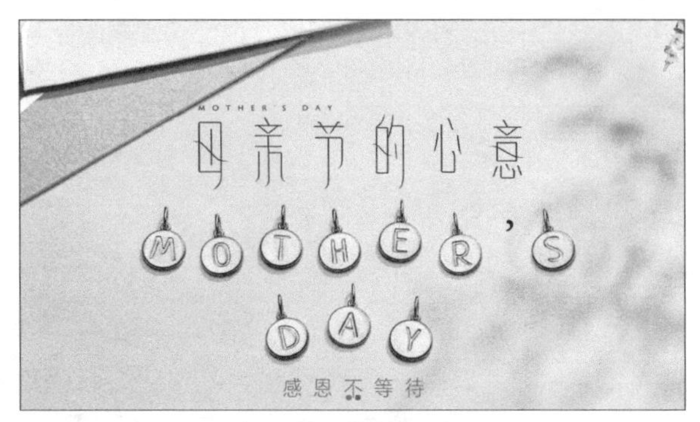

图1-7 以明度为基础的调和配色

3. 以纯度为基础的调和配色

纯度的强弱代表着色彩的鲜灰程度，在一组色彩中当纯度的水平相对一致时，色彩的搭配也就很容易达到调和的效果。随着纯度高低变化，色彩的搭配也会有不一样的视觉感受。如图1-8所示，这是以纯度为基础的微店海报调和配色方案，画面处于一种鲜艳的高纯度色调中，让人产生一种非常有活泼且亮丽的感觉。

图1-8 以纯度为基础的调和配色

4. 无彩色的调和配色

无彩色的色彩个性并不明显，将无彩色与任何色彩搭配都可以取得调和的色彩效果，通过无彩色与无彩色搭配，可以传达出一种经典的永恒美感；而将无彩色与有彩色搭配，可以用其作为主要的色彩来调和色彩间的关系。

因此，在新媒体设计中，有时为了达到某种特殊的效果，或者突显出某个特殊的对象，可以通过无彩色调和配色来对设计的画面进行创作。如图1-9所示，该页面使用无彩色作为朋友圈背景和辅助文字的颜色，而又加入了少量的红色矩形，这样的配色可以让主题文字更加突出。

图1-9 无彩色的调和配色

1.2.3 色彩的使用要点

对于新媒体设计来说，色彩是最重要的视觉因素，不同颜色代表不同的情绪，因此对色彩的使用应该和设计的主题相契合。如图1-10所示，“木友-Market”小程序的底部导航栏通过运用不同颜色的按钮来代表其激活状态，使用户快速知道自己所处的位置。

图1-10 “木友-Market”小程序界面

在新媒体界面的制作过程中，根据色彩的特性，通过调整其色相、明度以及纯度之间的对比关系，或通过各色彩间面积调和，可以搭配出变化无穷的新媒体界面效果。

1.3 字体赋予界面竞争力

在新媒体设计中，文字的表现也是很重要的，它可以对商品、活动、服务等信息进行及时的说明和指引，并且通过合理的设计和编排，让信息的传递更加准确。本节将对新媒体设计中的文字设计和处理进行详细的讲解。

1.3.1 文字要易于识别

在设计新媒体界面中的文字时，要谨记文字不但是设计者传达信息的载体，也是新媒体设计中的重要元素，必须保证文字的可读性，以严谨的设计态度实现新的突破。通常，经过艺术设计的字体，可以使新媒体界面中的信息更形象、更具美感，让用户印象深刻。

随着智能手机的兴起，人们在智能手机上进行操作、阅读与信息浏览的时间越来越长，也促使用户的阅读体验变得越来越重要。在新媒体界面中，文字是影响用户阅读体验的关键元素，因此设计者必须让界面中的文字可以被用户准确识别。

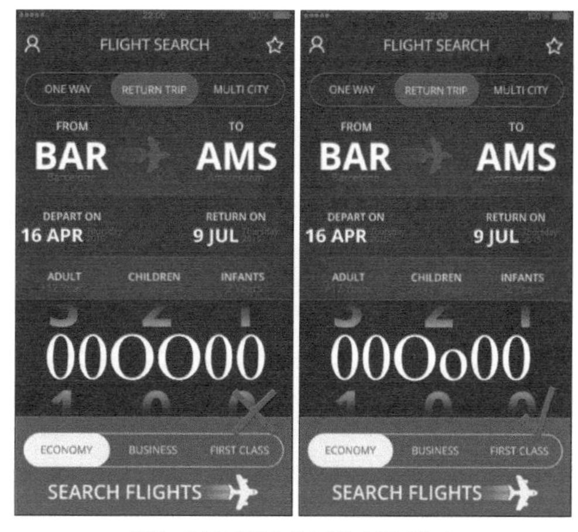

图1-11 不同大小写的字母O与0

如图1-11所示，左图为没有大小写的字母O与阿拉伯数字0，从图中基本上看不出区别；而右图则区分了大小写的字母，使信息更清楚明了。

专家指点

在进行新媒体界面的设计与文字编排时，应该多使用一些用户比较熟悉与常见的词汇进行搭配，这样不仅可以避免用户去思考其含义，还可以防止对文字产生歧义，让用户更加轻松地对界面进行操作。

另外，还要注意避免使用不常见的字体，这些缺乏识别度的字体可能会让用户难以理解其中的文字信息，如图1-12所示。

图1-12 避免使用不常见的字体

另外，新媒体界面中的文字应尽量使用熟悉的词汇与搭配，这样可以方便用户对界面的理解与操作，如图1-13所示。

图1-13 尽量使用熟悉的词汇与搭配

1.3.2 文字的层次感要强

在设计以英文文字为主的新媒体界面时，设计者可以巧用字母的大小写变化，不但可以使界面中的文字更加具有层次感，而且可以使文字信息在造型上富有趣味性，同时给用户带来一定的视觉舒适感，让用户更加快捷地接受界面中的文字信息。

如图1-14所示，这三幅界面图像对比可以发现，第一、二幅界面中的英文全部为大写或小写字母，这时界面文字整体上显得十分呆板，用户的阅读体验也较差；而采用传统首字母大写的文字组合穿插方式，可以让新媒体界面中的文字信息变得更加灵活，且突出重点，更便于用户阅读。

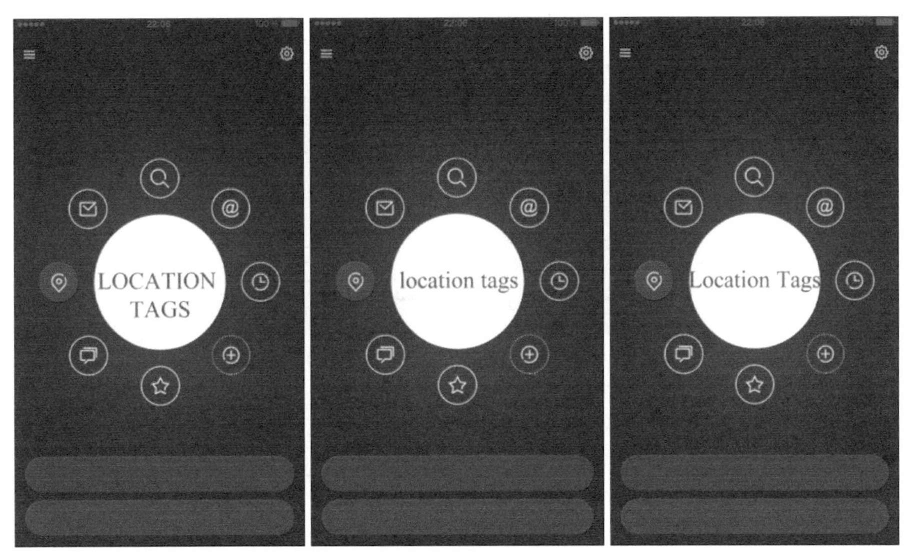

图1-14 采用不同方式书写的界面文字

另外，设计新媒体界面中的文字效果时，还可以通过不同粗细或不同类型的字体，打造出不同的视觉效果，如图1-15所示。

图1-15 不同粗细的字体

1.3.3 清晰地表达文字信息

在设计新媒体界面中的文字效果时，除了要注意英文字母的大小写外，字体以及字体大小的设置也是影响效果表达的一个重要因素。

如图1-16所示，通过比较可以发现，字号较大的文字可以更清晰地表达文字信息，有助于用户快速抓住文字的重点，吸引用户眼球。

图1-16 不同大小和字体的文字

如图1-17所示，经过对比可以发现，右图中的文字阅读起来更加方便，这就是因为该界面中的文字尺寸大小更符合用户阅读的习惯。

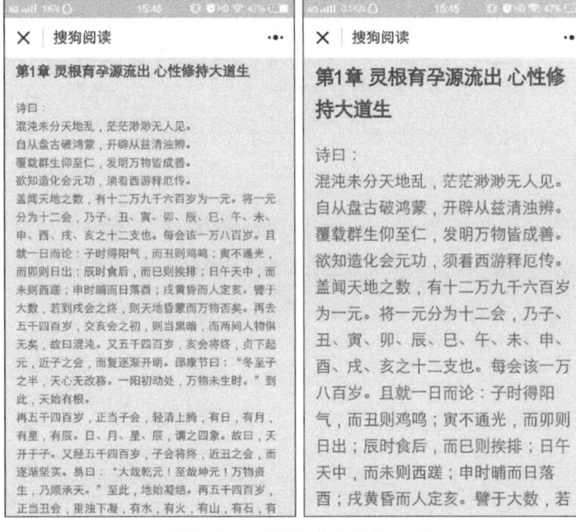

图1-17 不同尺寸大小的文字

当然，对于一般阅读类小程序界面中的文字尺寸，根据小程序的定制特性，都是可以通过相关设置或者手势进行调整的，以方便用户阅读。

1.3.4 掌握好文字之间的间距

在人们观看新媒体界面中的文字时，不同的文字间距也会带来不一样的阅读感受。例如，文字之间过于紧密的间距可能会带给读者带来紧迫感，而过于稀疏的文字间距则会使文字显得断断续续，缺少连贯性。

因此，在进行新媒体界面的文字设计时，一定要把握好文字之间的间距，这样才能给用户带来流畅的阅读体验。如图1-18所示，原本界面中的正文十分拥挤，用户在浏览这些文字时容易会产生疲劳感，因此需要对行距和字符间距进行适当的调整；调整字符间距后，可以减轻用户的阅读负担，而且更能让用户提起阅读的兴趣。

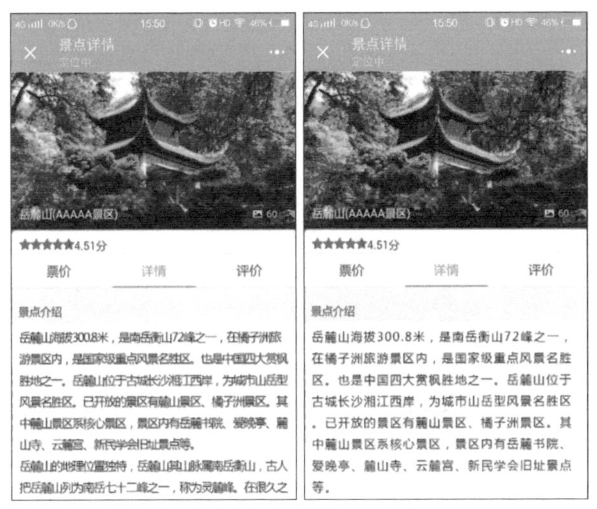

图1-18 不同间距的文字效果

1.3.5 适当设置文字的颜色

适当地设置新媒体界面中文字的颜色，也可以提高文字的可读性。通常的手法是给文字内容穿插不同的颜色或者增强文字与背景色彩之间的对比，使界面中的文字信息突出，帮助用户更快地理解文字信息，同时也方便用户对其进行浏览和操作。

如图1-19所示，原图中的文字虽然有大小和间距的区别，但色彩比较单一，用户无法快速获取其中的重点信息，此时可以尝试转换文字的色彩。

从图1-19中可以发现，通过改变不同区域的文字色彩，可以使这两个部分的文字区别更加明显。其中，可以明显发现红色部分的文字比黑色部分的文字更加明显，设计者可以利用此方法来重点突出新媒体界面中的重要信息。

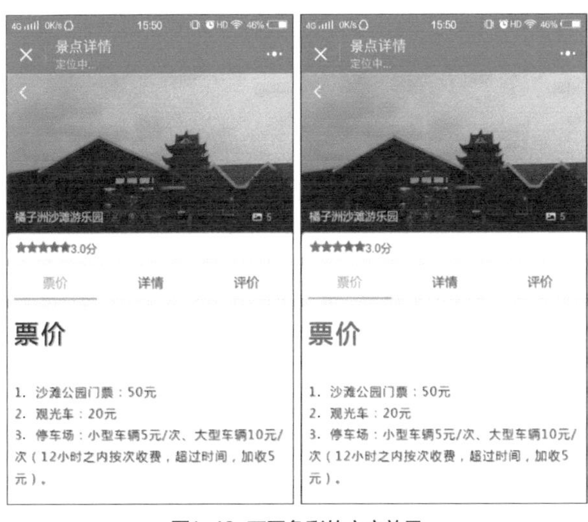

图1-19 不同色彩的文字效果

另外，还可以通过调整文字色彩与背景色彩的对比关系来改变用户的阅读体验。如图1-20所示，图片中文字颜色与背景颜色对比过弱，这样会使用户不易识别背景上的文字内容，无法获得良好的阅读体验。如图1-21所示，图片中的文字颜色与背景颜色对比过强，不适合需要长时间阅读的大段文字，非常容易使用户产生疲倦的阅读体验。

如图1-22所示，采用适当的颜色对比，不仅可以清晰地呈现文字，而且适合长时间阅读，可以让用户阅读起来视觉上更加流畅与舒适。

图1-20 文字与背景对比太弱

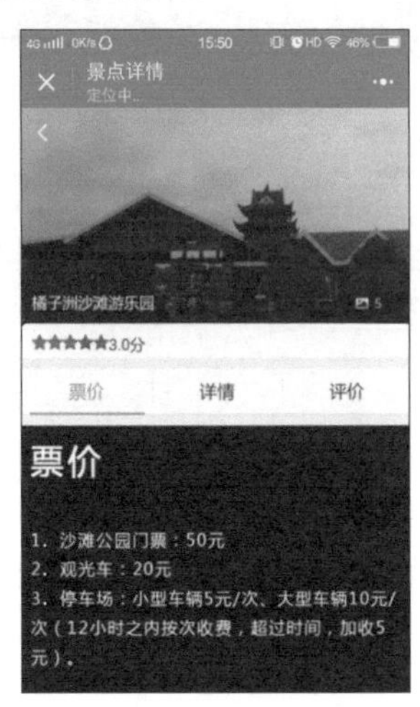

图1-21 文字与背景对比太强

图1-22 恰当的文字色彩与背景色彩的对比

1.4 版式布局让界面有格调

在设计新媒体界面的过程中，可以通过制作美观、舒适的界面，达到吸引用户、提高浏览量与点击率的效果，而制作美观界面的关键之处就在于版式布局。本小节将重点讲述各类常见的布局方式与布局原则等内容。

1.4.1 竖排列表布局

由于手机屏幕大小有限，因此大部分的手机屏幕都是采用竖屏列表显示，这样可以在有限的屏幕上显示更多的内容。在竖排列表布局中，常用来展示功能目录、产品类别等并列元素，列表长度可以向下无限延伸，用户通过上下滑动屏幕可以查看更多内容，如图1-23所示。

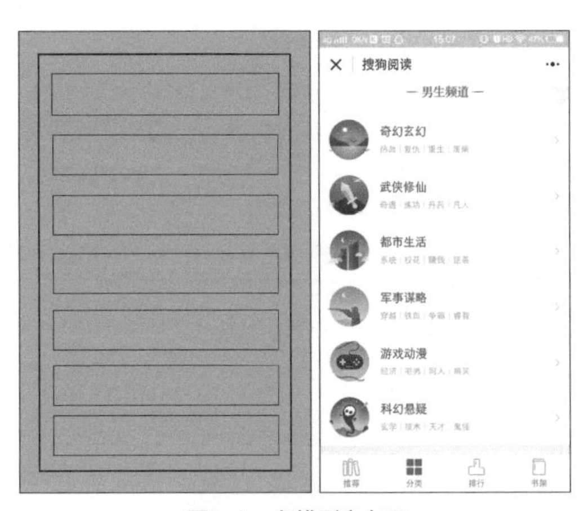

图1-23 竖排列表布局

1.4.2 横排方块布局

由于智能手机的屏幕大小限度使得各种软件的工具栏无法完全显示，因此很多页面在工具栏区域采用横排方块的布局方式。

横排方块布局主要是横向展示各种并列元素，用户可以左右滑动手机屏幕来查看更多内容，如图1-24所示。

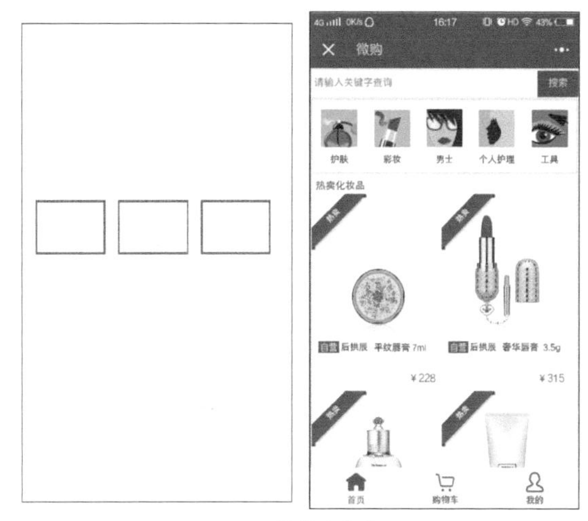

图1-24 横排方块布局

1.4.3 九宫格布局

九宫格最基本的表现其实就像是一个3行3列的表格。目前，非常多的小程序界面采用了九宫格的变体布局方式，如图1-25所示。

图1-25 九宫格布局

1.4.4 弹出框布局

在新媒体界面中，对话框通常是作为一种次要窗口，可以出现在界面的顶部、中间或底部等位置，其中包含了各种按钮和选项，通过它们可以完成特定命令或任务。

弹出框中可以包含很多内容，在用户需要的时候可以点击相应按钮将其显示出来，主要作用是可以节省手机的屏幕空间。在各类小程序中，多数的菜单、单选框、多选框、对话框等都是采用弹出框的布局方式，如图1-26所示。

图1-26 弹出框布局

1.4.5 热门标签布局

在新媒体界面设计中，某些元素较多的界面通常会采用热门标签的布局方式，让页面布局更语义化，使各种移动设备能够更加完美地展示软件界面，如图1-27所示。

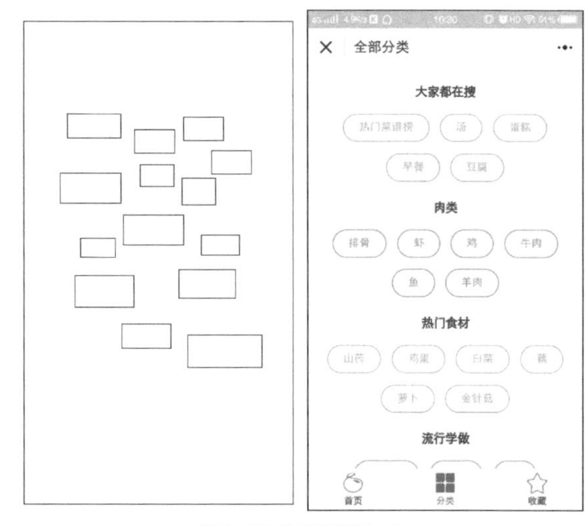

图1-27 热门标签布局

1.4.6 抽屉式布局

抽屉式布局又可以称为侧边栏式布局，它主要是将功能菜单放置在界面的两侧（通常是左侧）。在操作时，用户可以像打开一个抽屉一样，将功能菜单从界面的侧边栏中抽出来，拉到手机屏幕中。

抽屉式布局分为以下两种模式。

（1）列表式：如“美团外卖”的小程序订餐界面中，就是采用左侧抽屉列表式布局模式，用户可以在左侧列表中选择外卖品类，在右侧列表中查看菜单，如图1-28所示。

图1-28 列表式抽屉布局

（2）图标卡片式：如“天天果园优选”的“分类”页面中，就是采用的就是右侧图标卡片抽屉式布局模式，用户在分类列表中选择相应的种类后，即可在右侧的菜单栏目中查看分类的具体内容，如图1-29所示。

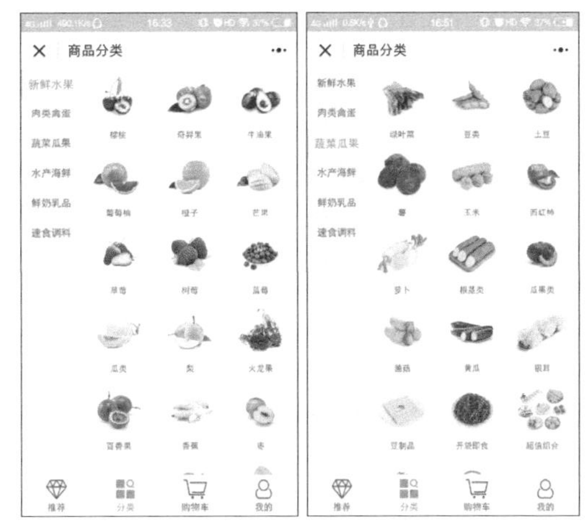

图1-29 图标卡片式抽屉布局

1.4.7 分段菜单式布局

分段菜单式布局主要采用“文字＋下拉箭头”的方式来排列界面中的各种元素，设计者在某个按钮中隐藏更多的功能，让界面看起来简约却不简单。

如图1-30所示，在“美团外卖”小程序的美食界面中，就安排了4个分段菜单，点击相应的下拉箭头后，用户可以在展开的菜单中找到更多的功能。

图1-30 分段菜单式布局

1.4.8 底部导航栏布局

底部导航栏布局的设计比较方便，而且适合单手操作，很多设计师都会采用这种布局模式。

如图1-31所示，在同城旅游特价小程序的主界面底部，就有“首页”“分类”“商家”“购物车”以及“我的”5个导航按钮清晰。用户可以点击不同按钮切换至相应的页面，操作十分方便，功能分布也比较合理。

图1-31 底部导航栏布局

1.4.9 掌握图表信息布局设计方法

图表信息布局可以让界面显得更加商务范，这也是商业、金融类新媒体界面中最常见的布局方式。

布局优点丨图表要素显示完整，标题区比较突出，而且用户可以从上到下进行阅读，体验比较顺畅。

布局缺点丨虽然标题区突出，但由于标题过多，因此造成了单个标题不够突出，而且信息量太多而APP的空间却有限，难以展示所有数据。

例如，倍康H5界面采用了卡通形式做出了图表，并适当拟人化，运用会话框来说明倍康的相关数据，让人直接明了地看出倍康受欢迎的程度，如图1-32所示。

专家指点

在新媒体界面中应用各种素材图像时，设计者可以适当地对图片进行一定的色彩或特效处理，使其在新媒体界面中的展示效果更加突出，为用户带来更好的视觉体验。如调整图像透明度、混合模式或者虚化图像等，都是一些不错的图像处理方式。

图1-32 倍康H5界面

1.4.10 掌握界面细节设计方法

新媒体界面在细节设计上的完善，主要从以下方面入手，如图1-33所示。

图1-33 界面细节完善方法

当内容创新成为一件较为困难的事情时，着重细节设计就成为了新媒体界面能够力挽狂澜的主要方式，通过完美的细节获得用户的好感，从而提高浏览量与点击率。在以上所示的方面中，有3个细节最为关键，下面针对这3个细节进行深入分析。

1. 适当借鉴

随着新媒体的发展，各类界面的数量也逐渐增多，但大部分的界面功能比较单一，由于模仿导致独特的模式变得大众化，但适当借鉴确是一种明智的选择。

问题体现 | 大部分的开发者都会去模仿其他应用界面的相关设计，但是被模仿的那些设计却并一定是最为优秀或独特的。

相关对策 | 始终保持适当的借鉴，可以从别人的界面设计中获得一些想法，同时将自身的创意融入其中，打造出具体自身特点优势的界面。

2. 界面运作

在一个界面中，界面运作结果应当是保持一致的。这里的一致性主要是指形式上的一致，以界面中的列表框为例，如果用户双击其中的某项，使得某些结果发生，那么用户双击其他任何列表框中的同一项，都应该有同样的结果，这种结果就是一致性的体现。

保持界面运作结果的一致性对于新媒体的长期发展是有利的，尤其是培养用户的使用习惯，相关的分析如下。

问题体现 | 追求创意的界面如果在运作的一致性上是不协调的，那么即使标新立异也可能无法得到用户的认可。

相关对策 | 在细节上使界面保持良好的一致性运作模式，通过培养用户的使用习惯，可以降低获得核心用户的直接成本。

3. 界面布局

新媒体设计的特色体现往往就作用于界面布局，界面布局也是最能够直接展示特色的地方，具体的分析如下。

问题体现 | 没有特色是各类新媒体界面普遍存在的问题，要想做到优异创新和差异制胜，不仅要求界面功能齐全，还要能从布局体现出新意。

相关对策 | 界面布局需要多借鉴优秀作品，了解用户对于优秀布局的定义，从而在借鉴的同时保持创新。

1.4.11 新媒体界面的布局原则

在设计新媒体界面时，还需要掌握一些布局原则，以便为用户带来更好的视觉感受。

1. 内容的排列次序合理

当界面中展现的信息内容比较多时，应尽量按照先后次序进行合理排序，将重要的选项或内容放在主界面中，把用户最常用、最喜欢的功能排在前面，把一些比较少用但又很重要的功能排在后面，把一些可有可无的功能放入隐藏菜单中。

如图1-34所示，影匠摄影小程序的主界面会根据用户的喜好，将摄影风格分成几大类，比如外景风格、室内风格等，用户直接在主界面点击即可查看详情。

图1-34 影匠摄影小程序的主界面

2. 突出重要条目

某些界面有一些重要条目，在布局时应尽量将其放置在界面的突出位置，如顶端或者底部的中间位置处。

如图1-35所示，微博的主要功能就是发送微博，因此在底部导航栏中间位置放置了一个“＋”号按钮，点击该按钮后，即可看到文字、拍摄、相册、直播、光影秀、头条文章、签到、点评等导航按钮（此处也满足先后次序的原则），而且这里还采用了点聚式布局模式。

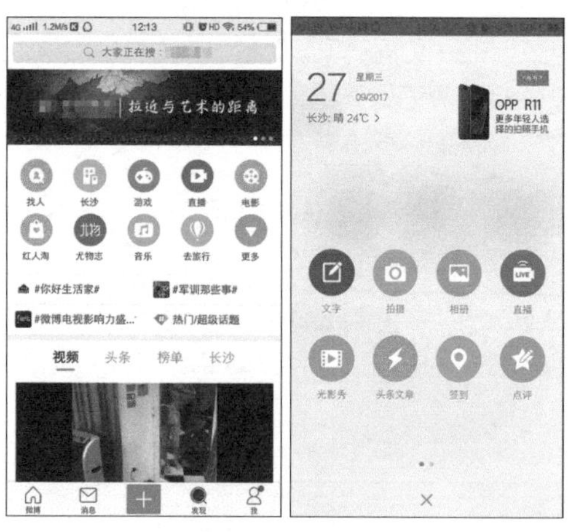

图1-35 微博界面

另外，对于一些比较重要的信息，如消息、提示、通知等，应在界面中的显目位置上进行展示，使用户可以快速查看。

3. 界面长度要适当

主页最好不宜过长，而且每个子界面的长度也要适当。当然，如果某些特别的界面内容过长，可以在界面中的某个固定位置设置一个“返回主界面”按钮或者“内容列表”菜单，让用户可以一键返回主界面或者到达某个特定内容的位置。

如图1-36所示，新华社小程序中由于有很多的新闻内容，信息量很大，在子页面的右下角设置了一个“返回主界面”按钮，方便正在浏览的用户进行相关操作。

图1-36 新华社小程序界面

对于专门设置的一些导航菜单，则页面应尽可能短小，要让用户一眼即可看完其中的内容。尤其要避免在导航菜单中使用滚屏，否则即使设计者花了很多心思在其中添加了很多功能，用户可能还没看完就没耐心继续往下翻了。

1.5 新媒体设计注意事项

在设计新媒体界面过程中，设计者一定要把握好实用性、高品质等要点，避免出现空有其表的情况，否则很难留住用户的。

1.5.1 良好的实用性

除了用美观来吸引用户外，新媒体界面还必须具备一定的实用性，要不然就成了一个“花架子”，用户也许会查看它，但发现并不实用后很可能会立即退出。

实用性主要体现在：是否能为用户带来较好的操作和控制体验，重要的信息是否在主界面中，功能设定是否简单明了等。

图1-37是一个手机免费WiFi小程序的登录界面，界面的色彩非常丰富，而且功能表单也比较多，但其中的色彩运用有些复杂，明显属于不实用的界面；图1-38所示的界面采用了蓝色系作为界面的主色调，并通过不同的色彩明度和饱和度来突出内容，让用户打开小程序即可发现界面中的重点信息，而且功能分类也明显要更加清晰。

专家指点

界面是软件与用户交互的最直接的一面，界面的好坏决定用户对软件的第一印象。而且设计良好的界面能够引导用户自己完成相应的操作，起到向导的作用。界面的设计如同人的面孔，具有吸引用户的直接优势。

图1-37 不实用的界面

图1-38 实用的界面

1.5.2 注重图片的品质美感

在新媒体设计中，图片的品质与分辨率有很大的关系，较高的分辨率可以让图片显得更加清晰、精美，能够体现出图片的内在质感，如图1-39所示。当然，图片如果非常模糊，品质较差，那么肯定会影响用户的视觉体验，降低用户对界面的好感度，如图1-40所示。

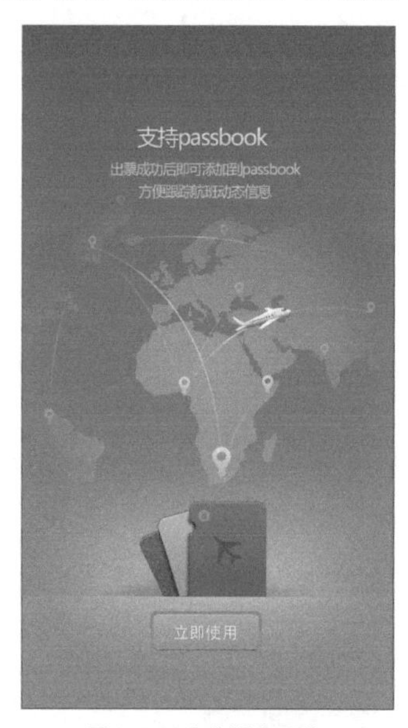

图1-39 高分辨率图像

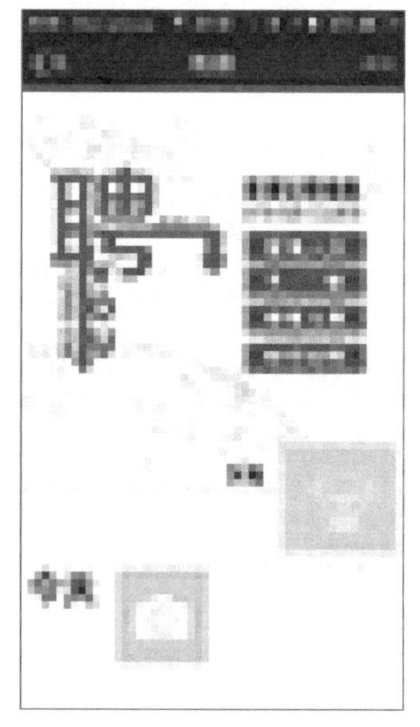

图1-40 低分辨率图像

1.5.3 不要随意拉伸图片

在设计新媒体界面中的图像时，如果随意拉伸图片则会造成图片失真变形，不但看上去感觉很奇怪，而且还会让用户质疑设计者的专业性，如图1-41所示。

图1-41 原图

随意拉伸的图片

因此，用户在处理图像时，应该按照等比缩放或者合理裁剪的原则来控制图片尺寸，避免出现随意拉伸的情况，以保持图像的真实感，如图1-42所示。

图1-42 合理运用图像

第2章

软件入门：Photoshop基础

学习提示

Photoshop是一款优秀的图像处理软件之一，掌握该软件的一些基本操作，可以为学习新媒体设计打下坚实的基础。本章主要向读者介绍新媒体设计中常用的Photoshop相关操作，主要包括Photoshop的工作界面、图像抠取、色彩设计、文字编排设计等内容。

本章重点导航

- 工作界面和基本操作
- 抠图技巧
- 调色技巧
- 字排版技巧

2.1 工作界面和基本操作

Photoshop作为一款图像处理软件，绘图和图像处理是它的看家本领。在使用Photoshop开始创作之前，需要先了解此软件的界面和一些常用操作，如新建文件、打开文件、储存文件和关闭文件等。熟练掌握各种操作，才可以更好、更快地设计作品。

2.1.1 认识Photoshop的界面

从图2-1可以看出，Photoshop的工作界面主要由菜单栏、工具箱、工具属性栏、图像编辑窗口、状态栏和浮动控制面板等6个部分组成。

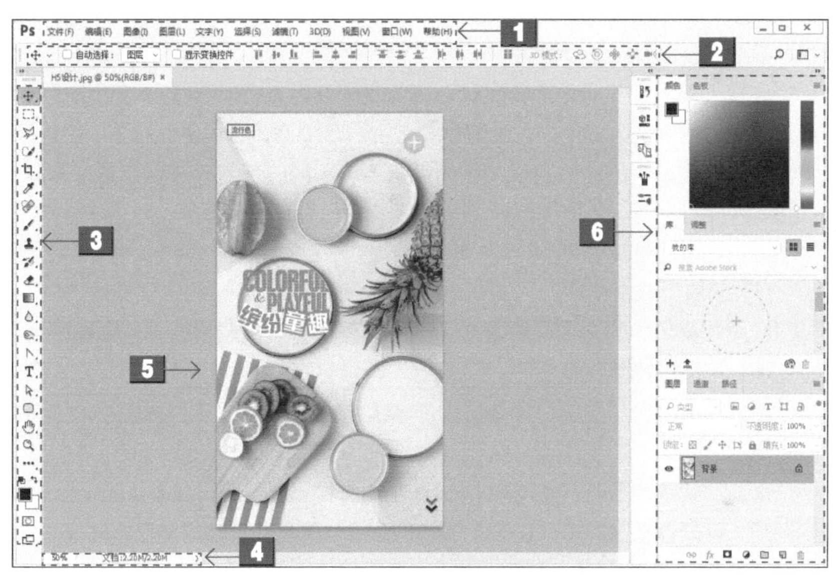

图2-1 Photoshop的工作界面

下面简单地对Photoshop工作界面各组成部分进行介绍。

❶ 菜单栏：包含可以执行的各种命令，单击菜单名称即可打开相应的菜单。

❷ 工具属性栏：用来设置工具的各种选项，它会随着所选工具的不同而变换内容。

❸ 工具箱：包含用于执行各种操作的工具，如创建选区、移动图像、绘画等。

❹ 状态栏：显示打开文档的大小、尺寸，以及当前工具和窗口缩放比例等信息。

❺ 图像编辑窗口：用来编辑图像的窗口。

❻ 浮动控制面板：用来帮助用户编辑图像，设置编辑内容和颜色属性等。

下面分别介绍在新媒体设计中需要重点掌握的几个部分。

1. 菜单栏

菜单栏位于整个窗口的顶端，由“文件”“编辑”“图像”“图层”“文字”“选择”“滤镜”“3D”“视图”“窗口”和“帮助”11个菜单命令组成，如图2-2所示。

Ps 文件(F) 编辑(E) 图像(I) 图层(L) 文字(Y) 选择(S) 滤镜(T) 3D(D) 视图(V) 窗口(W) 帮助(H)

图2-2 菜单栏

文件：执行“文件”菜单命令，在弹出的下级菜单中可以执行新建、打开、存储、关闭、置入以及打印等一系列针对图像文件的命令。

编辑：“编辑”菜单是对图像进行编辑的命令，包括还原、剪切、拷贝、粘贴、填充、变换以及定义图案等命令。

图像：“图像”菜单命令主要是针对图像模式、颜色、大小等进行调整以及设置。

图层：“图层”菜单中的命令主要是针对图像的图层进行相应操作，这些命令便于对图层进行运用和管理，如新建图层、复制图层、蒙版图层等。

文字：“文字”菜单主要用于对图像中的文字对象进行创建和设置，包括创建工作路径、转换为形状、变形文字以及字体预览大小等。

选择：“选择”菜单中的命令主要是针对图像中的选区进行操作，可以对选区进行反向、修改、变换、扩大、载入选区等操作，这些命令结合选区工具，更加便于对选区进行操作。

滤镜：“滤镜”菜单中的命令可以为图像设置各种不同的特效，在制作特效方面更是功不可没。

3D：“3D”菜单针对3D图像执行操作，通过这些命令可以打开3D文件、将2D图像创建为3D图形、进行3D渲染等操作。

视图：“视图”菜单中的命令可对整个图像的视图进行调整及设置，包括缩放视图、改变屏幕模式、显示标尺、设置参考线等。

窗口：在设计图像时，“窗口”菜单可以随意控制Photoshop工作界面中的工具箱和各个面板的显示和隐藏。

帮助：“帮助”菜单中提供了使用Photoshop的各种版主信息。在使用Photoshop的过程中，若遇到问题，可以查看该菜单，及时了解各种命令、工具和功能的使用方法。

单击任意一个菜单项都会弹出其包含的命令，Photoshop中的绝大部分功能都可以利用菜单栏中的命令来实现。菜单栏的右侧还显示了控制文件窗口显示大小的最小化、窗口最大化（还原窗口）、关闭窗口等几个快捷按钮。

Photoshop CC 2017的菜单栏相对于Photoshop CC的变化不大，其中标题栏和菜单栏也是合并在一起的。另外，如果菜单中的命令呈现灰色，则表示该命令在当前编辑状态下不可用；如果菜单命令右侧有一个三角形符号，则表示此菜单包含有子菜单，将鼠标指针移动到该菜单上，即可打开其子菜单；如果菜单命令右侧有省略号“…”，则执行此菜单命令时将会弹出与之有关的对话框。

2. 工具箱

工具箱位于工作界面的左侧，如图2-3所示。要使用工具箱中的工具，只要单击工具按钮即可在图像编辑窗口中使用。

若工具按钮的右下角有一个小三角形，则表示该工具按钮还有其他工具，在工具按钮上单击鼠标左键的同时，可弹出所隐藏的工具选项，如图2-4所示。

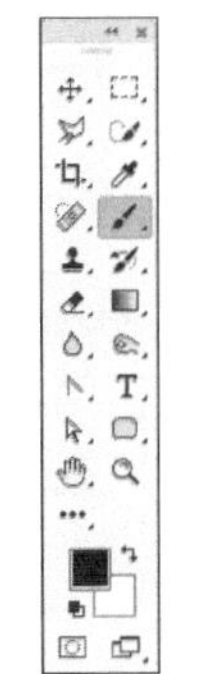

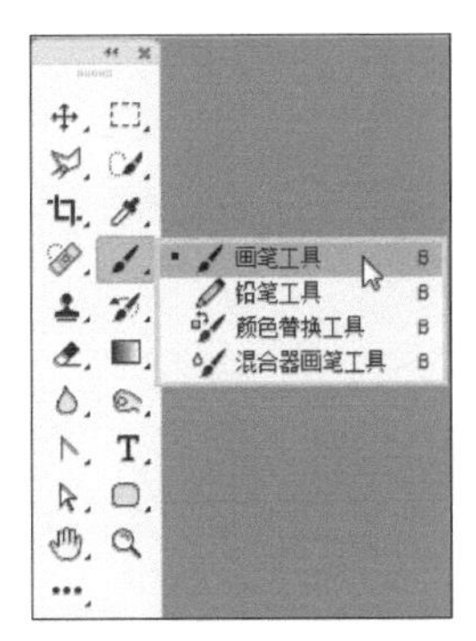

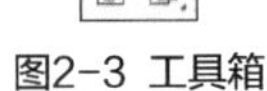

图2-3 工具箱　　图2-4 显示隐藏的工具

3. 浮动控制面板

浮动控制面板位于工作界面的右侧，它主要用于对当前图像的图层、颜色、样式以及相关的操作进行设置。单击菜单栏中的“窗口”菜单，在弹出的菜单列表中单击相应的命令，即可显示相应的浮动面板，分别如图2-5、图2-6所示。

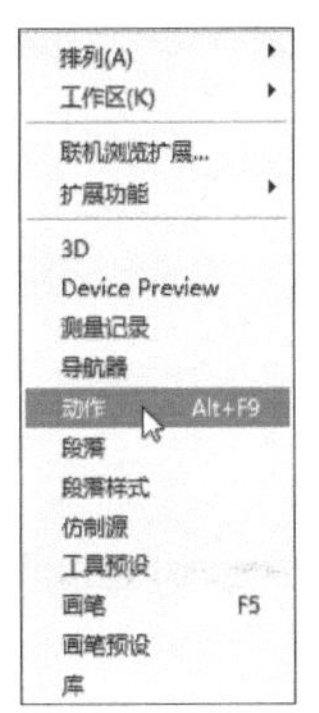

图2-5 单击“动作”命令　　图2-6 显示“动作”浮动面板

专家指点

默认情况下，浮动面板分为6种：“图层”“通道”“路径”“创建”“颜色”和“属性”。用户可根据需要将它们进行任意分离、移动和组合。例如，将“颜色”浮动面板脱离原来的组合面板窗口，使其成为独立的面板，可在“颜色”标签上单击鼠标左键并将其拖曳至其他位置即可；若要使面板复位，只需要将其拖回原来的面板控制窗口内即可。

另外，按【Tab】键可以隐藏工具箱和所有的浮动面板。而按【Shift+Tab】组合键可以隐藏所有浮动面板，仅保留工具箱的显示。

2.1.2 实战——新建与存储文档

在Photoshop面板中，用户若想要绘制或编辑图像，首先需要新建一个空白文件，然后才可以继续进行下面的工作，完成需要的编辑后，则需要保存起来。

扫码看视频

素材文件	无
效果文件	无
视频文件	视频\第2章\2.1.2 实战——新建与存储文档.mp4

步骤 01 单击“文件”|“新建”命令，在弹出的“新建”对话框中设置各选项，如图2-7所示。

步骤 02 执行操作后，单击“创建”按钮，即可新建一幅空白的图像文件，效果如图2-8所示。

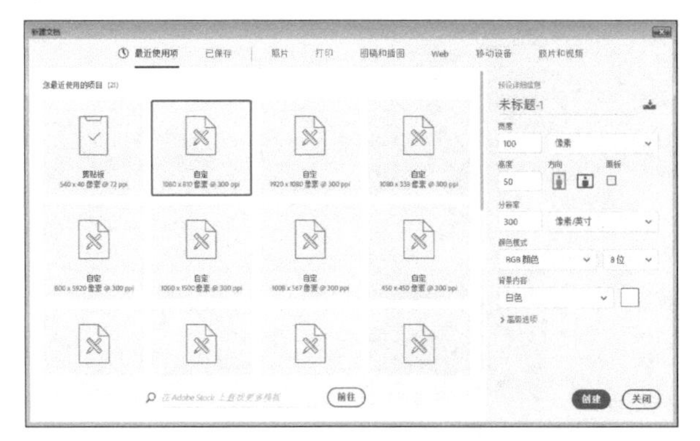

图2-7 弹出“新建”对话框

图2-8 新建空白图像文件

专家指点

“新建”对话框各个参数的介绍。

名称：设置文件的名称，也可以使用默认的文件名。创建文件后，文件名会自动显示在文档窗口的标题栏中。

宽度/高度：用来设置文档的宽度和高度，在各自的右侧下拉列表框中可选择单位，如：像素、英寸、毫米、厘米等。

分辨率：设置文件的分辨率。在右侧的下拉列表框中可以选择分辨率的单位，如“像素/英寸”“像素/厘米”等。

颜色模式：用来设置文件的颜色模式，如“位图”“灰度”“RGB颜色”“CMYK颜色”等。

背景内容：设置文件背景内容，如“白色”“背景色”“透明”。

步骤 03 单击“文件”|“存储为”命令，如图2-9所示。

步骤 04 在弹出的“另存为”对话框中，设置文件名称与保存路径，然后单击“保存”按钮即可，如图2-10所示。

专家指点

除了运用上述方法打开“另存为”对话框，还可以按【Ctrl+Shift+S】组合键。

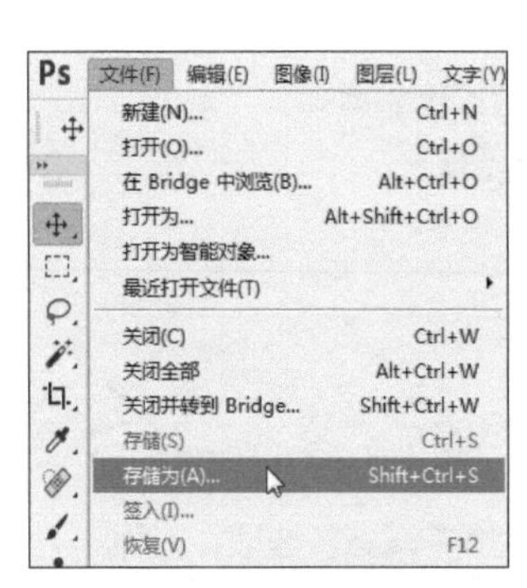

图2-9 单击“存储为”命令

图2-10 单击“保存”按钮

2.1.3 实战——打开与关闭文档

在Photoshop中经常需要打开一个或多个图像文件进行编辑和修改，它不仅可以打开多个图像文件，还可以同时打开多种文件格式；当新建或打开许多文件时，可根据需要选择暂时关闭无关的图像文件，然后再进行下一步的工作。

扫码看视频

素材文件	素材\第2章\ H5页面1.png
效果文件	效果\第2章\无
视频文件	视频\第2章\2.1.3 实战——打开与关闭文档.mp4

步骤 01 单击“文件”|“打开”命令，在弹出“打开”对话框中，选择需要打开的图像文件，如图2-11所示。

步骤 02 单击“打开”按钮，即可打开选择的图像文件，如图2-12所示。

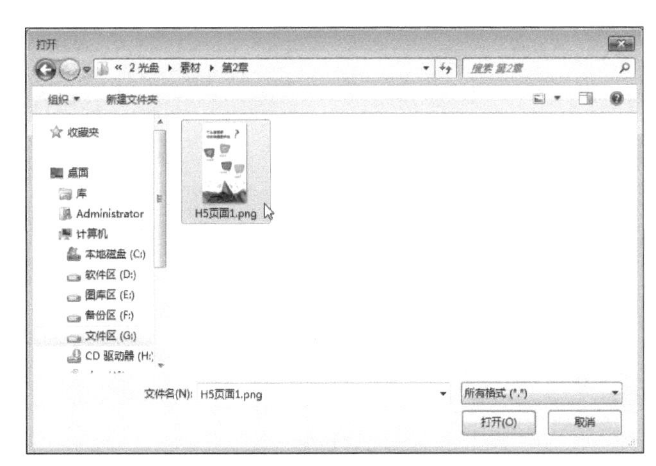

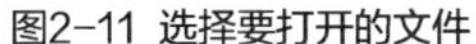

图2-11 选择要打开的文件

图2-12 打开的图像文件

专家指点

如果要打开一组连续的文件，可以在选择第一个文件后，按住【Shift】键的同时，再选择最后一个要打开的文件。

如果要打开一组不连续的文件，可以在选择第一个图像文件后，按住【Ctrl】键的同时，选择其他的图像文件，然后再单击“打开”按钮。

步骤 03 单击“文件”|“关闭”命令，如图2-13所示，执行操作后，即可关闭当前工作的图像文件。

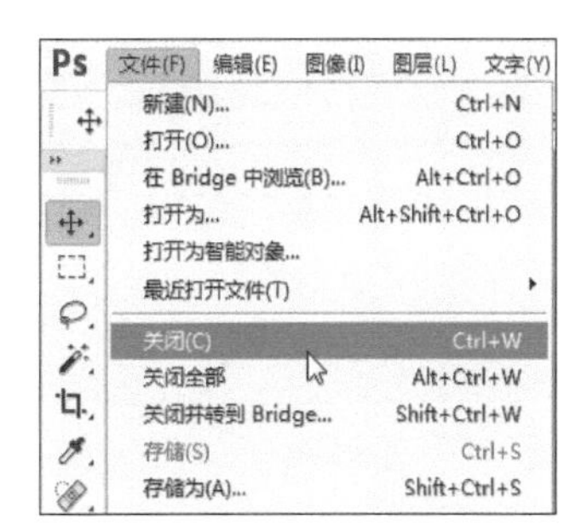

图2-13 单击“关闭”命令

2.1.4 实战——创建与删除图层

在Photoshop中用户在创建和编辑图像时，新建的图层都是普通图层，当不需要某个图层时，也可以将其删除。

扫码看视频		
	素材文件	素材\第2章\公众号界面1.jpg
	效果文件	效果\第2章\无
	视频文件	视频\第2章\2.1.4 实战——创建与删除图层.mp4

步骤 01 单击“文件”|“打开”命令，打开一幅素材图像，如图2-14所示。

步骤 02 单击“图层”面板中的“创建新图层”按钮，即可新建图层，如图2-15所示。

图2-14 素材图像

图2-15 单击“创建新图层”按钮

步骤 03 选择“图层1”图层，单击“图层”面板下方的“删除图层”按钮，如图2-16所示。

步骤 04 弹出信息提示框，单击“是”按钮，即可删除图层，如图2-17所示。

图2-16 单击“删除图层”按钮

图2-17 删除图层

专家指点

删除图层的方法还有两种，分别如下。

命令：单击“图层”|“删除”|“图层”命令。

快捷键：在选取移动工具并且当前图像中不存在选区的情况下，按【Delete】键，删除图层。

若用户需要一次性删除多个图层，可以单击“选择”|“所有图层”命令，选中“图层”面板中的所有图层，然后再删除。

2.1.5 实战——显示与隐藏图层

在Photoshop中，用户可以对某一个图层进行编辑使其显示或隐藏。

扫码看视频	素材文件	素材\第2章\二十四节气小程序.psd
	效果文件	效果\第2章\无
	视频文件	视频\第2章\2.1.5 实战——显示与隐藏图层.mp4

步骤 01 按【Ctrl+O】组合键，打开一幅素材图像，如图2-18所示。

步骤 02 在菜单栏中单击“窗口”|“图层”命令，即可展开“图层”面板，如图2-19所示。

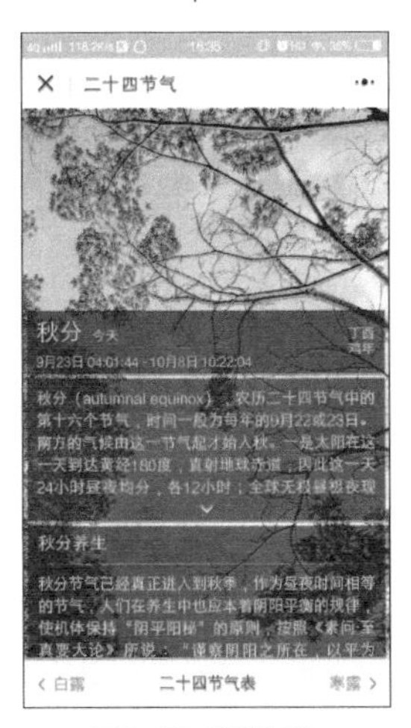

图2-18 素材图像　　图2-19 展开“图层”面板

步骤 03 单击“二十四节气”文字图层前面眼睛形状的“指示图层可见性”图标，该图层会被隐藏，如图2-20所示。

步骤 04 执行上述操作后，即可隐藏“二十四节气”文字图层，效果如图2-21所示。

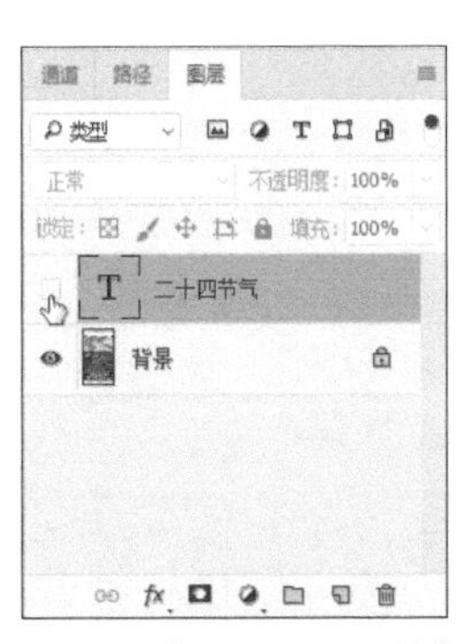

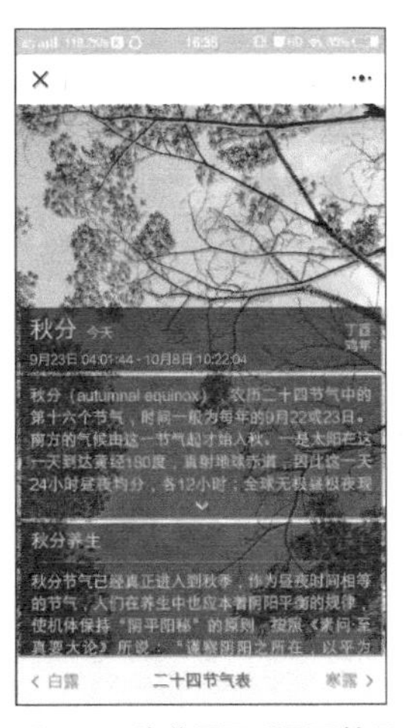

图2-20 单击“指示图层可见性”图标　　图2-21 隐藏图层后显示效果

步骤 05 再次单击“二十四节气”文字图层前面的“指示图层可见性”图标，即可显示该图标，如图2-22所示。

步骤 06 执行上述操作后，即可显示隐藏的图层中的图像，效果如图2-23所示。

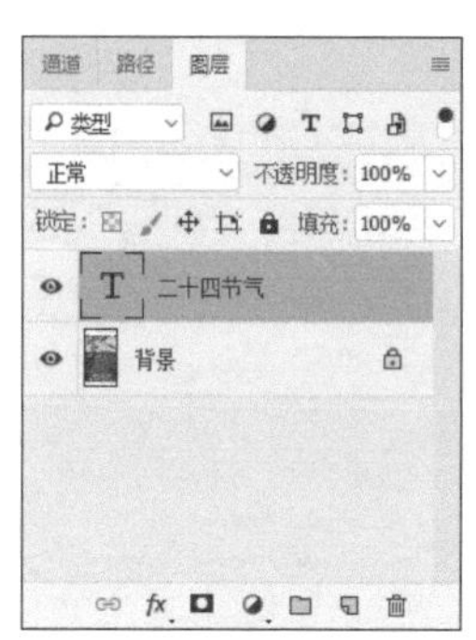

图2-22 显示“指示图层可见性”图标　　图2-23 显示隐藏图层效果

2.1.6 实战——合并图层对象

在编辑图像文件时，经常会创建多个图层，占用的磁盘空间也随之增加。因此对于没必要分开的图层，可以将它们合并。这样有助于减少图像文件对磁盘空间的占用，同时也可以提高系统的处理速度。

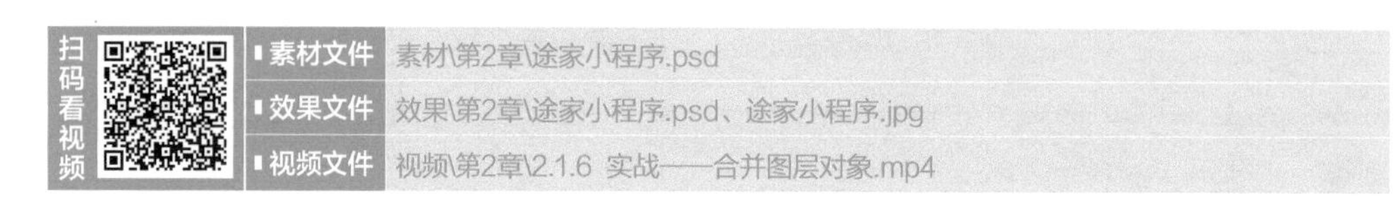

步骤 01 单击“文件”|“打开”命令，打开一幅素材图像，如图2-24所示。

步骤 02 在“图层”面板中，选择“按钮”图层，如图2-25所示。

图2-24 素材图像　　图2-25 选择需相应图层

步骤 03 单击“图层”|“合并可见图层”命令，如图2-26所示。

步骤 04 执行操作后，即可合并图层对象，如图2-27所示。

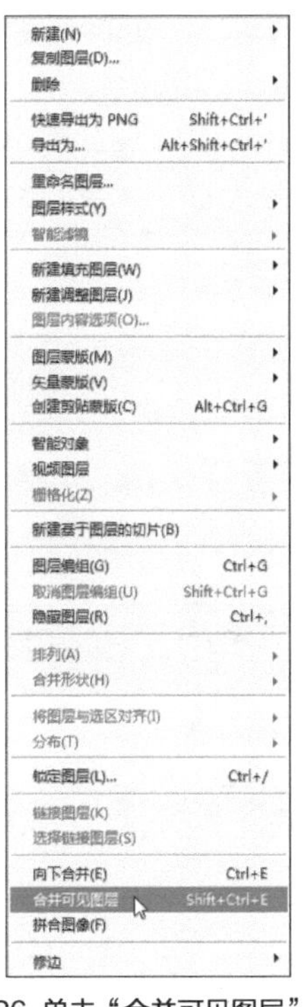

图2-26 单击“合并可见图层”命令

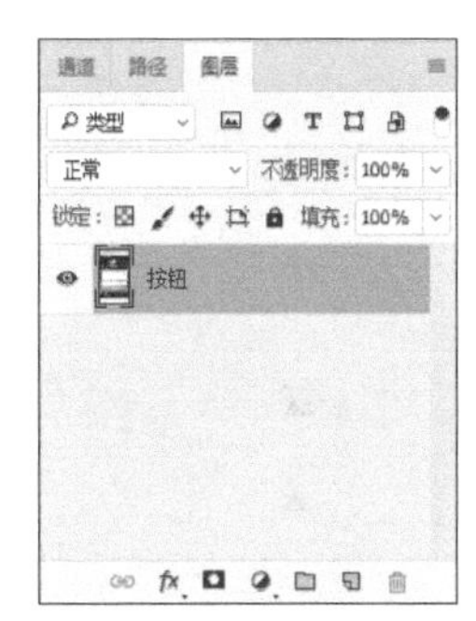

图2-27 合并图层对象

2.1.7 实战——添加“斜面和浮雕”样式

应用“斜面和浮雕”图层样式可以制作出各种凹陷和凸出的图像或文字，从而使图像具有一定的立体效果。

素材文件	素材\第2章\微店主图.psd
效果文件	效果\第2章\微店主图.psd、微店主图.jpg
视频文件	视频\第2章\2.1.7 实战——添加“斜面和浮雕”样式.mp4

步骤 01 单击“文件”|“打开”命令，打开一幅素材图像，如图2-28所示。

步骤 02 展开“图层”面板，选择“全国包邮”文字图层，如图2-29所示。

图2-28 素材图像

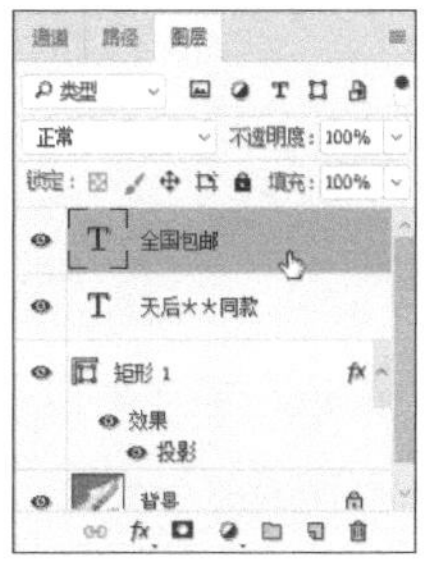

图2-29 选择相应图层

步骤 03 单击“图层”|“图层样式”|“斜面和浮雕”命令，弹出“图层样式”对话框，设置“样式”为“浮雕效果”，如图2-30所示。

步骤 04 单击“确定”按钮，即可应用“斜面和浮雕”样式，效果如图2-31所示。

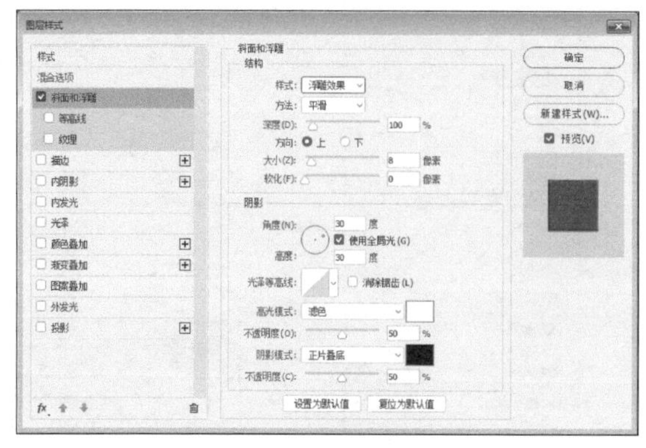

图2-30 设置各选项

图2-31 应用斜面和浮雕样式效果

专家指点

图层样式对话框中“斜面与浮雕”面板各参数的介绍。

样式：在该选项下拉列表中可以选择斜面和浮雕的样式。

方法：用来选择一种创建浮雕的方法。

方向：定位光源角度后，可以通过该选项设置高光和阴影的位置。

软化：用来设置斜面和浮雕的柔和程度，该值越高，效果越柔和。

角度/高度：“角度”选项用来设置光源的照射角度，“高度”选项用来设置光源的照射高度。

光泽等高线：可以选择一个等高线样式，为斜面和浮雕表面添加光泽，创建具有光泽感的金属外观浮雕效果。

深度：用来设置浮雕斜面的应用深度，该值越高，浮雕的立体感越强。

大小：用来设置斜面和浮雕中阴影面积的大小。

高光模式：用来设置高光的混合模式、颜色和不透明度。

阴影模式：用来设置阴影的混合模式、颜色和不透明度。

2.1.8 实战——添加“描边”样式

应用“描边”图层样式可以使图像的边缘产生描边效果，用户可以设置外部描边、内部描边或居中描边效果。

扫码看视频		素材文件	素材\第2章\蝴蝶广告微博.psd
		效果文件	效果\第2章\蝴蝶广告微博.psd、蝴蝶广告微博.jpg
		视频文件	视频\第2章\2.1.8 实战——添加“描边”样式.mp4

步骤 01 单击“文件”|“打开”命令，打开一幅素材图像，如图2-32所示。

步骤 02 在菜单栏中单击“图层”|“图层样式”|“描边”命令，如图2-33所示。

图2-32 素材图像

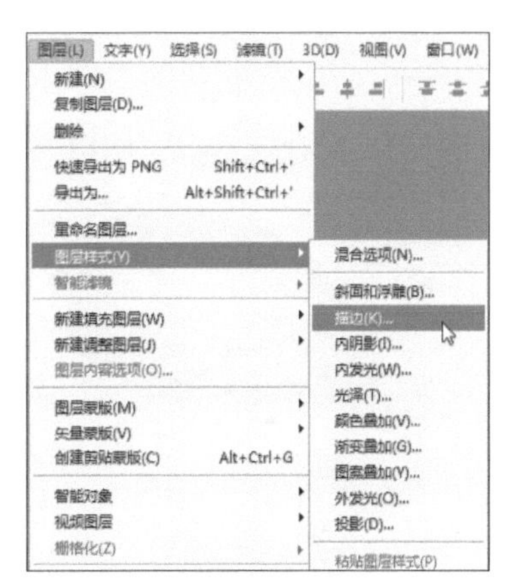

图2-33 单击“描边”命令

步骤 03 弹出“图层样式”对话框，设置“大小”为10像素、“不透明度”为50%、“颜色”为白色（RGB参数值均为255），如图2-34所示。

步骤 04 单击“确定”按钮，即可添加“描边”图层样式，效果如图2-35所示。

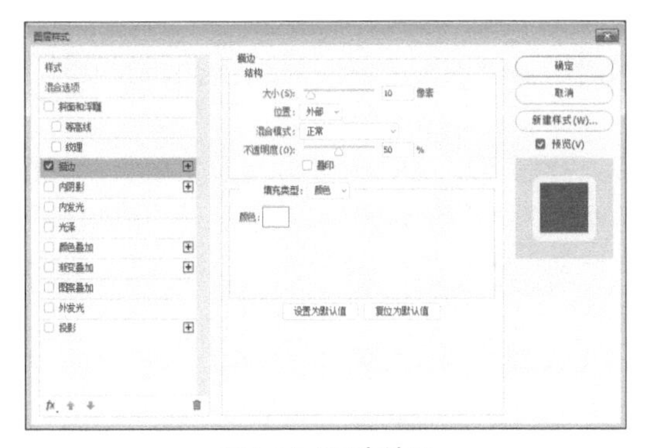

图2-34 设置各选项

图2-35 添加“描边”样式

2.1.9 实战——添加“渐变叠加”样式

在Photoshop中，“渐变叠加”图层样式可以为图层叠加渐变颜色。

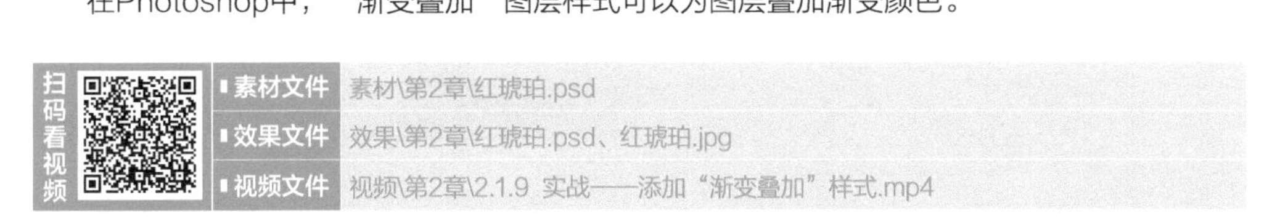

素材文件	素材\第2章\红琥珀.psd
效果文件	效果\第2章\红琥珀.psd、红琥珀.jpg
视频文件	视频\第2章\2.1.9 实战——添加“渐变叠加”样式.mp4

步骤 01 单击“文件”|“打开”命令，打开一幅素材图像，如图2-36所示。

步骤 02 在菜单栏中单击“图层”|“图层样式”|“渐变叠加”命令，弹出“图层样式”对话框，单击“点按可编辑渐变”色块，如图2-37所示。

图2-36 素材图像

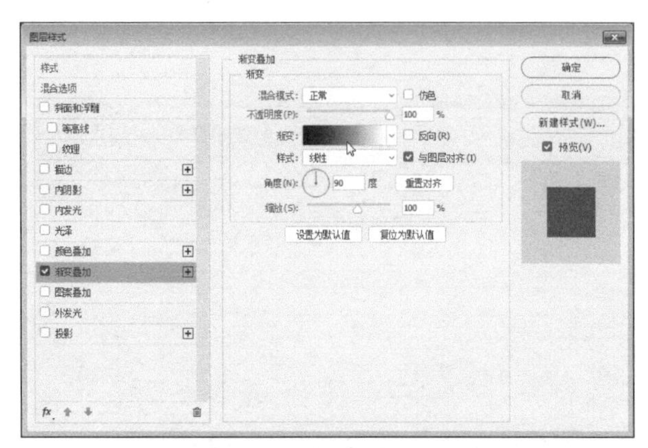

图2-37 单击“点按可编辑渐变”色块

专家指点

图层样式对话框中“渐变叠加”面板各参数的介绍。

混合模式：用于设置使用渐变叠加时色彩混合的模式。

渐变：用于设置使用的渐变色。

样式：包括“线性”“径向”以及“角度”等渐变类型。

与图层对齐：从上到下绘制渐变时，选中该复选框，则渐变以图层对齐。

步骤 03 弹出“渐变编辑器”对话框，单击左边“色标”后，单击“颜色”右侧的色块，如图2-38所示。

步骤 04 弹出“拾色器（色标颜色）”对话框，设置RGB参数值分别为13、34、191，如图2-39所示。

图2-38 单击“颜色”右侧的色块

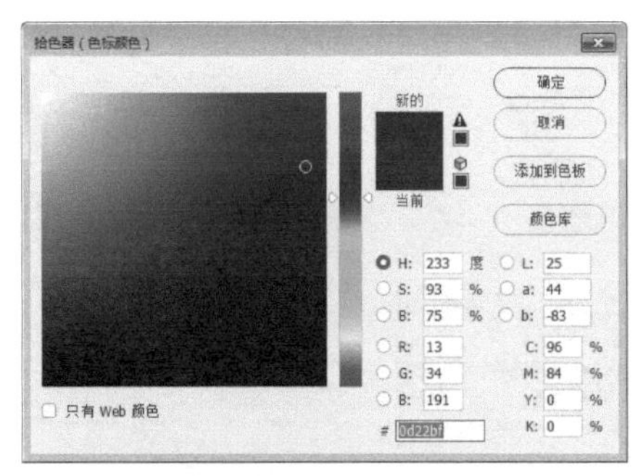

图2-39 设置RGB参数值

步骤 05 单击“确定”按钮，重复以上操作设置右边“色标”为橙色（RGB参数值分别为253、198、5），单击“确定”按钮后，即可返回“渐变编辑器”对话框，单击“确定”按钮返回“图层样式”对话框，如图2-40所示。

步骤 06 单击“确定”按钮，即可制作文字渐变效果，如图2-41所示。

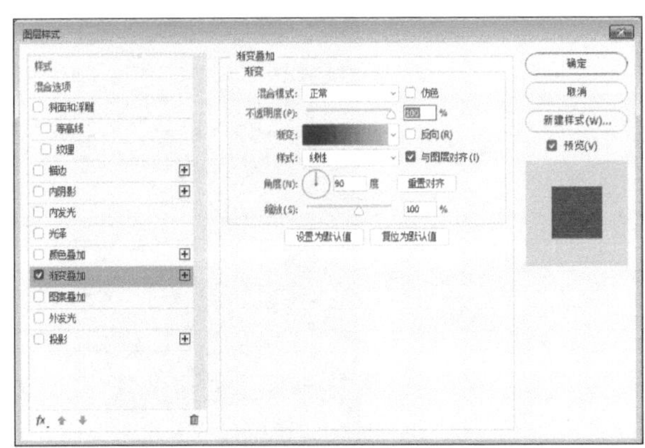

图2-40 返回“图层样式”对话框

图2-41 图像效果

2.1.10 实战——添加“外发光”样式

在Photoshop中，用户使用“外发光”图层样式可以为所选图层中的图像边缘增添发光效果。

素材文件	素材\第2章\新车大赏H5页面.psd
效果文件	效果\第2章\新车大赏H5页面.psd、新车大赏H5页面.jpg
视频文件	视频\第2章\2.1.10 实战——添加“外发光”样式.mp4

步骤 01 单击“文件”|“打开”命令，打开一幅素材图像，如图2-42所示。

步骤 02 展开“图层”面板，选择“GO”文字图层，如图2-43所示。

图2-42 素材图像

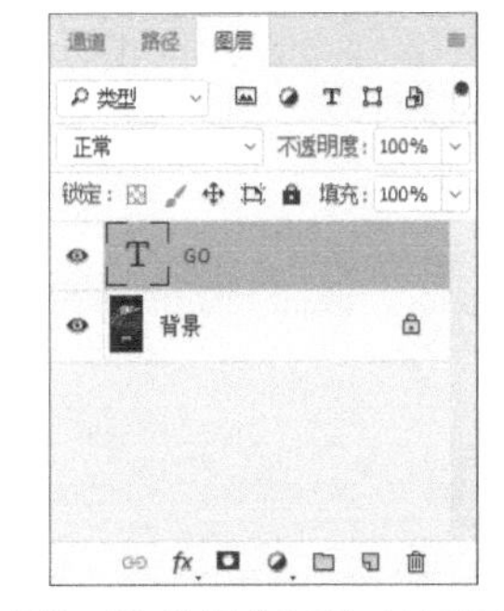

图2-43 选择“GO”文字图层

步骤 03 单击“图层”|“图层样式”|“外发光”命令，弹出“图层样式”对话框，设置“扩展”为2%、“大小”为32像素，如图2-44所示。

步骤 04 单击“确定”按钮，即可应用外发光图层样式，效果如图2-45所示。

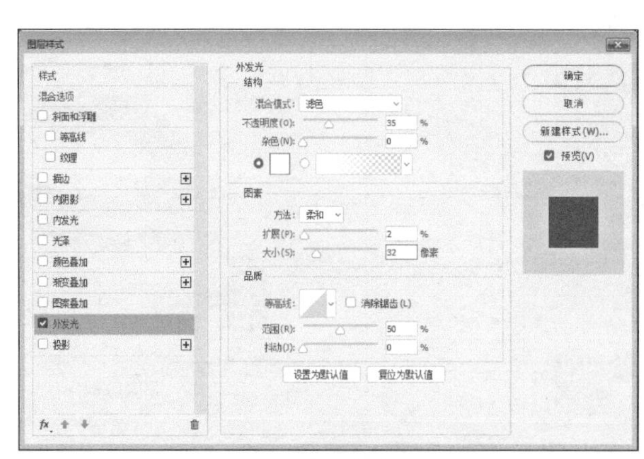

图2-44 设置参数值

图2-45 应用外发光样式效果

专家指点

“外发光”对话框中，各主要选项的含义如下。

方法：用于设置光线的发散效果。

扩展和大小：用于设置外发光的模糊程度和亮度。

范围：用于设置颜色不透明度的过渡范围。

抖动：用于设置光照的随机倾斜度。

2.1.11 实战——添加“投影”样式

应用“投影”图层样式会为图层中的对象下方制造出阴影效果，阴影的透明度、边缘羽化和投影角度等，都可以在“图层样式”对话框中进行设置。

素材文件	素材\第2章\微店促销活动.psd
效果文件	效果\第2章\微店促销活动.psd、微店促销活动.jpg
视频文件	视频\第2章\2.1.11 实战——添加“投影”样式.mp4

步骤 01 单击“文件”|“打开”命令，打开一幅素材图像，如图2-46所示。

步骤 02 在“图层”面板中，选择“圆角矩形1”图层，如图2-47所示。

图2-46 素材图像

图2-47 选择“圆角矩形1”图层

步骤 03 在菜单栏中单击“图层”|“图层样式”|“投影”命令，弹出“图层样式”对话框，设置“不透明度”为75%、“角度”为90、“距离”为5、“扩展”为0、“大小”为5，如图2-48所示。

步骤 04 单击“确定”按钮，即可应用投影图层样式，效果如图2-49所示。

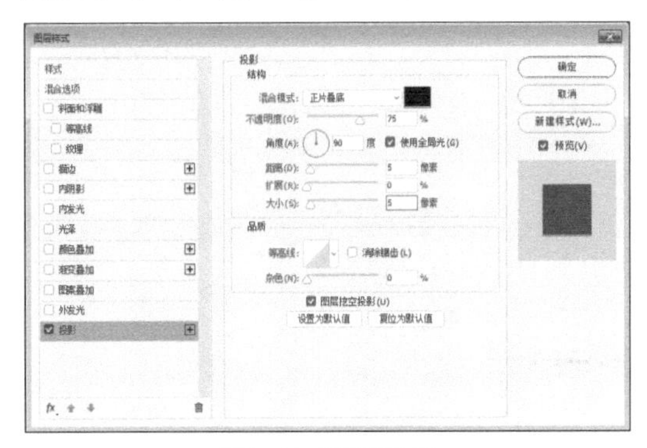

图2-48 设置各选项

图2-49 应用投影样式效果

专家指点

“投影”对话框中主要选项的含义如下。

混合模式：用来设置投影与下面图层的混合方式，默认为“正片叠底”模式。

不透明度：设置图层效果的不透明度，不透明度值越大，图像效果就越明显。可以直接在后面的数值框中输入数值进行精确调节，或拖动滑块进行调节。

角度：设置光照角度，可以确定投下阴影的方向与角度。当选中后面的“使用全局光”复选框时，可以将所有图层对象的阴影角度都统一。

扩展：设置模糊的边界，“扩展”值越大，模糊的部分越少。

等高线：设置阴影的明暗部分，单击右侧的下拉按钮，可以选择预设效果，也可以单击预设效果，弹出“等高线编辑器”对话框重新进行编辑。

图层挖空阴影：该复选框用来控制半透明图层中投影的可见性。

投影颜色：在“混合模式”右侧的颜色框中，可以设定阴影的颜色。

距离：设置阴影偏移的幅度，距离越大，层次感越强；距离越小，层次感越弱。

大小：设置模糊的边界，“大小”值越大，模糊的部分就越大。

消除锯齿：混合等高线边缘的像素，使投影更加平滑。

杂色：为阴影增加杂点效果，“杂色”值越大，杂点越明显。

2.1.12 实战——复制/粘贴图层样式

复制和粘贴图层样式可以将当前图层的样式效果完全复制并应用于其他图层上，在工作过程中可以节省大量的操作时间。

素材文件	素材\第2章\邀请领奖H5页面.psd
效果文件	效果\第2章\邀请领奖H5页面.psd、邀请领奖H5页面.jpg
视频文件	视频\第2章\2.1.12 实战——复制/粘贴图层样式.mp4

步骤 01 单击“文件”|“打开”命令，打开一幅素材图像，如图2-50所示。

步骤 02 展开“图层”面板，选择“圆角矩形1”图层，在图层上单击鼠标右键，在弹出的快捷菜单中选择“拷贝图层样式”选项，效果如图2-51所示。

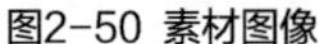

图2-50 素材图像

图2-51 选择“拷贝图层样式”选项

步骤 03 选择“圆角矩形1拷贝”图层，单击鼠标右键，在弹出的快捷菜单中选择“粘贴图层样式”选项，如图2-52所示。

步骤 04 执行操作后，即可粘贴图层样式，效果2-53所示。

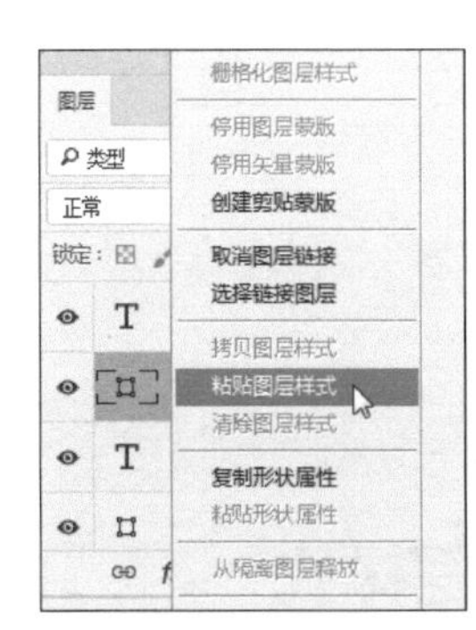

图2-52 选择“粘贴图层样式”选项

图2-53 粘贴图层样式效果

专家指点

若用户需要对比有无图层样式的效果，可以隐藏图层样式来查看。隐藏图层样式的操作方法有以下3种。

方法1：选择需要隐藏图层样式的图层，单击图层样式名称左侧的眼睛图标，即可隐藏当前图层样式效果。

方法2：在任意一个图层样式名称上单击鼠标右键，在弹出的菜单列表中选择“隐藏所有效果”选项，即可隐藏当前图层样式效果。

方法3：在“图层”面板中，单击所有图层样式上方“效果”左侧的“切换所有图层效果可见性”图标，即可隐藏所有图层样式效果。

2.1.13 实战——运用裁剪工具裁剪图像

在Photoshop中，裁剪工具可以对图像进行裁剪，重新定义画布的大小。下面详细介绍运用裁剪工具裁剪图像的操作方法。

素材文件	素材\第2章\球出没H5页面.jpg
效果文件	效果\第2章\球出没H5页面.jpg
视频文件	视频\第2章\2.1.13 实战——运用裁剪工具裁剪图像.mp4

步骤 01 单击“文件”|“打开”命令，打开一幅素材图像，如图2-54所示。

步骤 02 选取工具箱中的裁剪工具，在图像边缘会显示一个虚线框，如图2-55所示。

图2-54 素材图像

图2-55 显示一个虚线框

步骤 03 将鼠标移至变换框内，单击鼠标左键的同时并拖曳，调整控制框的大小和位置，如图2-56所示。

步骤 04 按【Enter】键确认，即可完成图像的裁剪，如图2-57所示。

图2-56 调整控制框

图2-57 完成裁剪图像

2.1.14 实战——旋转/缩放图像

在Photoshop中，用户在缩放或旋转图像后，能使平面图像显示视角独特，同时也可以将倾斜的图像纠正。

扫码看视频		
	素材文件	素材\第2章\微博女鞋广告.jpg
	效果文件	效果\第2章\微博女鞋广告.jpg
	视频文件	视频\第2章\2.1.14 实战——旋转/缩放图像.mp4

步骤01 按【Ctrl+O】组合键，打开一幅素材图像，如图2-58所示。

步骤02 按【Ctrl+A】组合键全选图像，单击“编辑”|“变换”|“缩放”命令，如图2-59所示。

图2-58 素材图像

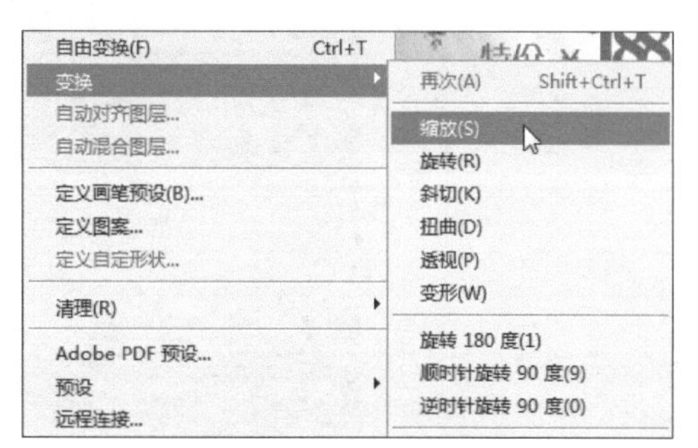

图2-59 单击“缩放”命令

步骤03 调出变换控制框，将鼠标移至变换控制框右上方的控制柄上，鼠标指针呈双向箭头时，按【Shift+Alt】组合键的同时，单击鼠标左键并向左下方拖曳，缩放至合适位置后释放鼠标左键，如图2-60所示。

步骤04 在变换控制框中单击鼠标右键，在弹出的快捷菜单中选择“旋转”选项，如图2-61所示。

图2-60 缩放图像

图2-61 选择“旋转”选项

步骤05 将鼠标移至变换控制框右上方的控制柄处，单击鼠标左键的同时并逆时针旋转至合适的位置，释放鼠标，如图2-62所示。

步骤 06 执行操作后在控制框内双击鼠标左键，即可完成图像的旋转并取消选区，如图2-63所示。

图2-62 旋转至合适位置

图2-63 完成图像的旋转

2.2 抠图技巧

如果找到的图片有背景杂乱的情况，可以运用Photoshop中的魔棒工具、快速选择工具、套索工具和蒙版等对图像进行抠图处理。

2.2.1 实战——用“反向”命令抠图

在选取图像时，不但要根据不同的图像类型选择不同的选取工具，还要根据不同的图像类型进行不同的选取方式。“反向”命令是比较常用的方式之一。

扫码看视频	
素材文件	素材\第2章\玫瑰花.jpg
效果文件	效果\第2章\玫瑰花.psd、玫瑰花.jpg
视频文件	视频\第2章\2.2.1 实战——用“反向”命令抠图.mp4

步骤 01 按【Ctrl+O】组合键，打开一幅素材图像，如图2-64所示。

步骤 02 选取工具箱中的魔棒工具，在工具属性栏中设置“容差”为20，取消选中“连续”复选框，在白色背景位置单击鼠标左键，如图2-65所示。

图2-64 素材图像

图2-65 选中白色区域

步骤 03 单击“选择”|“反选”命令，反选选区，如图2-66所示。

步骤 04 按【Ctrl+J】组合键拷贝一个新图层，并隐藏“背景”图层，效果如图2-67所示。

图2-66 反选选区

图2-67 拷贝新图层并隐藏背景图层

2.2.2 实战——用矩形选框工具抠图

“矩形选框工具”主要用于创建矩形或正方形选区，用户还可以在工具属性栏上进行相应选项的设置。

在Photoshop中矩形选框工具可以建立矩形选区，该工具是区域选择工具中最基本、最常用的工具，用户选择矩形选框工具后，其工具属性栏如图2-68所示。

图2-68 矩形选框工具属性栏

专家指点

矩形选框工具的工具属性栏各选项基本含义如下。

羽化:用来设置选区的羽化范围。

样式:用来设置创建选区的方法。选择“正常”选项，可以通过拖动鼠标创建任意大小的选区；选择“固定比例”选项，可在右侧设置选区的“宽度”和“高度”；选择“固定比例”选项，可在右侧设置选区的“宽度”和“高度”的数值。单击⇄按钮，可以切换“宽度”和“高度”值。

选择并遮住:用来对选区进行平滑、羽化等处理。

扫码看视频	
素材文件	素材\第2章\去哪儿旅行小程序.jpg
效果文件	效果\第2章\去哪儿旅行小程序.psd、去哪儿旅行小程序.jpg
视频文件	视频\第2章\2.2.2 实战——用矩形选框工具抠图.mp4

步骤 01 按【Ctrl+O】组合键，打开一幅素材图像，如图2-69所示。

步骤 02 选取工具箱中的“矩形选框工具”，在编辑窗口中的适当位置单击鼠标左键并向右下方拖曳，创建一个矩形选区，如图2-70所示。

图2-69 打开素材图像

图2-70 创建矩形选区

步骤 03 按【Ctrl＋J】组合键，拷贝选区内的图像，建立一个新图层，并隐藏“背景”图层，效果如图2-71所示。

图2-71 抠取效果

2.2.3 实战——用多边形套索工具填充图像

运用“多边形套索工具”绘制多边形选区时，单击鼠标绘制直线，对于抠取或填充多边形的图形比较方便。

扫码看视频	素材文件	素材\第2章\手机.jpg
	效果文件	效果\第2章\手机.jpg
	视频文件	视频\第2章\2.2.3 实战——用多边形套索工具填充图像.mp4

步骤 01 按【Ctrl＋O】组合键，打开一幅素材图像，如图2-72所示。

步骤 02 选取工具箱中的多边形套索工具，将鼠标移至图像编辑窗口中的合适位置，单击鼠标左键建立第一个点，这时鼠标变为可编辑模式，再在合适的位置单击第二个点，如图2-73所示。

图2-72 打开素材图像

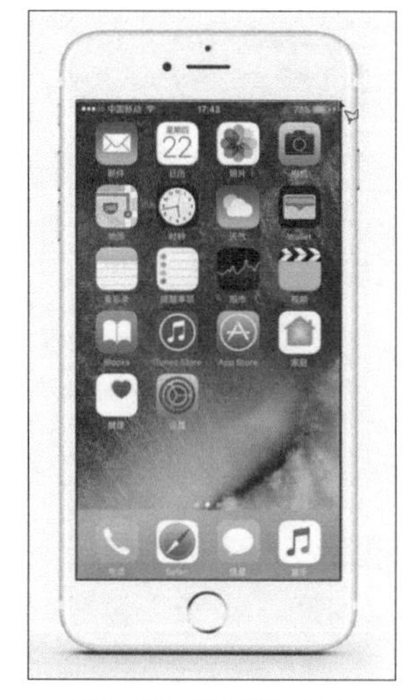

图2-73 单击第二个点

步骤 03 使用以上方法，建立多边形选区，如图2-74所示。

步骤 04 设置前景色为黑色（RGB参数值均为0），按【Alt+Delete】组合键为选区填充前景色，按【Ctrl+D】组合键，取消选区，效果如图2-75所示。

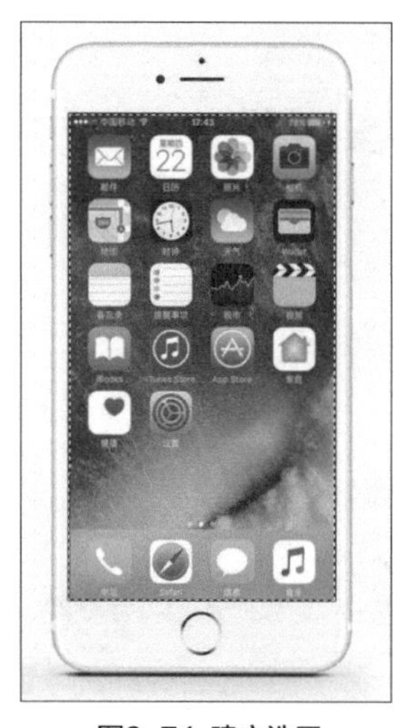

图2-74 建立选区

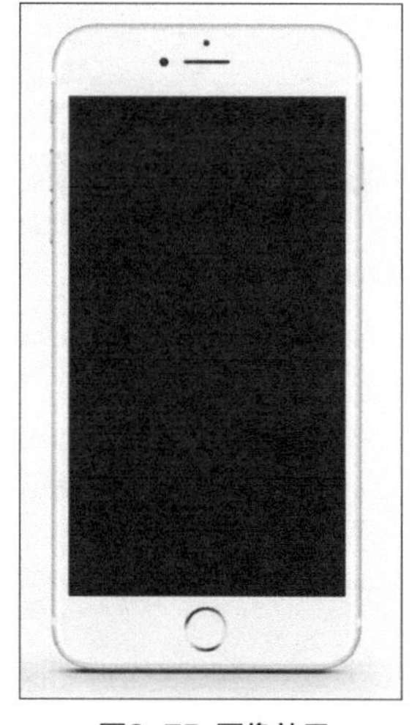

图2-75 图像效果

2.2.4 实战——扩展选区图像

应用“扩展”命令可以设置选区大小，设置“扩展量”数值可以扩大当前选区，数值越大，选区被扩展得就越大。

扫码看视频

素材文件	素材\第2章\饰品微店海报.psd
效果文件	效果\第2章\饰品微店海报.psd、饰品微店海报.jpg
视频文件	视频\第2章\2.2.4 实战——扩展选区图像.mp4

步骤 01 单击“文件”|“打开”命令，打开一幅素材图像，如图2-76所示。

步骤 02 在“图层”面板中选择“美丽与可爱同在”文字图层，按住【Ctrl】键的同时单击文字图层的缩览图，将其载入选区，如图2-77所示。

图2-76 素材图像

图2-77 载入选区

步骤 03 在图层面板中新建一个图层，单击“选择”|“修改”|“扩展”命令，弹出“扩展选区”对话框，设置“扩展量”为10像素，如图2-78所示。

步骤 04 单击“确定”按钮，即可扩展选区，效果如图2-79所示。

图2-78 设置“扩展量”参数

图2-79 扩展选区

步骤 05 单击前景色色块，弹出“拾色器（前景色）”对话框，设置前景色为深红色（RGB参数值分别为207、6、14），如图2-80所示，单击“确定”按钮。

步骤 06 按【Alt+Delete】组合键为选区填充前景色，如图2-81所示。

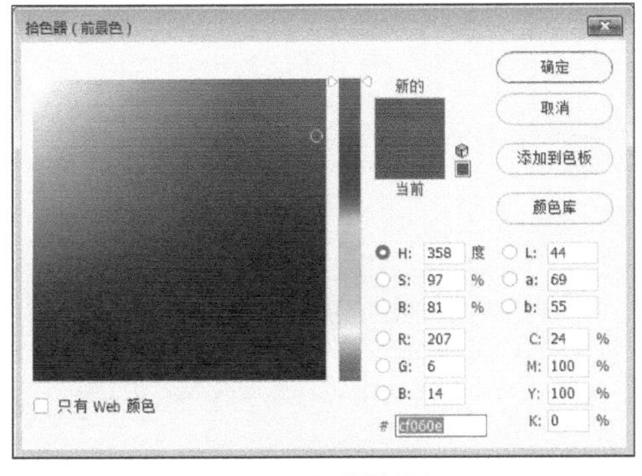

图2-80 设置前景色

图2-81 填充选区

步骤 07 按【Ctrl+D】组合键，取消选区，并在图层面板中显示“美丽与可爱同在 拷贝”文字图层，如图2-82所示。

步骤 08 执行上述操作后，即可制作出双重描边效果，如图2-83所示。

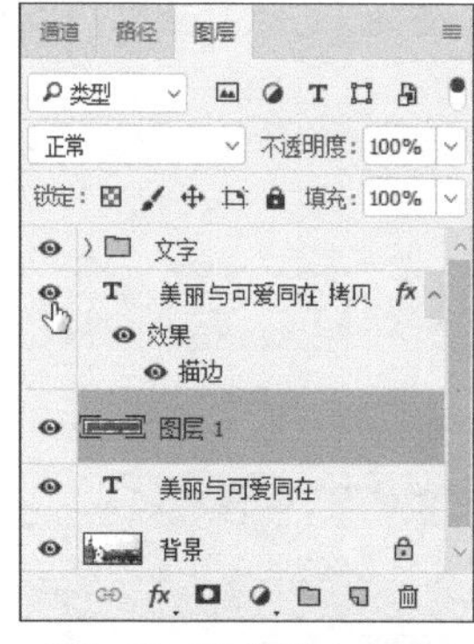

图2-82 显示相应文字图层　　图2-83 图像效果

2.2.5 实战——将路径转换为选区

绘制路径之后，需要将绘制的路径转换为选区，才可以进行抠图处理，单独的路径是不能进行抠图处理的。

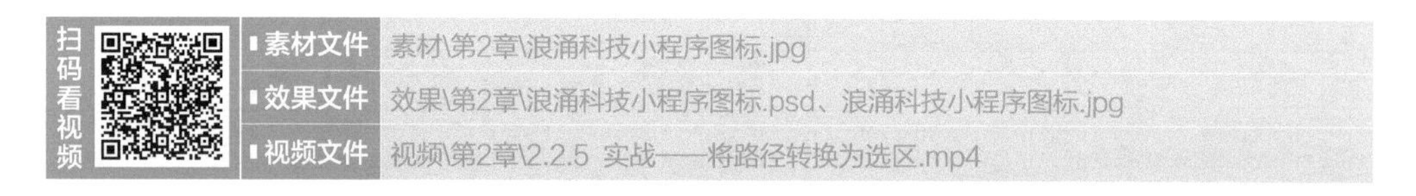

步骤 01 按【Ctrl+O】组合键，打开一幅素材图像，如图2-84所示。

步骤 02 打开“路径”面板，在“路径1”上单击鼠标右键，在弹出的快捷菜单中，选择“建立选区”选项，如图2-85所示。

图2-84 素材图像

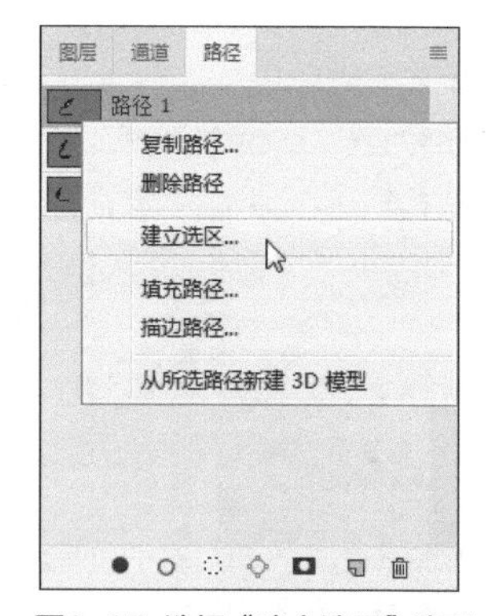

图2-85 选择“建立选区”选项

步骤 03 弹出“建立选区”对话框，单击“确定”按钮，即可将路径转换为选区，如图2-86所示。

步骤 04 切换至“图层”面板，新建一个图层，设置前景色为绿色（RGB参数值分别为0、152、0），按【Alt+Delete】组合键为选区填充前景色，并取消选区，效果如图2-87所示。

图2-86 将路径转换为选区

图2-87 为选区填充前景色

步骤 05 切换至“路径”面板，按住【Ctrl】键的同时单击“路径2”的路径缩览图，如图2-88所示，将其载入选区。

步骤 06 按【Alt+Delete】组合键为选区填充前景色，并取消选区，如图2-89所示。

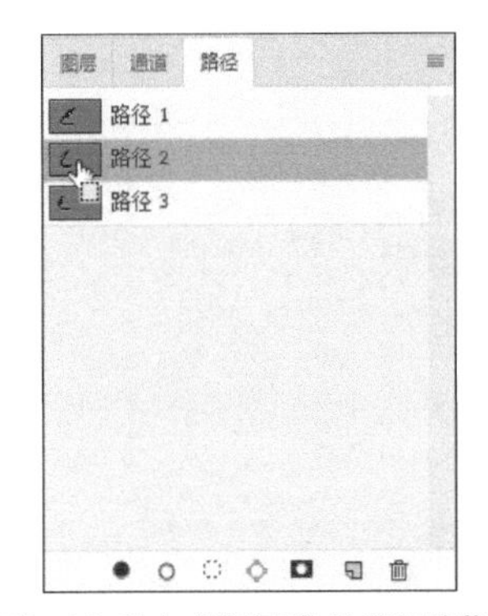

图2-88 单击“路径2”的路径缩览图

图2-89 取消选区

步骤 07 选中“路径3”路径，单击“路径”面板下方的“将路径作为选区载入”按钮，如图2-90所示，将其载入选区。

步骤 08 按【Alt+Delete】组合键为选区填充前景色，并取消选区，如图2-91所示。

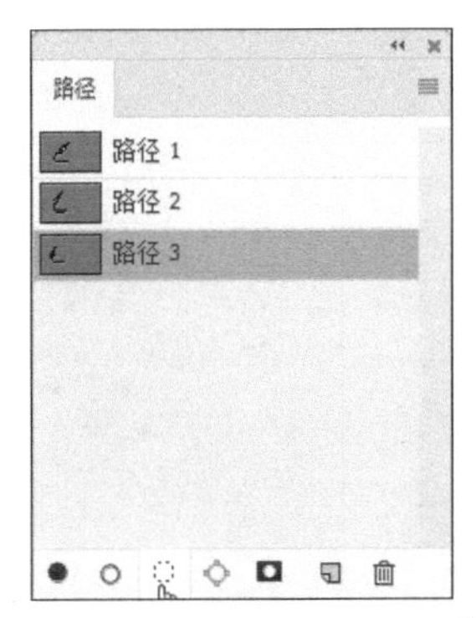

图2-90 单击“将路径作为选区载入”按钮

图2-91 取消选区

专家指点

除了运用上述方法将路径转换为选区外，用户还可以按【Ctrl+Enter】组合键。

2.2.6 实战——应用矢量蒙版抠图

矢量蒙版主要借助路径来创建，利用路径选择图像后，通过矢量蒙版可以快速进行图像的抠除。

扫码看视频		
	素材文件	素材\第2章\头像1.jpg
	效果文件	效果\第2章\头像1.psd、头像1.jpg
	视频文件	视频\第2章\2.2.6 实战——应用矢量蒙版抠图.mp4

步骤 01 按【Ctrl+O】组合键，打开一幅素材图像，如图2-92所示。

步骤 02 在“图层”面板中，拖动“背景”图层至面板底部的“创建新图层”按钮上，复制一个图层，如图2-93所示。

图2-92 素材图像

图2-93 复制图层

步骤 03 在“路径”面板中，选择“工作路径”，单击“图层”|“矢量蒙版”|“当前路径”命令，如图2-94所示。

步骤 04 在“图层”面板中，单击“背景”图层前的“指示图层可见性”图标，将“背景”图层隐藏，效果如图2-95所示。

专家指点

矢量蒙版是图层蒙版的另一种类型，它用于以矢量图像的形式屏蔽图像。矢量蒙版依靠蒙版中的矢量路径的形状与位置，使图像产生被屏蔽的效果。但是在“背景”图层中不能创建矢量蒙版，所以要先将“背景”图层进行复制。

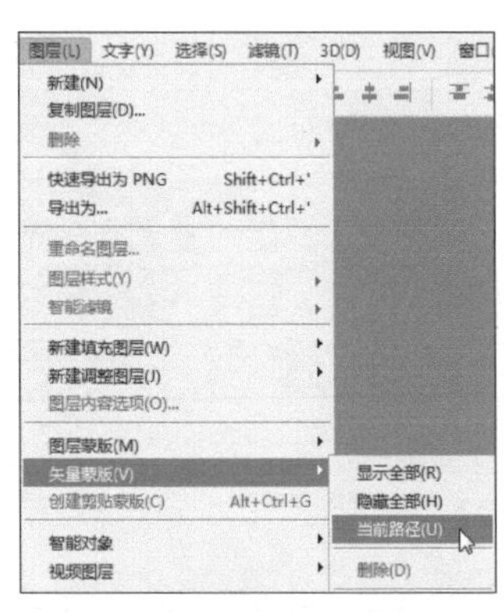

图2-94 单击“当前路径”命令

图2-95 抠图效果

2.2.7 实战——应用剪贴蒙版抠图

剪贴蒙版可以将一个图层中的图像剪贴至另一个图像的轮廓中，并且不会影响图像的源数据，创建剪贴蒙版后，还可以拖动被剪贴的图像调整其位置。

扫码看视频	素材文件	素材\第2章\直播间.psd、直播头像.jpg
	效果文件	效果\第2章\直播间.psd、直播间.jpg
	视频文件	视频\第2章\2.2.7 实战——应用剪贴蒙版抠图.mp4

步骤 01 按【Ctrl+O】组合键，打开两幅素材图像，如图2-96所示。

步骤 02 切换至“直播头像”图像编辑窗口中，按【Ctrl+A】组合键，全选图像，如图2-97所示。

图2-96 素材图像

图2-97 全选图像

步骤 03 按【Ctrl+C】组合键，复制图像，切换至“直播间”图像编辑窗口中，按【Ctrl+V】组合键，粘贴图像，按【Ctrl+T】组合键，调整图像大小和位置，效果如图2-98所示。

步骤 04 单击“图层”|“创建剪贴蒙版”命令，即可创建剪贴蒙版，如图2-99所示。

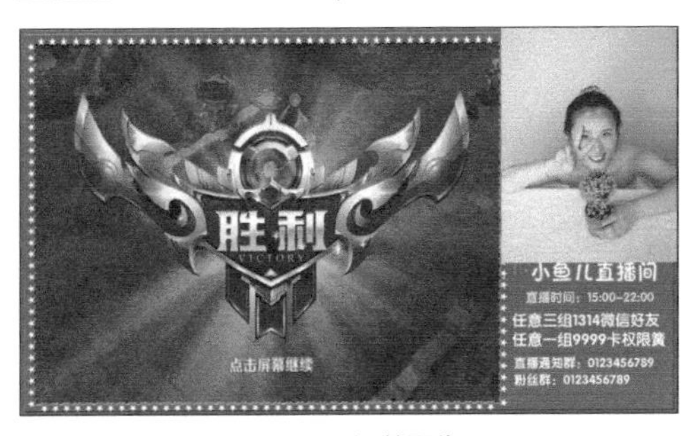

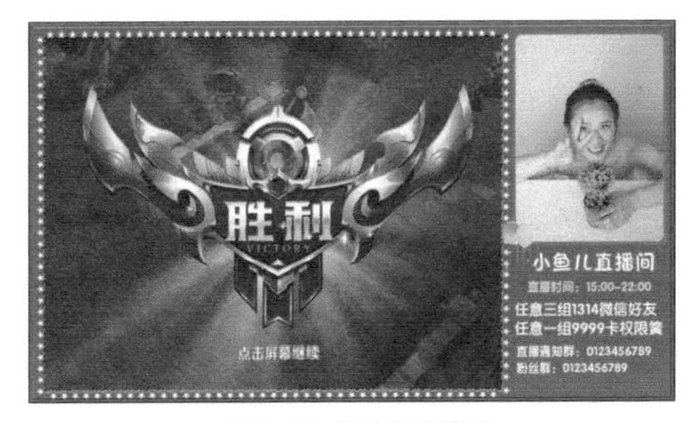

图2-98 调整图像

图2-99 创建剪贴蒙版

专家指点

单击“图层”|“释放剪贴蒙版”命令，即可从剪贴蒙版中释放出该图层，如果该图层上面还有其他内容图层，则这些图层也会被一同释放。

2.3 调色技巧

Photoshop拥有非常强大的颜色调整功能，使用“曲线”“色阶”等命令可以轻松调整图像的色相、饱和度、对比度和亮度，修正有色彩平衡、曝光不足或过度等缺陷的图像。本节主要向用户介绍调整图像色彩的操作方法。

2.3.1 实战——运用渐变工具填充渐变色

运用渐变工具可以对所选定的图像进行多种颜色的混合填充，从而达到增强图像的视觉效果。

扫码看视频

素材文件	素材\第2章\化妆品微店海报.psd
效果文件	效果\第2章\化妆品微店海报.psd、化妆品微店海报.jpg
视频文件	视频\第2章\2.3.1 实战——运用渐变工具填充渐变色.mp4

步骤01 单击“文件”|“打开”命令，打开一幅素材图像，如图2-100所示。

步骤02 选取工具箱中的渐变工具，在工具属性栏中，单击“点按可编辑渐变”色块，如图2-101所示。

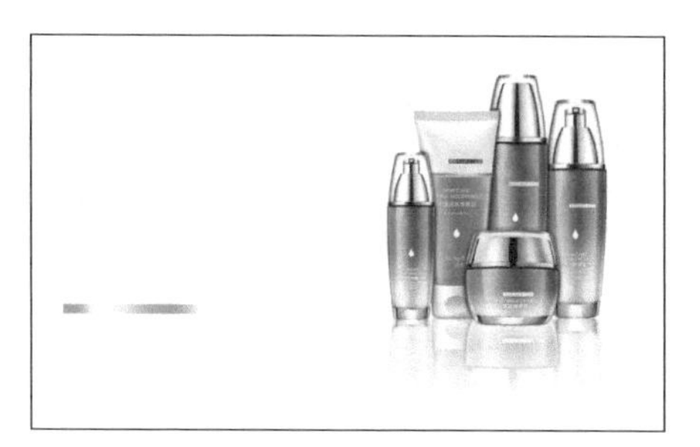

图2-100 素材图像

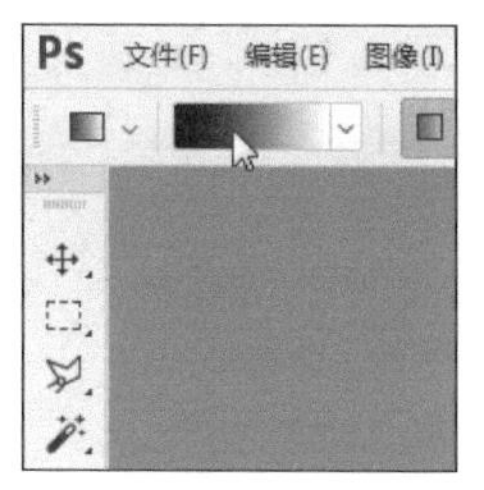

图2-101 单击“点按可编辑渐变”色块

步骤03 弹出“渐变编辑器”对话框，设置从白色到蓝色（RGB参数值分别为7、137、210）渐变色，并设置第一个滑块的“位置”为10%，如图2-102所示。

步骤04 单击“确定”按钮，在渐变工具属性栏中，单击“径向渐变”按钮，如图2-103所示。

图2-102 设置各选项

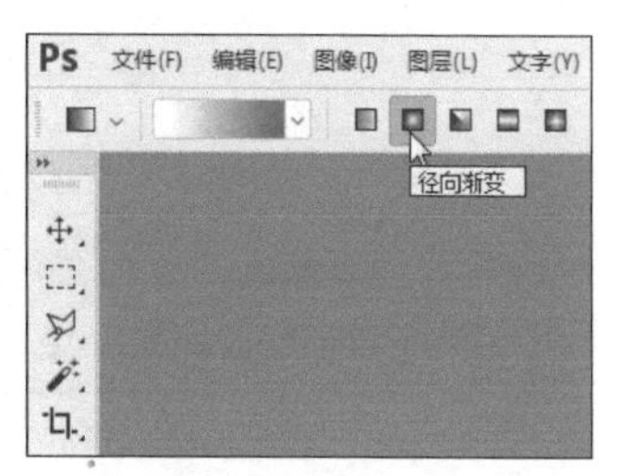

图2-103 单击“径向渐变”按钮

专家指点

渐变编辑器中的“位置”文本框中，可显示标记点在渐变效果预览条的位置，用户可以输入数字来改变颜色标记点的位置，也可以直接拖曳渐变颜色带下端的颜色标记点。单击【Delete】键可将此颜色标记点删除。

步骤 05 在“背景”图层上方新建一个图层，将鼠标指针移至图像编辑窗口右侧的合适位置，单击鼠标左键向左下角拖曳鼠标，如图2-104所示。

步骤 06 拖曳鼠标至合适位置后，释放鼠标左键，即可填充渐变色，效果如图2-105所示。

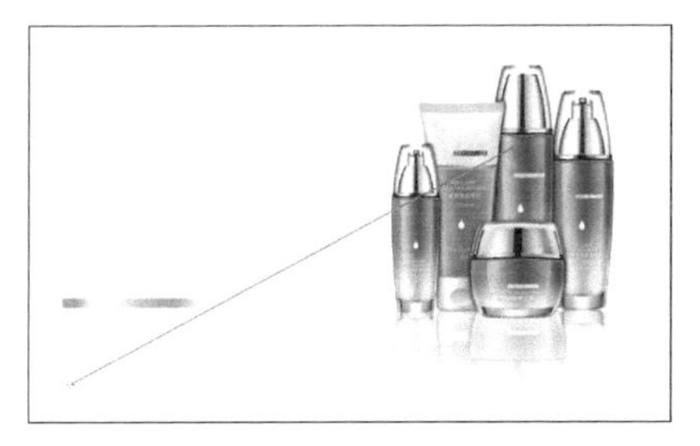

图2-104 拖曳鼠标

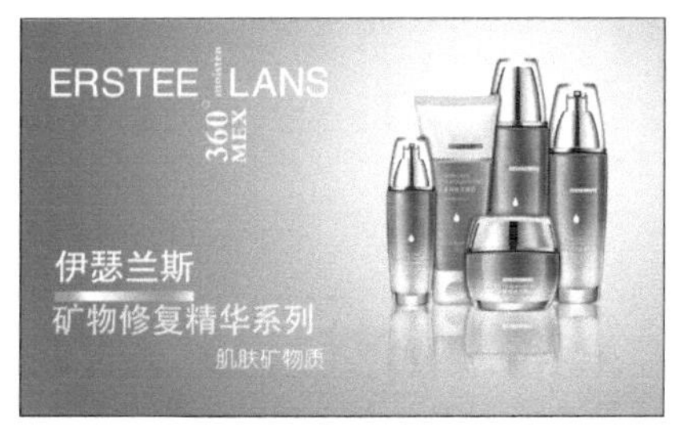

图2-105 填充渐变色效果

2.3.2 实战——使用“亮度/对比度”命令

“亮度/对比度”命令主要对图像每个像素的亮度或对比度进行调整，此调整方式方便、快捷，但不适用于较为复杂的图像。

扫码看视频

素材文件	素材\第2章\微店公告栏背景.jpg
效果文件	效果\第2章\微店公告栏背景.jpg
视频文件	视频\第2章\2.3.2 实战——使用“亮度/对比度”命令.mp4

步骤 01 按【Ctrl+O】组合键，打开一幅素材图像，如图2-106所示。

步骤 02 单击“图像”|“调整”|“亮度/对比度”命令，如图2-107所示。

图2-106 素材图像

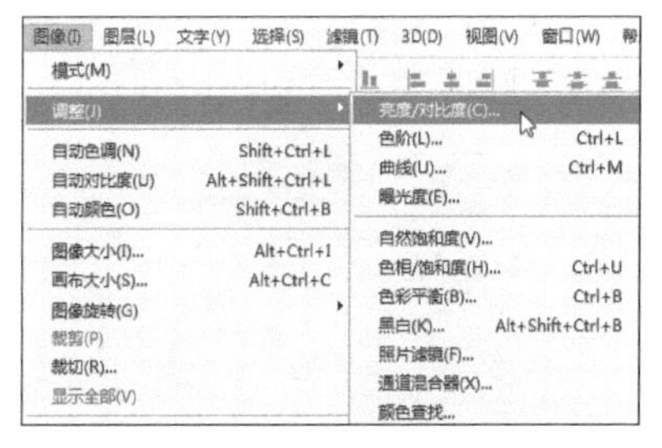

图2-107 单击“亮度/对比度”命令

专家指点

使用“亮度/对比度”命令可以对图像的色调范围进行简单的调整，其与“曲线”和“色阶”命令不同，它对图像中的每个像素均进行同样的调整，而对单个通道不起作用。建议不要使用该命令用于高端输出，以免引起图像中细节的丢失。

步骤03 弹出“亮度/对比度”对话框，设置“亮度”为26、“对比度”为100，如图2-108所示。

步骤04 单击“确定”按钮，即可运用“亮度/对比度”命令调整图像色彩，效果如图2-109所示。

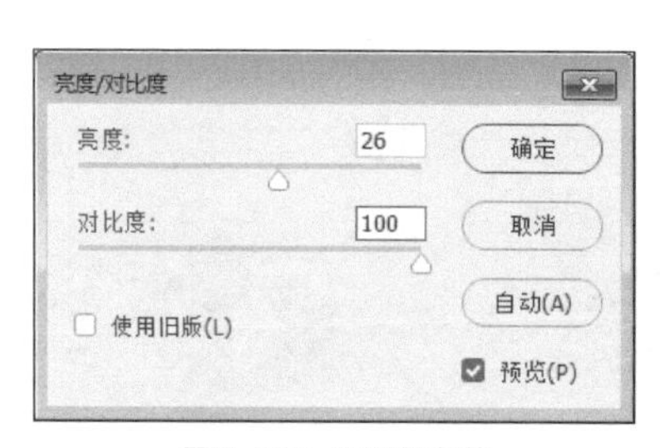

图2-108 设置各参数

图2-109 调整图像色彩

2.3.3 实战——使用“曲线”命令

应用“曲线”命令可以通过调节曲线的方式调整图像的高亮色调、中间调和暗色调，其优点是可以只调整选定色调范围内的图像而不影响其他色调。

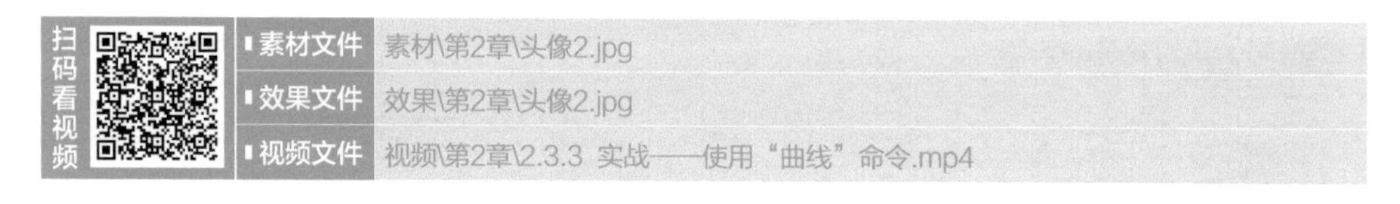

素材文件	素材\第2章\头像2.jpg
效果文件	效果\第2章\头像2.jpg
视频文件	视频\第2章\2.3.3 实战——使用“曲线”命令.mp4

步骤01 按【Ctrl+O】组合键，打开一幅素材图像，如图2-110所示。

步骤02 单击“图像”|“调整”|“曲线”命令，弹出“曲线”对话框，在曲线上单击鼠标左键新建一个控制点，在下方设置“输入”为10、“输出”为0，如图2-111所示。

图2-110 素材图像

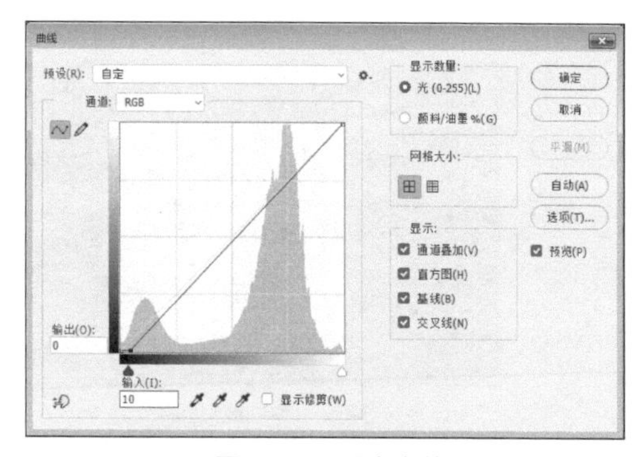

图2-111 设置各参数

专家指点

除了运用上述方法打开“曲线”对话框，还可以按【Ctrl+M】组合键。

步骤 03 在曲线右上方单击鼠标左键新建一个控制点，在下方设置“输入”为179、“输出”为224，如图2-112所示。

步骤 04 单击“确定”按钮，即可运用“曲线”命令调整图像的整体色调，效果如图2-113所示。

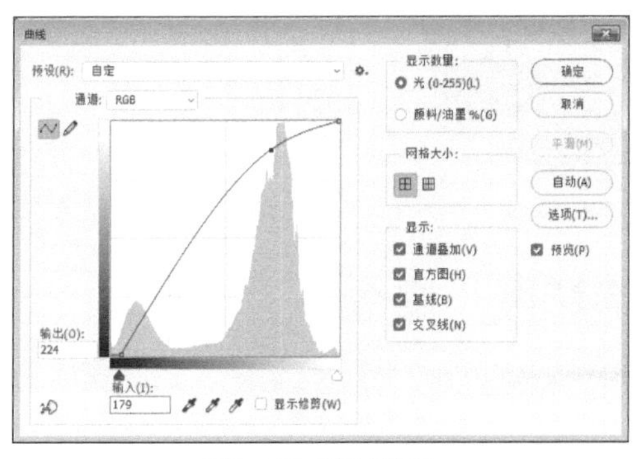

图2-112 设置各参数

图2-113 调整整体色调

2.3.4 实战——使用“自然饱和度”命令

使用“自然饱和度”命令可以调整整幅图像或单个颜色的饱和度和亮度。下面详细介绍使用“自然饱和度”命令调整图像饱和度的操作。

步骤 01 按【Ctrl+O】组合键，打开一幅素材图像，如图2-114所示。

步骤 02 单击“图像”|“调整”|“自然饱和度”命令，弹出“自然饱和度”对话框，在对话框中，设置“自然饱和度”为100、“饱和度”为12，如图2-115所示。

图2-114 素材图像

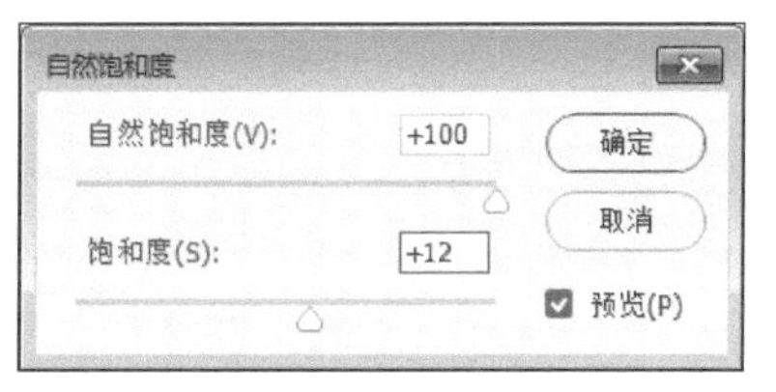

图2-115 设置各参数

步骤 03 单击“确定”按钮，即可调整图像饱和度，如图2-116所示。

图2-116 调整图像饱和度

2.3.5 实战——使用“色相/饱和度”命令

应用“色相/饱和度”命令可以调整整幅图像或单个颜色的色相、饱和度和明度，还可以同步调整图像中所有的颜色。

扫码看视频 

素材文件	素材\第2章\酒店公寓小程序.jpg
效果文件	效果\第2章\酒店公寓小程序.jpg
视频文件	视频\第2章\2.3.5 实战——使用“色相/饱和度”命令.mp4

步骤 01 按【Ctrl+O】组合键，打开一幅素材图像，如图2-117所示。

步骤 02 选取工具箱中的矩形选框工具，在图像编辑窗口中绘制一个矩形选区，如图2-118所示。

图2-117 素材图像

图2-118 绘制一个矩形选区

步骤 03 单击“图像”|“调整”|“色相/饱和度”命令，弹出“色相/饱和度”对话框，设置“色相”为168、“饱和度”为5，如图2-119所示。

步骤 04 单击“确定”按钮，按【Ctrl+D】组合键取消选区，即可调整图像色相，效果如图2-120所示。

专家指点

除了运用上述方法打开“色相/饱和度”对话框，还可以按【Ctrl+U】组合键。

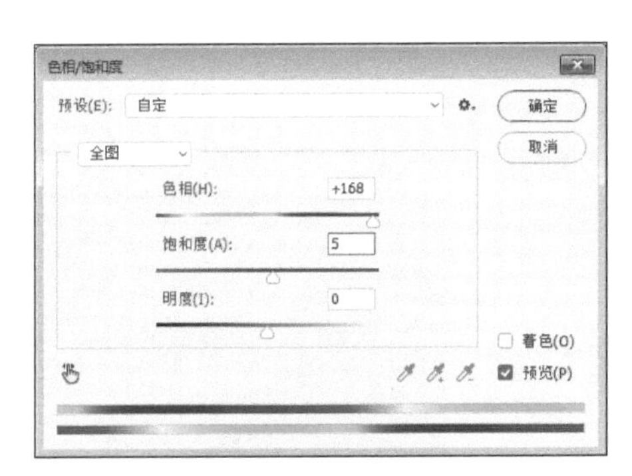

图2-119 设置各参数

图2-120 调整图像色相

专家指点

"色相/饱和度"对话框中的各选项含义如下。

预设：在"预设"列表框中提供了8种色相/饱和度预设。

通道：在"通道"列表框中可以选择全图、红色、黄色、绿色、青色、蓝色和洋红通道，进行色相、饱和度和明度的参数调整。

着色：选中该复选框后，图像会整体偏向于单一的红色调。

在图像上单击并拖动可修改饱和度：使用该工具在图像上单击设置取样点以后，向右拖曳鼠标可以增加图像的饱和度，向左拖曳鼠标可以降低图像的饱和度。

2.3.6 实战——使用"黑白"命令

使用"黑白"命令可以将图像调整为具有艺术感的黑白效果图像，同时，也可以调整出不同单色的艺术效果。

扫码看视频

素材文件	素材\第2章\励志版朋友圈设计.jpg
效果文件	效果\第2章\励志版朋友圈设计.jpg
视频文件	视频\第2章\2.3.6 实战——使用"黑白"命令.mp4

步骤 01 按【Ctrl+O】组合键，打开一幅素材图像，如图2-121所示。

步骤 02 单击"图像"|"调整"|"黑白"命令，弹出"黑白"对话框，设置"红色"为215，其他参数值均为0，如图2-122所示。

图2-121 素材图像

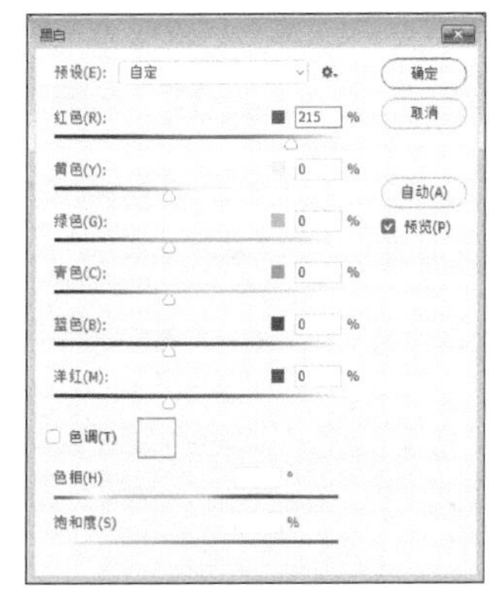

图2-122 设置各参数

步骤 03 选中“色调”复选框，单击右侧的色块，设置RGB参数值分别为51、60、73，如图2-123所示。

步骤 04 单击“确定”按钮，返回“黑白”对话框，单击“确定”按钮，即可制作黑白效果，如图2-124所示。

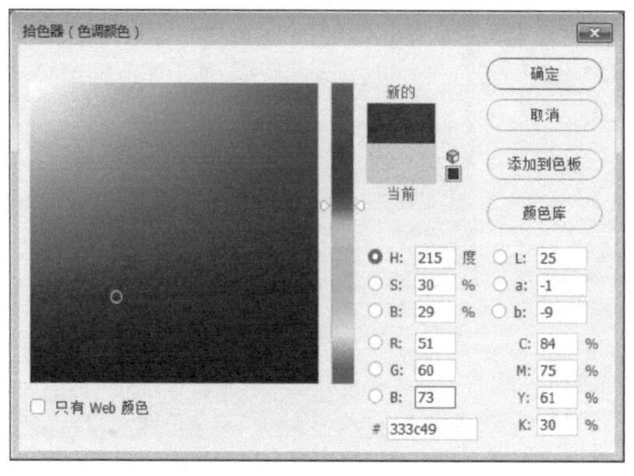

图2-123 设置RGB参数值

图2-124 黑白效果

专家指点

“黑白”对话框各选项含义如下。

自动：单击该按钮，可以设置基于图像的颜色值的灰度混合，并使灰度值的分布最大化。

拖动颜色滑块调整：拖动各个颜色的滑块可以调整图像中特定颜色的灰色调，向左拖动灰色调变暗，向右拖动灰色调变亮。

色调：选中该复选框，可以为灰度着色，创建单色调效果，拖动“色相”和“饱和度”滑块进行调整，单击颜色块，可以打开“拾色器”对话框对颜色进行调整。

2.4 文字排版技巧

在Photoshop中，提供了4种文字输入工具，分别为横排文字工具、直排文字工具、横排文字蒙版工具和直排文字蒙版工具，选择不同的文字工具可以创建出不同类型的文字效果。本节主要向读者详细介绍输入文字的操作方法。

2.4.1 实战——输入横排文字

输入横排文字的方法很简单，使用工具箱中的横排文字工具或横排文字蒙版工具，即可在图像编辑窗口中输入横排文字。

扫码看视频

素材文件	素材\第2章\公众号界面2.jpg
效果文件	效果\第2章\公众号界面2.psd、公众号界面2.jpg
视频文件	视频\第2章\2.4.1 实战——输入横排文字.mp4

步骤 01 单击“文件”|“打开”命令，打开一幅素材图像，如图2-125所示。

步骤 02 选取工具箱中的横排文字工具，如图2-126所示。

图2-125 素材图像

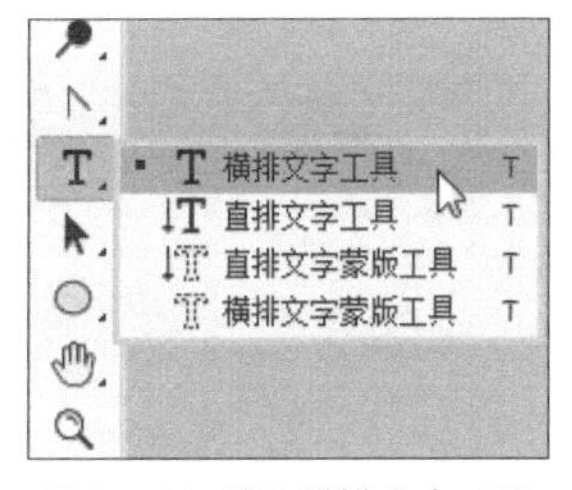

图2-126 选取横排文字工具

步骤 03 将鼠标指针移至适当位置，在图像上单击鼠标左键，确定文字的插入点，在工具属性栏中设置“字体”为“方正细黑一简体”、“字体大小”为54点、“颜色”为白色（RGB参数值均为255），如图2-127所示。

步骤 04 在图像上输入相应文字，单击工具属性栏右侧的“提交所有当前编辑”按钮✓，即可完成横排文字的输入操作。选取工具箱中的移动工具，将文字移至合适位置，效果如图2-128所示。

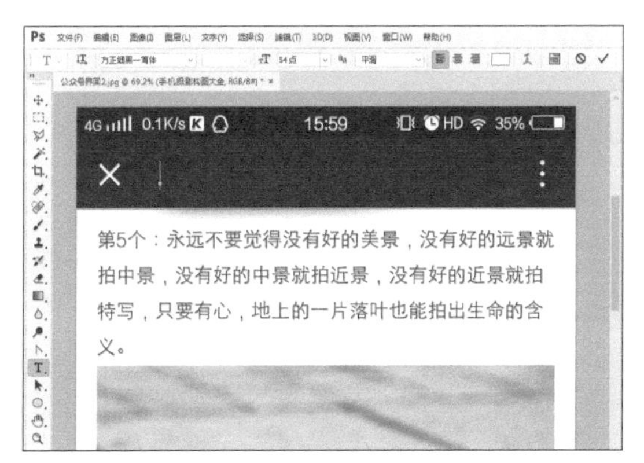

图2-127 设置字符属性

图2-128 输入并移动文字

2.4.2 实战——输入直排文字

直排文字是一个垂直的文本行，每行文本的长度随着文字的输入而不断增加，但是不会换行。

扫码看视频		
	素材文件	素材\第2章\微店详情页.jpg
	效果文件	效果\第2章\微店详情页.psd、微店详情页.jpg
	视频文件	视频\第2章\2.4.2 实战——输入直排文字.mp4

步骤 01 单击“文件”|“打开”命令，打开一幅素材图像，如图2-129所示。

步骤 02 选取直排文字工具，单击“窗口”|“字符”命令，如图2-130所示。

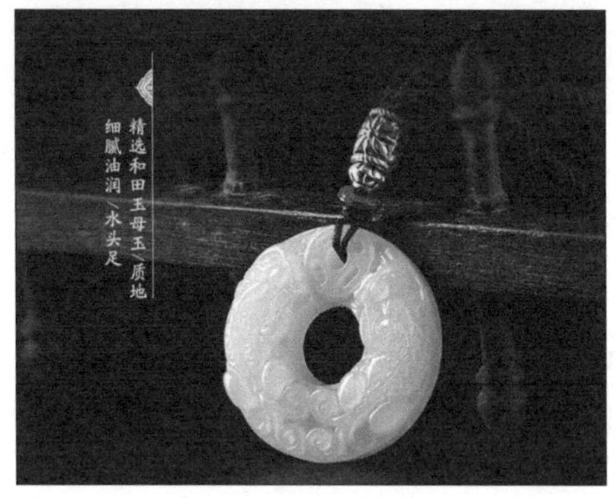

图2-129 打开素材图像

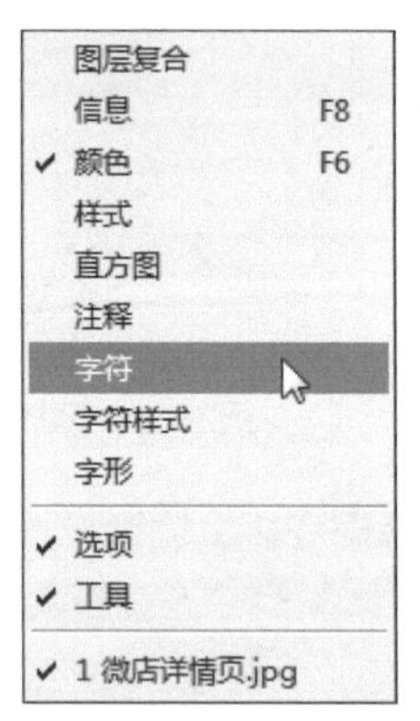

图2-130 单击“字符”命令

步骤 03 打开“字符”面板，设置“字体”为“方正舒体”、“字体大小”为14点、“设置所选字符的字距调整”为50、“颜色”为黄色（RGB参数值分别为244、213、53），如图2-131所示。

步骤 04 在图像上输入相应文字，按【Ctrl+Enter】组合键确认，完成直排文字的输入操作。选取工具箱中的移动工具，将文字移至合适位置，效果如图2-132所示。

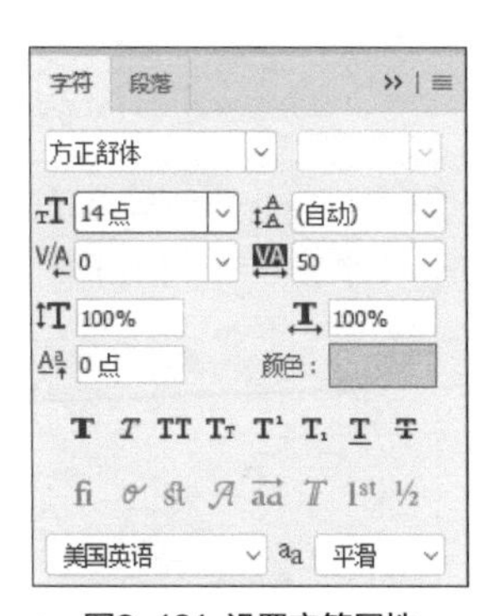

图2-131 设置字符属性

图2-132 输入并移动文字

2.4.3 实战——输入段落文字

在Photoshop中，当用户改变段落文字定界框时，定界框中的文字会根据定界框的位置自动换行。

扫码看视频	
素材文件	素材\第2章\朋友圈封面设计.jpg
效果文件	效果\第2章\朋友圈封面设计.psd、朋友圈封面设计.jpg
视频文件	视频\第2章\2.4.3 实战——输入段落文字.mp4

步骤01 单击“文件”|“打开”命令，打开一幅素材图像，如图2-133所示。

步骤02 选取工具箱中的横排文字工具，在图像窗口中的合适位置，创建一个文本框，如图2-134所示。

图2-133 素材图像

图2-134 创建文本框

步骤03 在“字符”面板中，设置“字体”为“方正大黑简体”、“字体大小”为6点、“行距”为9点、“颜色”为白色（RGB参数值均为255），如图2-135所示。

步骤04 在图像上输入相应文字，单击工具属性栏右侧的“提交所有当前编辑”按钮✓，即可完成段落文字的输入操作。选取工具箱中的移动工具，将文字移至合适位置，效果如图2-136所示。

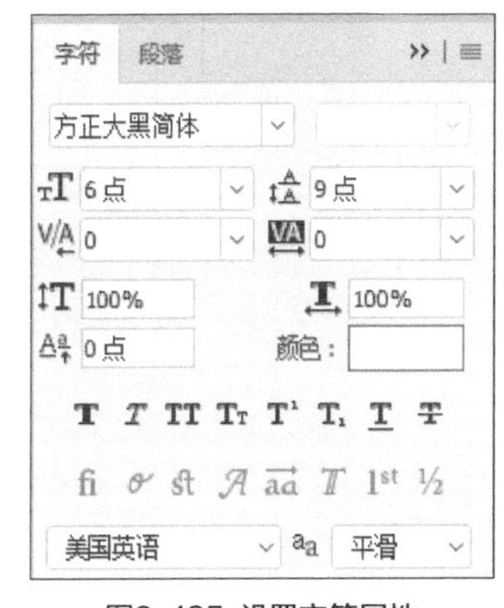

图2-135 设置字符属性

图2-136 输入并移动文字

2.4.4 实战——输入沿路径排列文字

沿路径输入文字时，文字将沿着锚点添加到路径方向。如果在路径上输入横排文字，文字方向将与基线垂直；当在路径上输入直排文字时，文字方向将与基线平行。

扫码看视频		
	素材文件	素材\第2章\读心术H5页面.jpg
	效果文件	效果\第2章\读心术H5页面.psd、读心术H5页面.jpg
	视频文件	视频\第2章\2.4.4 实战——输入沿路径排列文字.mp4

步骤01 单击“文件”|“打开”命令，打开一幅素材图像，如图2-137所示。

步骤02 切换至“路径”面板，选择“工作路径”，选取工具箱中的横排文字工具，在图像编辑窗口中路径的合适位置单击鼠标左键，确定插入点，如图2-138所示。

图2-137 素材图像

图2-138 确定插入点

步骤03 在“字符”面板中，设置“字体”为“方正卡通简体”、“字体大小”为25点、“设置所选字符的字距调整为”为100、“颜色”为白色（RGB参数值均为255），并激活仿粗体图标“T”，如图2-139所示。

步骤04 在图像编辑窗口中输入文字，按【Ctrl+Enter】组合键确认，并隐藏路径，效果如图2-140所示。

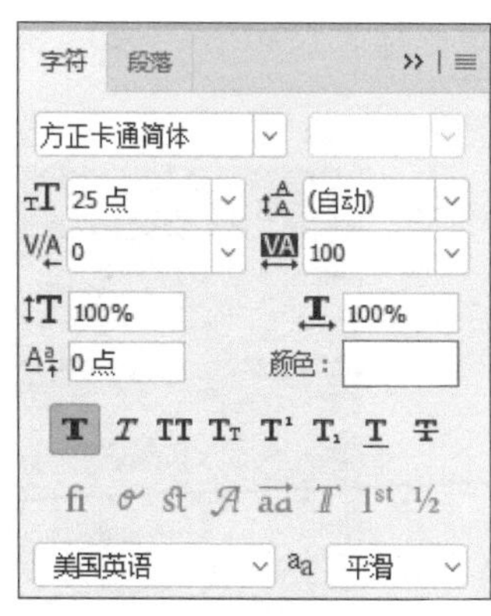

图2-139 设置字符选项

图2-140 最终效果

第3章 微信小程序界面设计

学习提示

微信小程序，是一种不需要下载安装即可使用的应用，它实现了应用“触手可及”的梦想，用户“扫一扫”或者“搜一下”即可打开应用。它的出现将会让应用随时可用，又无需安装卸载。微信小程序将成为一个新的热潮。

本章重点导航

- 实战——绿色视觉小程序图标设计
- 实战——旅游小程序界面设计
- 实战——星东小程序界面设计
- 实战——婚纱摄影小程序界面设计
- 实战——食品小程序界面设计

3.1 微信小程序组件界面介绍

各类手机组件集合在一起，丰富并增强了小程序的互动性，小程序组件可以根据需要自定义风格。可以说，没有组件的小程序就像一个公告牌一样，失去了互动性的乐趣，小程序也将黯然失色。

本节将介绍各类界面中常出现的小程序组件，这些组件在各个小程序中的使用率非常高，所以理解和掌握这些组件的功能是很有必要的。

3.1.1 常规按钮

在小程序界面中，常规按钮是指可以响应用户手指点击的各种文字和图形，这些常规按钮的作用是对用户的手指点击做出反应并触发相应的事件。

常规按钮（Button）的风格各异，上面可以写文字也可以放图片，但它们最终都要用于确认、提交等功能的实现，如图3-1所示。

图3-1 常规按钮

通常情况下，按钮要和品牌保持一致，拥有统一的颜色和视觉风格，在设计时可以从品牌Logo中借鉴形状、材质、风格等。

3.1.2 编辑输入框

编辑输入框（EditText），是指能够对文本内容进行编辑修改的文本框，常常被使用在登录、注册、搜索等界面中，如图3-2所示。

图3-2 编辑输入框

3.1.3 网格式浏览

网格式浏览（GridView），图标呈网格式排列。在导航菜单过多时推荐使用此种方式，且图标的网格式表现形式较列表显示更为直观，如图3-3所示。

图3-3 网格式浏览

3.1.4 文本标签

文本标签（UILabel）也是文本显示的一种形式，这里的文本是只读文本，不能进行文字编辑，但可以通过设置视图属性为标签选择颜色、字体和字号等，如图3-4所示。

图3-4 文本标签

3.1.5 导航栏

通常情况下，小程序主体中的功能列表这一栏就叫导航栏，如图3-5所示的黑色部分即为导航栏。

顶部导航栏一般由两个操作按钮和小程序名称组成，左边的按钮一般用于返回、关闭等操作，右边的按钮则是具有确定、编辑等执行更改的功能，如图3-6所示。

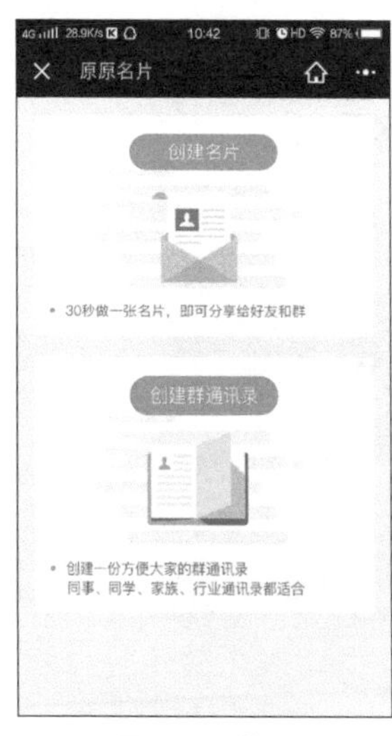

图3-5 导航栏

图3-6 导航栏

3.1.6 页面切换

页面切换栏（UltabBar Controller）是指在小程序界面底部用于不同页面切换的组件，如图3-7所示。

图3-7 页面切换

3.2 实战——绿色视觉小程序图标设计

在制作绿色视觉小程序图标时，主要采用填充了绿、黄、浅黄色渐变的花瓣来制作图标的主体效果，再加上合适的文字，使图标更完整。

本实例最终效果如图3-8所示。

图3-8 实例效果

扫码看视频

素材文件	素材\第3章\绿色视觉图标背景.jpg、@.psd、绿色视觉界面背景.jpg
效果文件	效果\第3章\绿色视觉小程序图标设计.psd、绿色视觉小程序图标设计.jpg
视频文件	视频\第3章\3.2 实战——绿色视觉小程序图标设计.mp4

3.2.1 制作渐变花朵标志

下面详细介绍制作制作渐变花朵标志的方法。

步骤 01 按【Ctrl+O】组合键，打开“绿色视觉图标背景.jpg”素材图像，如图3-9所示。

步骤 02 展开路径面板，在其中选择“路径1”路径，并单击面板下方的“将路径作为选区载入”按钮，如图3-10所示。

图3-9 素材图像

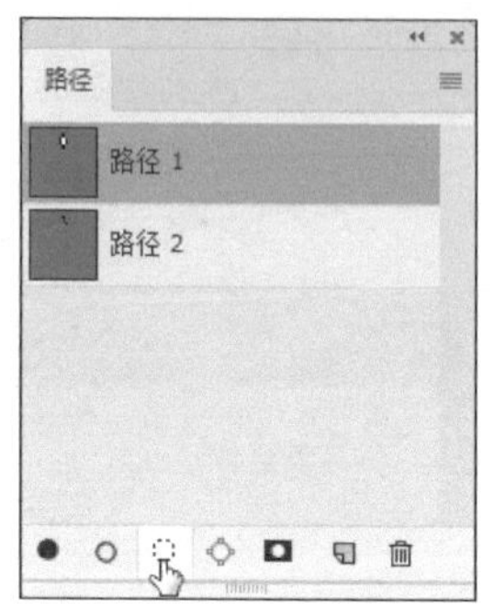

图3-10 单击“将路径作为选区载入”按钮

步骤 03 新建图层，选取工具箱中的渐变工具，单击“点按可编辑渐变”按钮，弹出“渐变编辑器”对话框，分别设置三个色块的RGB参数值为245、255、199；209、242、27；0、145、28，如图3-11所示，单击“确定”按钮。

步骤 04 单击“线性渐变”按钮，为选区填充渐变色，并按【Ctrl+D】组合键，取消选区，效果如图3-12所示。

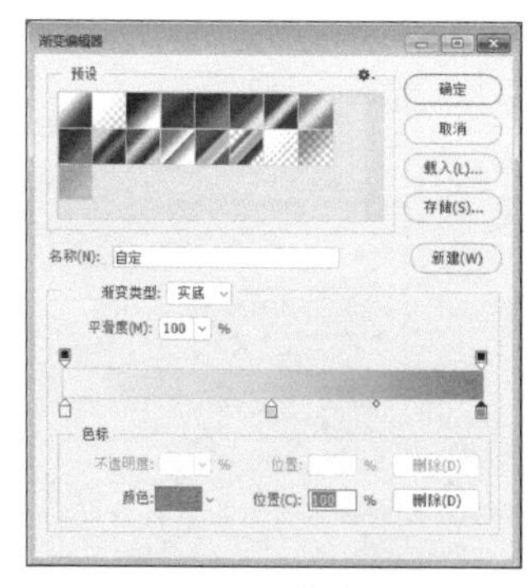

图3-11 设置各参数

图3-12 取消选区

步骤 05 复制“图层1”图层，得到“图层1拷贝”图层。选取加深工具，在工具属性栏中设置“硬度”为0%、“范围”为“中间调”、“曝光度”为50%，在图像上部分边缘进行涂抹，加深图像颜色，效果如图3-13所示。

步骤 06 选取减淡工具，在工具属性栏上设置“大小”为20%、“硬度”为0%、“范围”为“中间调”、“曝光度”为50%，在图像左下角进行涂抹，提高图像亮度，效果如图3-14所示。

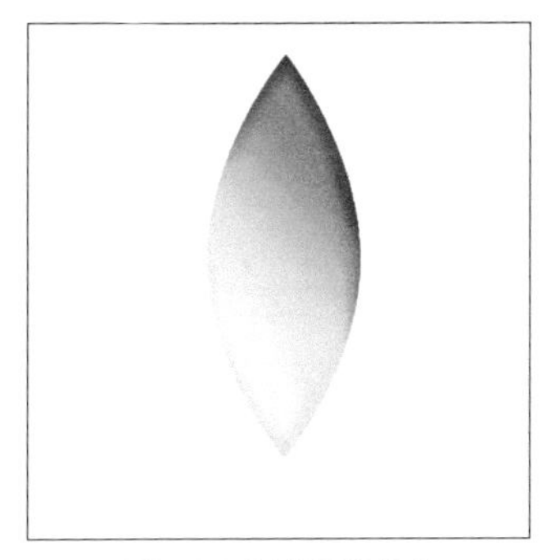

图3-13 加深图像颜色　　图3-14 提高图像亮度

步骤 07 双击“图层1拷贝”图层，弹出“图层样式”对话框，选中“光泽”复选框，设置“混合模式”为“亮光”、“效果颜色”为白色（RGB参数值分别为253、255、239）、“不透明度”为6%、“角度”为19、“距离”为10像素、“大小”为12像素，如图3-15所示。

步骤 08 选中“外发光”复选框，设置“混合模式”为“滤色”、“不透明度”为75%、“扩展”为0%、“大小”为4像素，如图3-16所示。

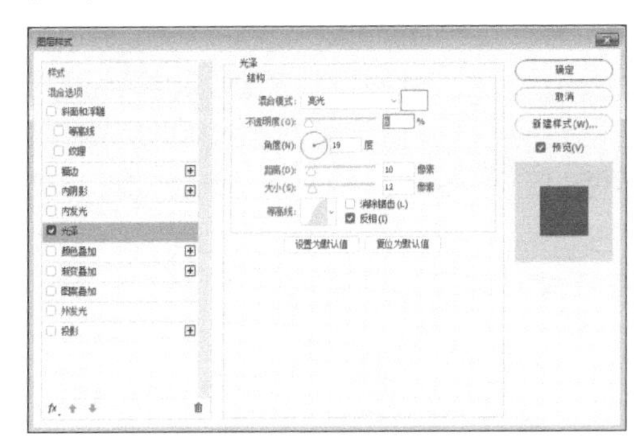

图3-15 设置各选项

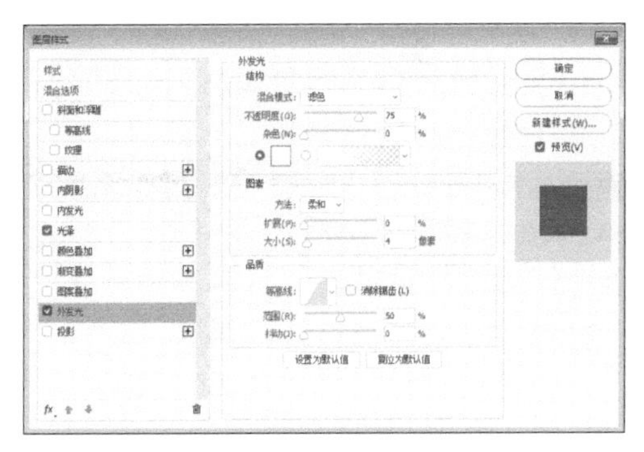

图3-16 设置各选项

步骤 09 选中“投影”复选框，设置“不透明度”为15%、“角度”为120、“距离”为4像素、“扩展”为6%、“大小”为4像素，单击“确定”按钮，即可为图像添加相应的图层样式，效果如图3-17所示。

步骤 10 在路径面板中选择“路径2”路径，按【Ctrl+Enter】组合键，将路径转换为选区，按【Shift+F6】组合键，弹出“羽化选区”对话框，设置“羽化半径”为5，单击“确定”按钮，羽化选区，效果如图3-18所示。

图3-17 图像效果

图3-18 羽化选区

步骤 11 切换至“图层”面板，新建一个图层，为选区填充白色，并按【Ctrl+D】组合键，取消选区，效果如图3-19所示。

步骤 12 设置“图层2”图层的混合模式为“叠加”、“不透明度”为50%，改变图像效果，如图3-20所示。

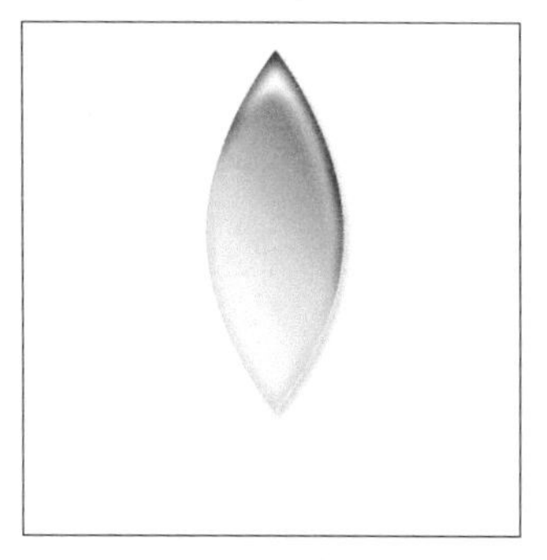

图3-19 取消选区

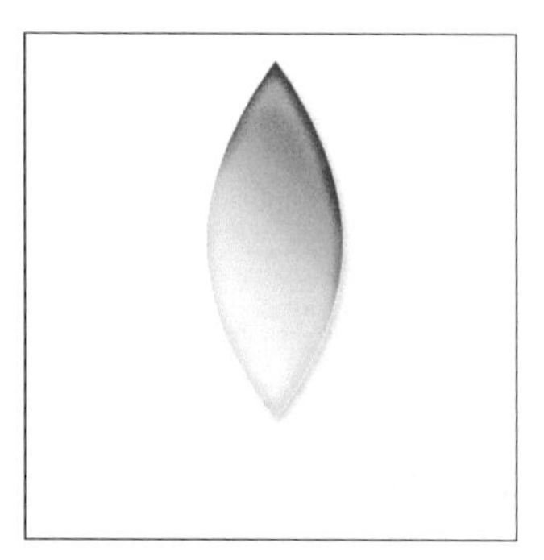

图3-20 改变图像效果

步骤 13 复制“图层1拷贝”和“图层2”图层，将复制的图层进行合并，并重命名为“花瓣1”；复制“花瓣1”图层，得到“花瓣1拷贝”图层；按【Ctrl+T】组合键，调出变换控制框，并调整中心控制点的位置，在工具属性栏上设置“旋转”为45。此时，图像随之进行相应角度的旋转，效果如图3-21所示。

步骤 14 按【Enter】组合键，即可确认图像的旋转，按【Ctrl+Shift+Alt+T】组合键6次，即可复制并旋转图像6次，制作出花瓣图像，效果如图3-22所示。

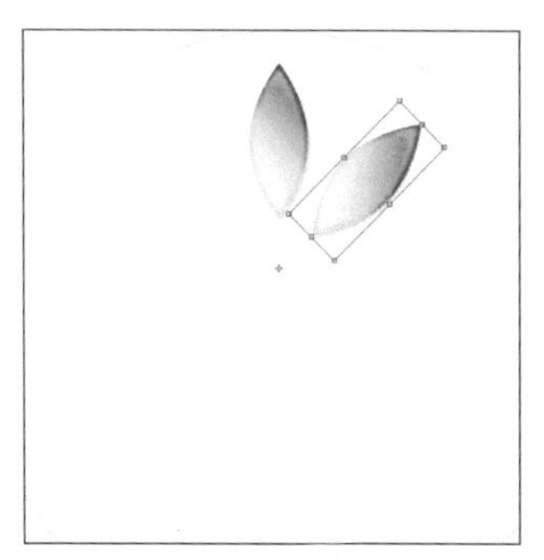

图3-21 设置旋转角度

图3-22 图像效果

3.2.2 制作文字与界面效果

下面详细介绍制作文字与界面效果的方法。

步骤 01 按【Ctrl+O】组合键，打开“@.psd”素材图像，运用移动工具将素材图像拖曳至背景图像编辑窗口中，适当调整图像的位置，效果如图3-23所示。

步骤 02 双击“图层3”图层，弹出“图层样式”对话框，选中“光泽”复选框，设置“混合模式”为“划分”、“效果颜色”为粉色（RGB参数值分别为255、232、232）、“不透明度”为34%、“距离”为12像素、“大小”为18像素，如图3-24所示。

图3-23 拖曳图像

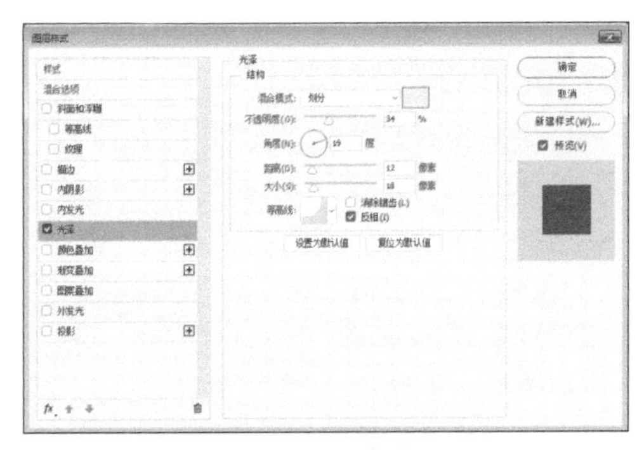

图3-24 设置各选项

步骤 03 选中“颜色叠加”复选框，设置“混合模式”为“叠加”、“叠加颜色”为深灰色（RGB参数值分别为30、22、22）、“不透明度”为75%；选中“外发光”复选框，设置“发光颜色”为绿色（RGB参数值分别为171、255、73）、“大小”为8像素，如图3-25所示。

步骤 04 选中“投影”复选框，设置“不透明度”为66%、“距离”为12像素、“扩展”为6%、“大小”为8像素，单击“确定”按钮，即可为图像添加相应的图层样式，效果如图3-26所示。

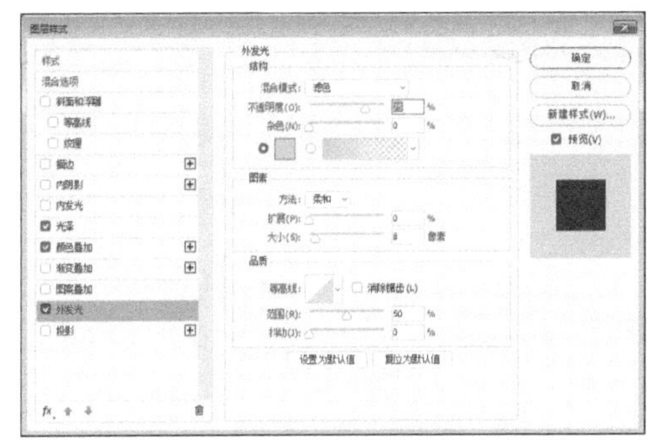

图3-25 设置各选项

图3-26 图像效果

步骤 05 选取工具箱中的横排文字工具，在“字符”面板中设置“字体系列”为“方正综艺简体”、“字体大小”为24点、“设置所选字符的字距调整”为100、“颜色”为深绿色（RGB参数值分别为14、50、0），在图像编辑窗口中输入文字，如图3-27所示。

步骤 06 在“字符”面板中设置“字体系列”为“Elephant”、“字体大小”为12点、“设置所选字符的字距调整”为25、“颜色”为深绿色（RGB参数值分别为14、50、0），并激活仿粗体图标，在图像编辑窗口中输入文字，效果如图3-28所示。

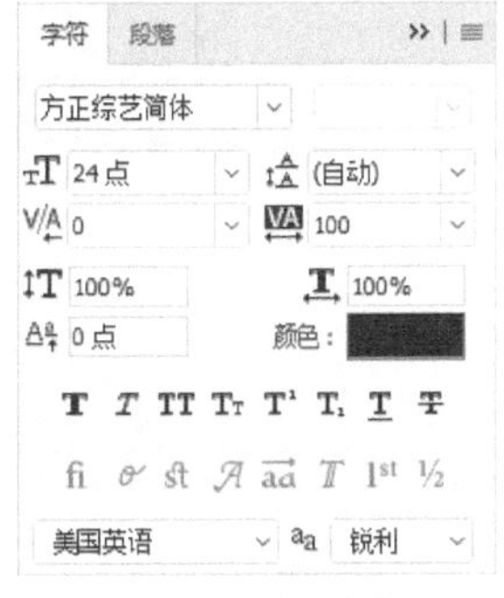

图3-27 输入文字

图3-28 输入文字

步骤 07 隐藏“背景”图层，按【Shift＋Ctrl＋Alt＋E】组合键，盖印可见图层，得到“图层4”图层，如图3-29所示。

步骤 08 按【Ctrl＋O】组合键，打开“绿色视觉界面背景.jpg”素材图像，运用移动工具将盖印的图像拖曳至相应图像编辑窗口中，适当调整图像的大小与位置，效果如图3-30所示。

图3-29 得到“图层4”图层

图3-30 拖曳图像

3.3 实战——旅游小程序界面设计

在制作旅游小程序界面时，主要采用白色做为背景色，标题栏采用明亮的蓝色，对比非常明显，添加色彩丰富的菜单图标，使画面整体更加和谐。

本实例最终效果如图3-31所示。

图3-31 实例效果

扫码看视频

素材文件	素材\第3章\状态栏1.jpg、下拉按钮.psd、功能菜单.jpg、长沙风景.jpg、导航栏图标.psd
效果文件	效果\第3章\旅游小程序界面设计.psd、旅游小程序界面设计.jpg
视频文件	视频\第3章\3.3 实战——旅游小程序界面设计.mp4

3.3.1 制作矩形搜索框效果

下面详细介绍制矩形搜索框效果的方法。

步骤 01 单击“文件”|“新建”命令，弹出“新建”对话框，设置“名称”为“旅游小程序界面设计”、“宽度”为1080像素、“高度”为1920像素、“分辨率”为300像素/英寸、“颜色模式”为“RGB颜色”、“背景内容”为“白色”，如图3-32所示。单击“创建”按钮，新建一个空白图像。

步骤 02 按【Ctrl+O】组合键，打开“状态栏1.jpg”素材图像，如图3-33所示。

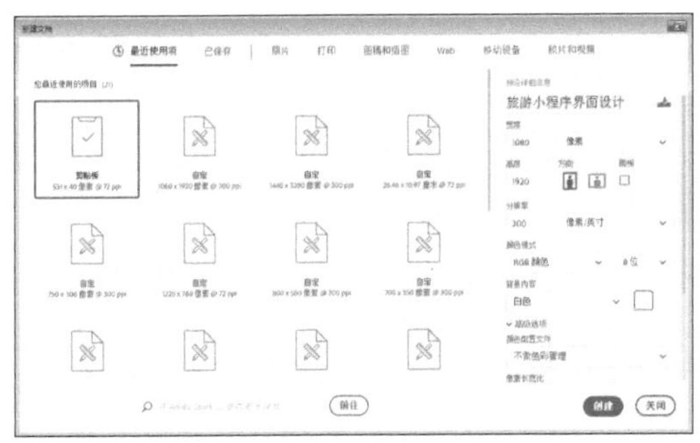

图3-32 设置各选项

图3-33 素材图像

步骤 03 运用移动工具将素材图像拖曳至背景图像编辑窗口中，适当调整图像的位置，效果如图3-34所示。

步骤 04 选取工具箱中的横排文字工具，在“字符”面板中，设置“字体系列”为“方正一细黑简体”、“字体大小”为14点、“设置所选字符的字距调整”为-75、“颜色”为白色（RGB参数值均为233），并激活仿粗体图标，在图像编辑窗口中的适当位置，输入文字，如图3-35所示。

图3-34 拖曳图像

图3-35 输入文字

步骤 05 选取工具箱中矩形工具，在工具属性栏中设置“选择工具模式”为“形状”、“填充”为白色、“描边”为无，在图像编辑窗口中绘制一个矩形形状，效果如图3-36所示。

步骤 06 复制“矩形1”图层，得到“矩形1 拷贝”图层，适当调整其位置，效果如图3-37所示。

图3-36 绘制矩形形状

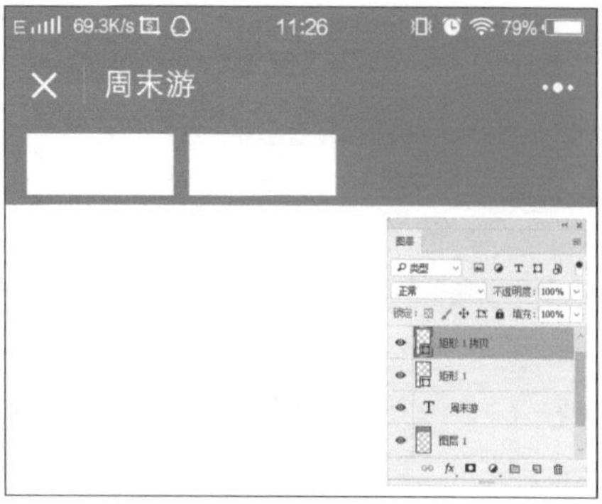

图3-37 调整图像位置

步骤 07 按【Ctrl+T】组合键，调出变换控制框，如图3-38所示。

步骤 08 适当调整图像的大小，并按【Enter】键确认，如图3-39所示。

图3-38 调出变换控制框

图3-39 确认变换

步骤 09 选取工具箱中的横排文字工具，在“字符”面板中，设置“字体系列”为“黑体”、“字体大小”为12点、“颜色”为蓝色（RGB参数值分别为0、159、240），在图像编辑窗口中的适当位置输入文字，如图3-40所示。

步骤 10 打开“下拉按钮.psd”素材，运用移动工具将素材图像拖曳至背景图像编辑窗口中，适当调整图像的位置，效果如图3-41所示。

图3-40 输入文字

图3-41 添加按钮素材

步骤 11 选取工具箱中的椭圆工具，在工具属性栏中设置“填充”为无、“描边”为灰色（RGB参数值均为160）、“描边宽度”为4像素，在图像编辑窗口中绘制一个椭圆，效果如图3-42所示。

步骤 12 在弹出的“属性”面板中，设置W为38像素、H为38像素、X为486像素、Y为261像素，如图3-43所示。

图3-42 绘制椭圆

图3-43 设置各选项

步骤 13 选取工具箱中的圆角矩形工具，在工具属性栏中设置“填充”为灰色（RGB参数值均为160）、“描边”为无、“半径”为10像素，在图像编辑窗口中绘制一个圆角矩形，效果如图3-44所示。

步骤 14 选取工具箱中的横排文字工具，在“字符”面板中，设置“字体系列”为“黑体”、“字体大小”为12点、“颜色”为灰色（RGB参数值均为160），在图像编辑窗口中的适当位置输入文字，如图3-45所示。

图3-44 绘制圆角矩形

图3-45 输入文字

3.3.2 制作功能菜单与首页广告效果

下面详细介绍制作功能菜单与首页广告画面效果的方法。

步骤 01 按【Ctrl+O】组合键，打开“功能菜单.jpg”素材图像，运用移动工具将素材图像拖曳至背景图像编辑窗口中，适当调整图像的位置，效果如图3-46所示。

步骤 02 新建图层，选取工具箱中的矩形选框工具，在图像编辑窗口中绘制一个矩形选区，如图3-47所示。

图3-46 添加功能菜单素材

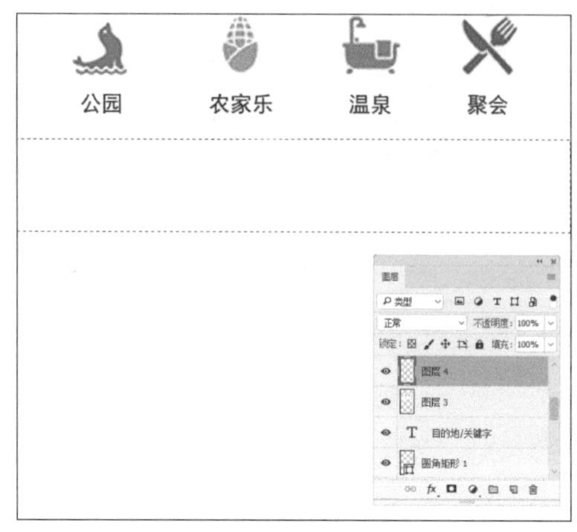

图3-47 绘制矩形选区

步骤 03 设置前景色为浅灰色（RGB参数值均为240），按【Alt+Delete】组合键为选区填充前景色，效果如图3-48所示。

步骤 04 在选区内单击鼠标右键，在弹出的快捷菜单中选择“变换选区”选项，如图3-49所示。

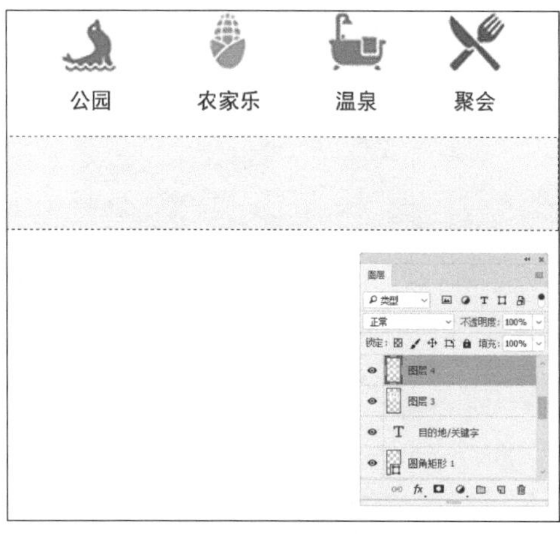

图3-48 填充前景色

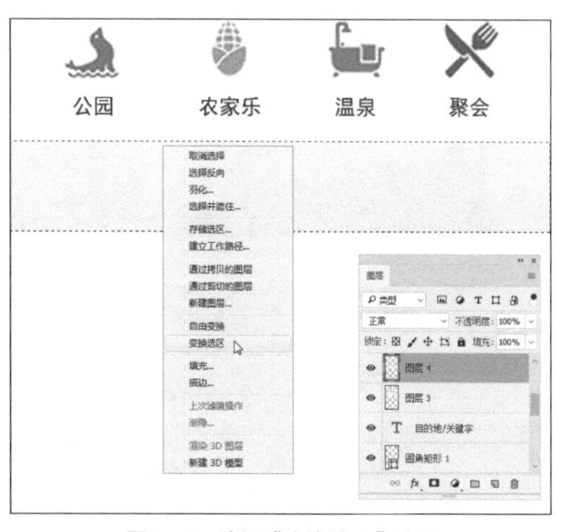

图3-49 选择“变换选区”选项

步骤 05 适当调整选区大小，按【Enter】键确认变换，按【Delete】键，删除选区内的图像，并取消选区，效果如图3-50所示。

步骤 06 选取工具箱中的横排文字工具，在“字符”面板中，设置“字体系列”为“黑体”、“字体大小”为10点、“颜色”为深灰色（RGB参数值均为31），在图像编辑窗口中的适当位置输入文字，如图3-51所示。

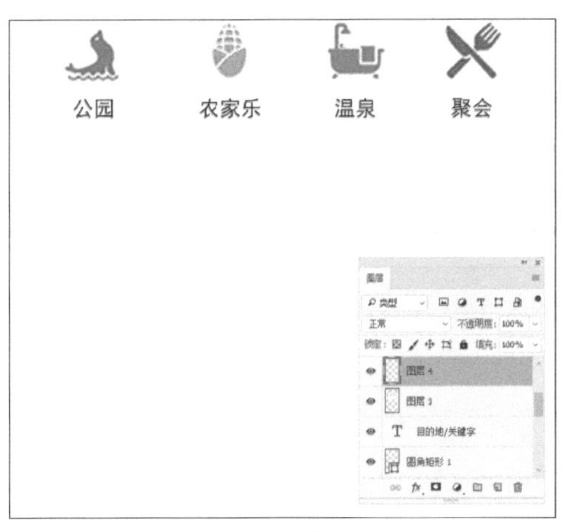

图3-50 取消选区

图3-51 输入文字

步骤 07 按【Ctrl+O】组合键，打开“长沙风景.jpg”素材图像，如图3-52所示。

步骤 08 单击“图像”|“调整”|“自然饱和度”命令，弹出“自然饱和度”对话框，设置“自然饱和度”为68，如图3-53所示，单击“确定”按钮。

图3-52 素材图像

图3-53 设置“自然饱和度”参数

步骤 09 单击“图像”|“调整”|“曲线”命令，弹出“曲线”对话框，在曲线上单击鼠标左键新建一个控制点，在下方设置“输入”为8、“输出”为0；在右侧再次新建一个控制点，在下方设置“输入”为144、“输出”为173，如图3-54所示，单击“确定”按钮。

步骤 10 单击“图像”|“调整”|“可选颜色”命令，弹出“可选颜色”对话框，设置“红色”各参数值分别为-88、30、21、-35，设置“蓝色”各参数值分别为100、0、0、3，如图3-55所示，单击“确定”按钮。

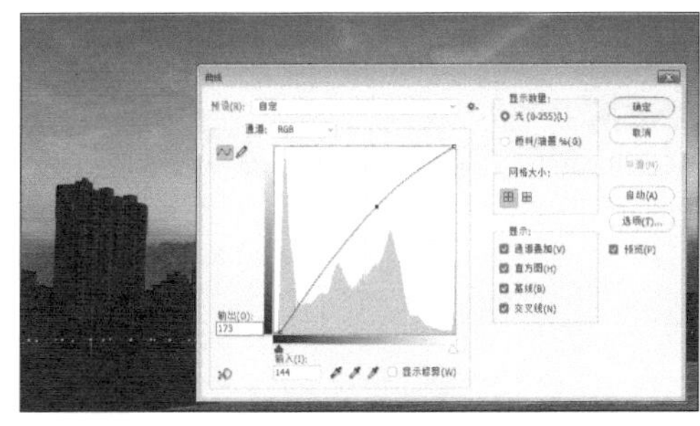

图3-54 设置各参数

图3-55 设置各参数

步骤 11 运用移动工具将素材图像拖曳至背景图像编辑窗口中，适当调整图像的大小和位置，效果如图3-56所示。

步骤 12 选取工具箱中的横排文字工具，在“字符”面板中，设置“字体系列”为“方正粗倩简体”、“字体大小”为26点、“颜色”为深灰色（RGB参数值均为23），在图像编辑窗口中的适当位置输入文字，如图3-57所示。

图3-56 拖曳图像

图3-57 输入文字

步骤 13 选取工具箱中的横排文字工具，在“字符”面板中，设置“字体系列”为“方正细黑一简体”、“字体大小”为18点、“设置所选字符的字距调整”为300、“颜色”为深灰色（RGB参数值均为23），在图像编辑窗口中的适当位置输入文字，如图3-58所示。

步骤 14 适当调整各图像的位置，效果如图3-59所示。

图3-58 输入文字

图3-59 图像效果

3.3.3 制作导航栏效果

下面详细介绍制作导航栏效果的方法。

步骤 01 选取工具箱中的圆角矩形工具，在工具属性栏中设置“填充”为灰色（RGB参数值均为151）、“描边”为无、“半径”为10像素，在图像编辑窗口中绘制一个圆角矩形，如图3-60所示。

步骤 02 复制“圆角矩形2”图层3次，并适当调整其位置，如图3-61所示。

图3-60 绘制圆角矩形

图3-61 调整图像位置

步骤 03 按【Ctrl+O】组合键，打开“导航栏图标.psd”素材图像，运用移动工具将素材图像拖曳至背景图像编辑窗口中，适当调整图像的位置，效果如图3-62所示。

步骤 04 选取工具箱中的横排文字工具，在“字符”面板中，设置“字体系列”为“黑体”、“字体大小”为10点、“颜色”为深灰色（RGB参数值均为50），在图像编辑窗口中的适当位置输入文字，如图3-63所示。

图3-62 拖曳图像

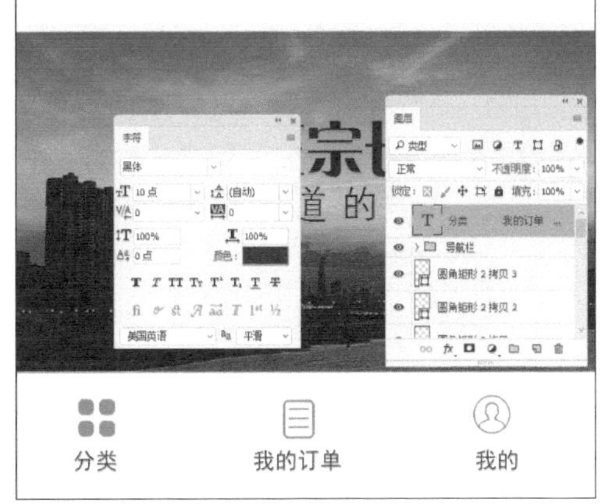

图3-63 输入文字

3.4 实战——星东小程序界面设计

在制作星东小程序界面时，以橙色为主色调，灰色为辅助色，整体色彩搭配和谐。采用上下分栏版式，可以更好地区分店招区与活动区。

本实例最终效果如图3-64所示。

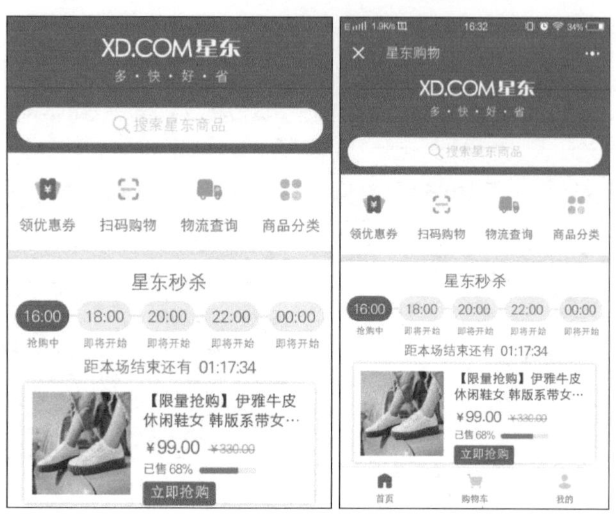

图3-64 实例效果

素材文件	素材\第3章\星东背景.jpg、放大镜.jpg、功能菜单2.jpg、商品展示.psd
效果文件	效果\第3章\星东小程序界面设计.psd、星东小程序界面设计.jpg
视频文件	视频\第3章\3.4 实战——星东小程序界面设计.mp4

3.4.1 制作店招与搜索框效果

下面详细介绍制作店招与搜索框效果的方法。

步骤 01 按【Ctrl+O】组合键，打开“星东背景.jpg”素材图像，如图3-65所示。

步骤 02 选取工具箱中的横排文字工具，在“字符”面板中，设置“字体系列”为“Century Gothic”、“字体大小”为19点、“设置所选字符的字距调整”为-100、“颜色”为白色（RGB参数值均为255），并激活仿粗体图标，在图像编辑窗口中的适当位置输入相应文字，如图3-66所示。

图3-65 素材图像

图3-66 输入文字

步骤 03 选取工具箱中的横排文字工具，在“字符”面板中，设置“字体系列”为“方正粗倩简体”、“字体大小”为15.5点、“颜色”为白色（RGB参数值均为255），在图像编辑窗口中的适当位置输入文字，如图3-67所示。

步骤 04 选取工具箱中的横排文字工具，在“字符”面板中，设置“字体系列”为“方正细黑一简体”、“字体大小”为11点、“设置所选字符的字距调整”为220、“颜色”为白色（RGB参数值均为255），在图像编辑窗口中的适当位置输入文字，如图3-68所示。

图3-67 输入文字

图3-68 输入文字

步骤 05 选取工具箱中圆角矩形工具，在工具属性栏中设置“填充”为白色、“描边”为无、“半径”为57像素，在图像编辑窗口中的适当位置，绘制一个圆角矩形形状，效果如图3-69所示。

步骤 06 按【Ctrl+O】组合键，打开“放大镜.jpg”素材图像，运用移动工具将素材图像拖曳至背景图像编辑窗口中，适当调整图像的位置，效果如图3-70所示。

图3-69 绘制矩形形状

图3-70 拖曳图像

步骤 07 选取工具箱中的横排文字工具，在“字符”面板中，设置“字体系列”为“方正细黑一简体”、“字体大小”为13点、“设置所选字符的字距调整”为-50、“颜色”为浅灰色（RGB参数值均为212），在图像编辑窗口中的适当位置输入文字，如图3-71所示。

步骤 08 按【Ctrl+O】组合键，打开“功能菜单2.jpg”素材图像，运用移动工具将素材图像拖曳至背景图像编辑窗口中，适当调整图像的位置，效果如图3-72所示。

图3-71 输入文字

图3-72 拖曳图像

3.4.2 制作抢购倒计时效果

下面详细介绍制作抢购倒计时效果的方法。

步骤 01 选取工具箱中的横排文字工具，在“字符”面板中，设置“字体系列”为“方正细黑一简体”、“字体大小”为16点、“设置所选字符的字距调整”为-50、“颜色”为灰色（RGB参数值均为102），在图像编辑窗口中的适当位置输入文字，如图3-73所示。

步骤 02 选取工具箱中的圆角矩形工具，在工具属性栏中设置“填充”为橙色（RGB参数值分别为240、84、25）、“描边”为无、“半径”为49.5像素，在图像编辑窗口中绘制一个圆角矩形，在弹出的“属性”面板中，设置W为180像素、H为99像素、X为27像素、Y为1110像素，如图3-74所示。

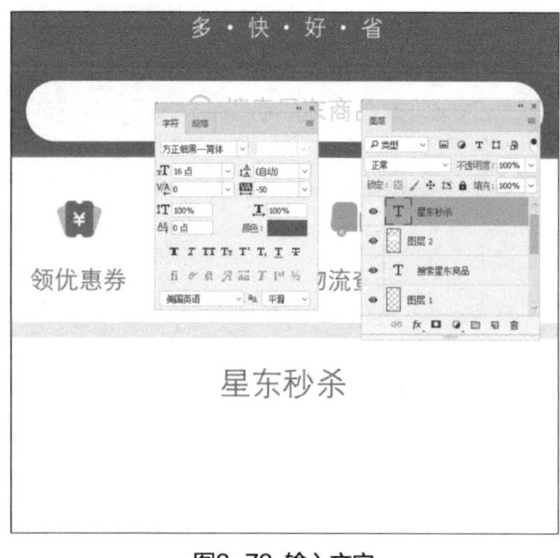

图3-73 输入文字

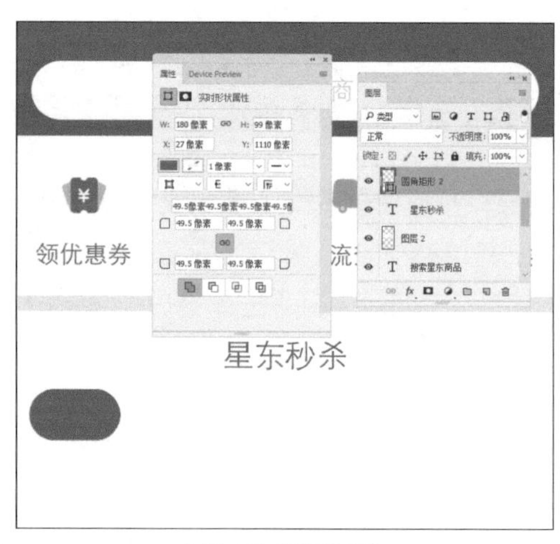

图3-74 设置各参数

步骤 03 选取工具箱中的横排文字工具，在“字符”面板中，设置“字体系列”为“方正细黑一简体”、“字体大小”为13点、“设置所选字符的字距调整”为-25、“颜色”为白色（RGB参数值均为255），在图像编辑窗口中的适当位置输入文字，如图3-75所示。

步骤 04 选取工具箱中的横排文字工具，在“字符”面板中，设置“字体系列”为“方正细黑一简体”、“字体大小”为9点、“设置所选字符的字距调整”为-25、“颜色”为橙色（RGB参数值分别为240、84、25），在图像编辑窗口中的适当位置输入文字，如图3-76所示。

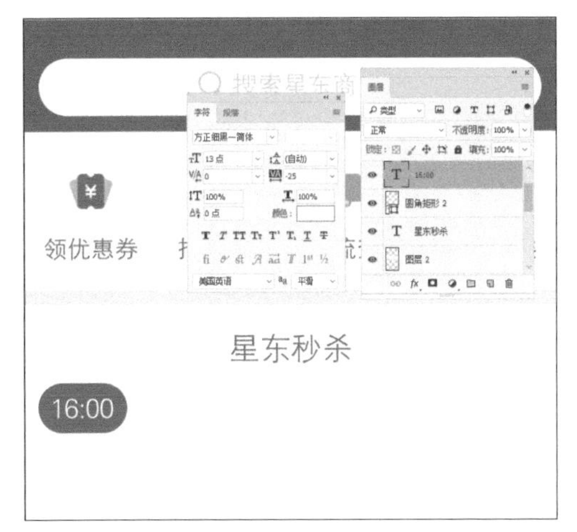

图3-75 输入文字

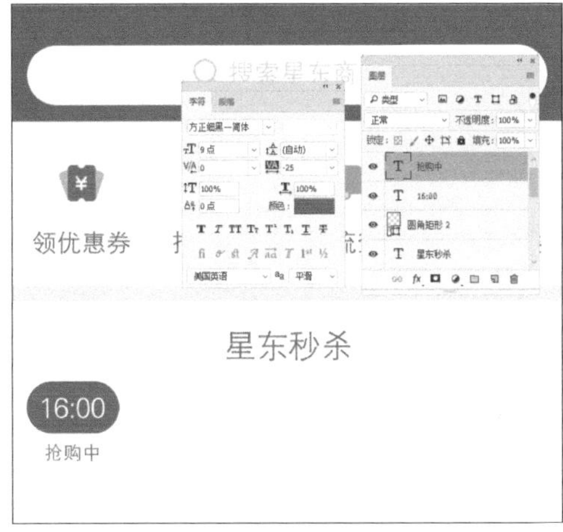

图3-76 输入文字

步骤 05 选中相应图层，单击“图层”面板下方的“链接图层”按钮，链接图层，如图3-77所示。

步骤 06 复制相应图层，并将其移动至合适位置，修改文本内容，并设置文字的颜色为灰色（RGB参数值均为102），如图3-78所示。

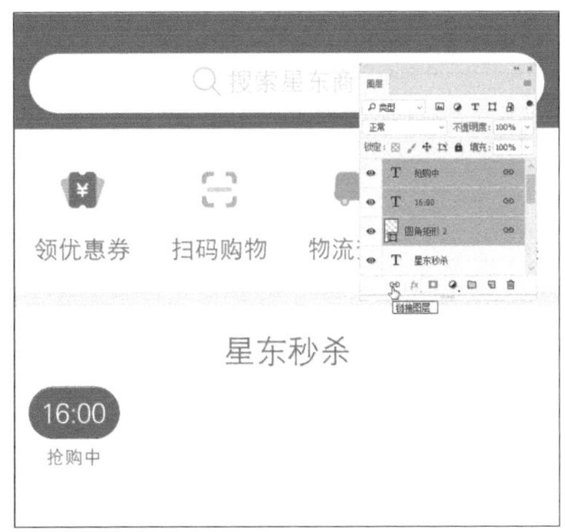

图3-77 链接图层

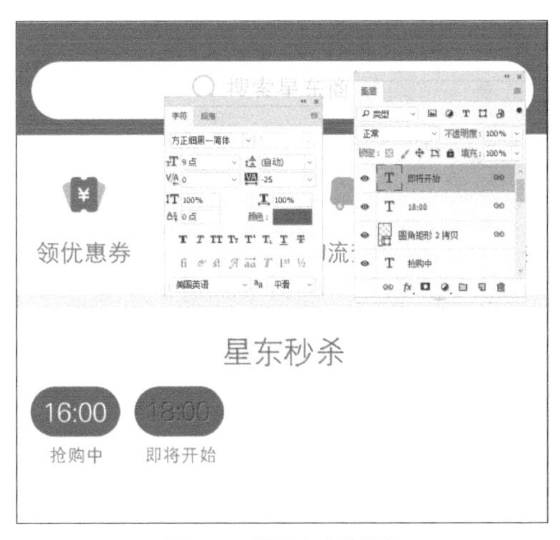

图3-78 设置文字的颜色

步骤 07 选取工具箱中的圆角矩形工具，选中“圆角矩形2拷贝”图层，展开“属性”面板，设置“填充”为浅灰色（RGB参数值均为239），如图3-79所示。

步骤 08 复制相应图层，将其移动至合适位置，并修改文本内容，如图3-80所示。

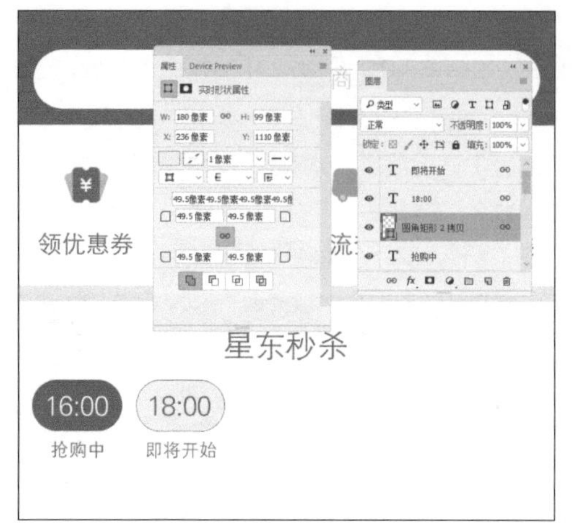

图3-79 设置“填充”颜色

图3-80 修改文本内容

步骤 09 用以上同样的方法制作出其他的抢购倒计时图标，效果如图3-81所示。

步骤 10 在“图层”面板中，选中“星东秒杀”文字图层，选取工具箱中的直线工具，在工具属性栏中设置“选择工具模式”为“形状”、“粗细”为10像素、“填充”为浅灰色（RGB参数值均为239），绘制一个直线形状，效果如图3-82所示。

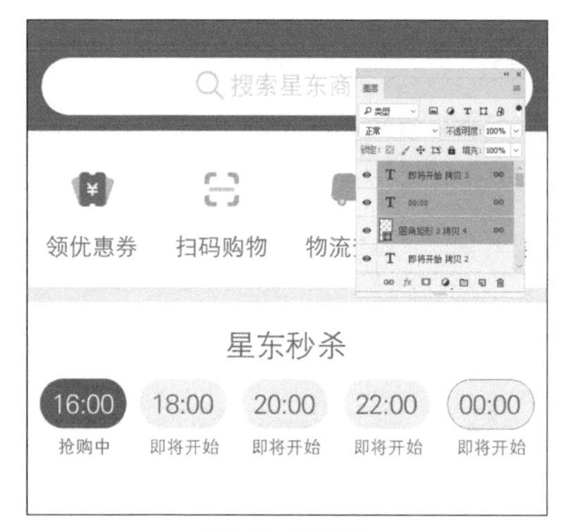

图3-81 图像效果

图3-82 绘制直线

3.4.3 制作商品展示效果

下面详细介绍制作商品展示效果的方法。

步骤 01 在“图层”面板的最上方新建一个图层，选取工具箱中的矩形选框工具，在图像编辑窗口中绘制一个矩形选框，并填充白色（RGB参数值均为255），如图3-83所示。

步骤 02 按【Ctrl＋D】组合键取消选区，双击图层，弹出“图层样式”对话框，选中“投影”复选框，取消选中“使用全局光”复选框，设置“阴影颜色”为灰色（RGB参数值均为180）、“距离”为0像素、“扩展”为2%、“大小”为20像素，如图3-84所示，单击“确定”按钮，应用图层样式。

图3-83 填充白色

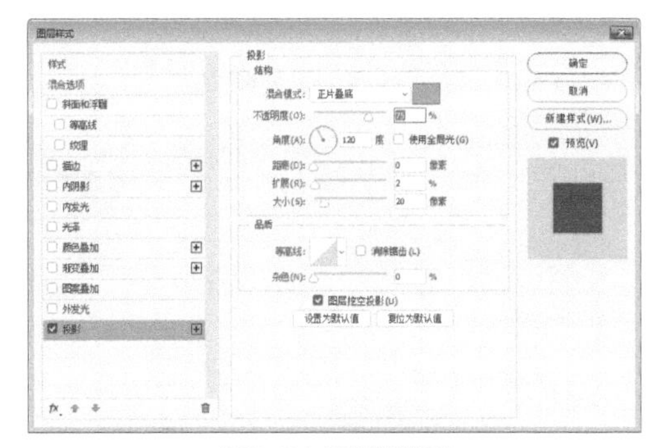

图3-84 设置各选项

步骤 03 按【Ctrl+O】组合键，打开“商品展示.psd”素材图像，运用移动工具将素材图像拖曳至背景图像编辑窗口中，适当调整图像的位置，效果如图3-85所示。

步骤 04 选取工具箱中的圆角矩形工具，在工具属性栏中设置“填充”为橙色（RGB参数值分别为240、84、25）、“半径”为10像素，在图像编辑窗口中绘制一个圆角矩形，如图3-86所示。

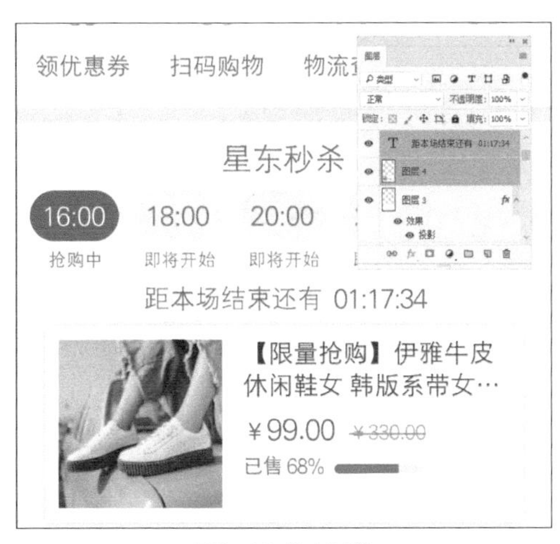

图3-85 拖曳图像

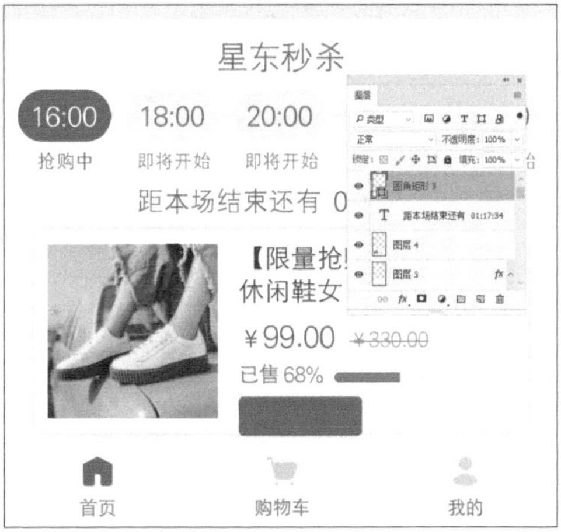

图3-86 绘制圆角矩形

步骤 05 双击形状图层，弹出“图层样式”对话框，选中“投影”复选框，选中“使用全局光”复选框，设置“阴影颜色”为棕色（RGB参数值分别为105、29、0）、“距离”为2像素、“扩展”为0%、“大小”为3像素，如图3-87所示，单击“确定”按钮，应用图层样式。

步骤 06 选取工具箱中的横排文字工具，在“字符”面板中，设置“字体系列”为“方正细黑一简体”、“字体大小”为12点、“设置所选字符的字距调整”为-25、“颜色”为白色（RGB参数值均为255），并激活仿粗体图标，在图像编辑窗口中输入文字，效果如图3-88所示。

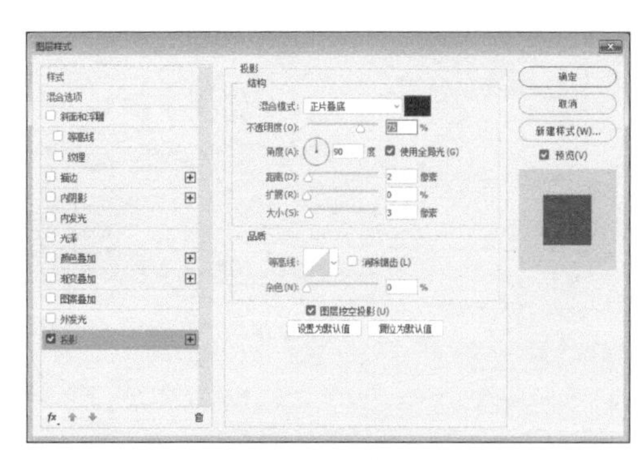

图3-87 设置各选项

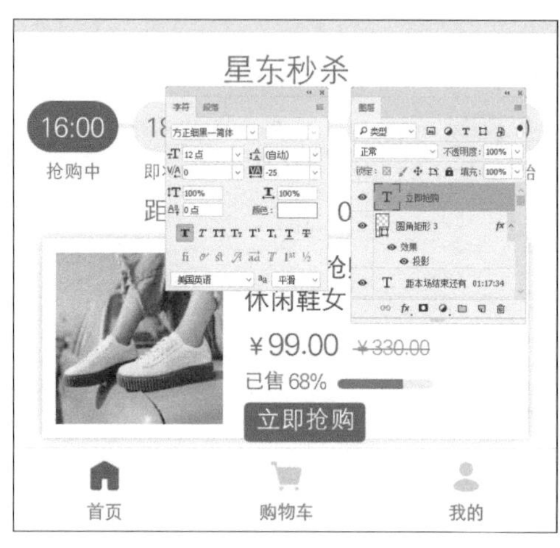

图3-88 输入文字

3.5 实战——婚纱摄影小程序界面设计

在制作婚纱摄影小程序界面时，运用两张婚纱照片来设计程序界面，让人看一眼便明白页面的经营内容；色彩主要使用各种浅色来搭配，营造出浪漫唯美的氛围。

本实例最终效果如图3-89所示。

图3-89 实例效果

扫码看视频	文件类型	路径
	素材文件	素材\第3章\婚纱摄影背景.jpg、婚纱人物.jpg、婚纱文字.psd、客服中心背景图.jpg、婚纱文字2.psd、导航栏图标2.psd
	效果文件	效果\第3章\婚纱摄影小程序界面设计.psd、婚纱摄影小程序界面设计.jpg
	视频文件	视频\第3章\3.5 实战——婚纱摄影小程序界面设计.mp4

3.5.1 制作首页广告效果

下面详细介绍制作首页广告效果的方法。

步骤 01 按【Ctrl+O】组合键，打开“婚纱摄影背景.jpg”素材图像，如图3-90所示。

步骤 02 按【Ctrl+O】组合键，打开“婚纱人物.jpg”素材图像，如图3-91所示。

图3-90 素材图像

图3-91 素材图像

步骤 03 单击“图像”|“调整”|“曲线”命令，弹出“曲线”对话框，在曲线上单击鼠标左键新建一个控制点，在下方设置“输入”为156、“输出”为180，如图3-92所示，单击“确定”按钮。

步骤 04 单击“图像”|“调整”|“自然饱和度”命令，弹出“自然饱和度”对话框，设置“自然饱和度”为82，如图3-93所示，单击“确定”按钮。

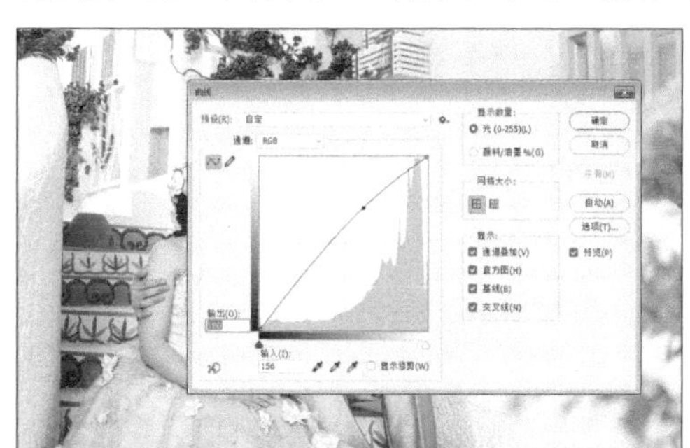

图3-92 设置各参数

图3-93 设置“自然饱和度”参数

步骤 05 运用移动工具将素材图像拖曳至背景图像编辑窗口中，适当调整图像的大小和位置，效果如图3-94所示。

步骤 06 选取工具箱中的横排文字工具，设置“字体系列”为“方正大标宋简体”、“字体大小”为14点、“设置所选字符的字距调整”为-100、“颜色”为深灰色（RGB参数值均为27），并激活仿粗体图标，在图像编辑窗口中输入文字，如图3-95所示。

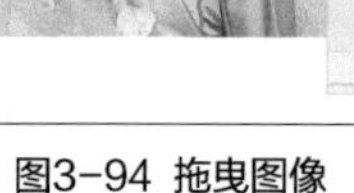

图3-94 拖曳图像

图3-95 输入文字

步骤 07 选取工具箱中矩形工具，在工具属性栏中设置“选择工具模式”为“形状”、“填充”为无、“描边”为灰色（RGB参数值均为27）、“描边宽度”为2像素，在图像编辑窗口中的适当位置绘制一个矩形形状，如图3-96所示。

步骤 08 选取工具箱中的横排文字工具，设置“字体系列”为“宋体”、“字体大小”为6点、“颜色”为深灰色（RGB参数值均为70），并激活仿粗体图标，在图像编辑窗口中输入文字，如图3-97所示。

图3-96 绘制矩形

图3-97 输入文字

步骤 09 按【Ctrl+O】组合键，打开“婚纱文字.psd”素材图像，运用移动工具将素材图像拖曳至背景图像编辑窗口中，适当调整图像的位置，效果如图3-98所示。

步骤 10 选取工具箱中的横排文字工具，设置“字体系列”为“方正细黑一简体”、“字体大小”为15.5点、“设置所选字符的字距调整”为-50、“颜色”为棕色（RGB参数值分别为151、115、89），并激活仿粗体图标，在图像编辑窗口中输入文字；另在“字符”面板中设置“字体系列”为“Khmer UI”、“字体大小”为12点、“设置所选字符的字距调整”为

25、“颜色”为灰色（RGB参数值均为189），在图像编辑窗口中输入文字，如图3-99所示。

图3-98 拖曳图像

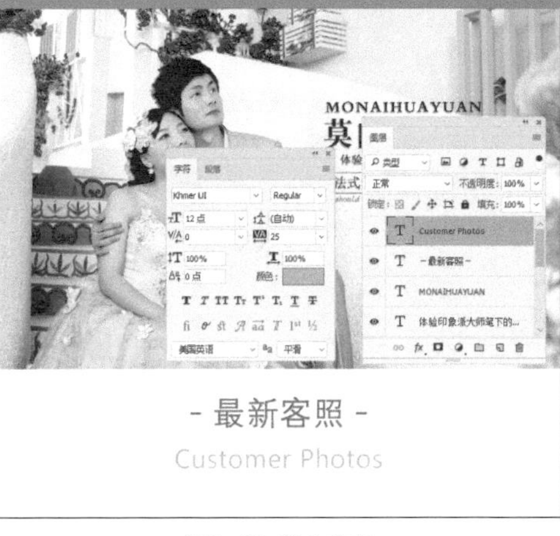

图3-99 输入文字

3.5.2 制作服务中心效果

下面详细介绍制作客服中心效果的方法。

步骤 01 新建图层，选取工具箱中的矩形选框工具，在图像编辑窗口中绘制一个矩形选区，为选区填充灰色（RGB参数值均为239），如图3-100所示，并取消选区。

步骤 02 按【Ctrl+O】组合键，打开“客服中心背景图.jpg”素材图像，运用移动工具将素材图像拖曳至背景图像编辑窗口中，适当调整图像的位置，效果如图3-101所示。

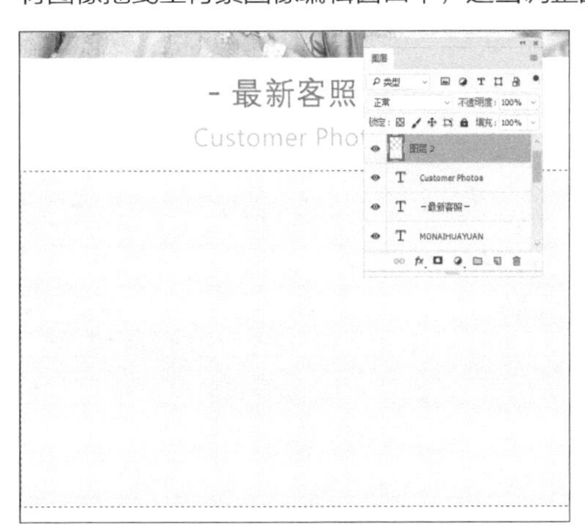

图3-100 填充选区

图3-101 拖曳图像

步骤 03 按住【Ctrl】键的同时，单击“图层3”图层的图层缩览图，载入选区，新建一个图层并填充黑色（RGB参数值均为0），设置图层的“不透明度”为30%，取消选区，如图3-102所示。

步骤 04 选取工具箱中的圆角矩形工具，在工具属性栏中设置“填充”为浅黄色（RGB参数值分别为255、251、203）、“描边”为无、“半径”为10像素，在图像编辑窗口中绘制一个圆角矩形，并设置其“不透明度”为65%，如图3-103所示。

图3-102 取消选区

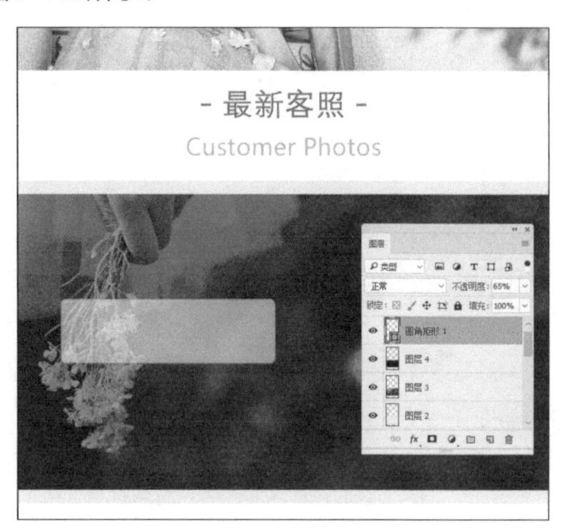

图3-103 设置“不透明度”参数

步骤05 选取工具箱中的横排文字工具，设置“字体系列”为“方正细黑一简体”、“字体大小”为13点、“设置所选字符的字距调整”为-75、“颜色”为白色（RGB参数值均为255），并激活仿粗体图标，在图像编辑窗口中输入文字，如图3-104所示。

步骤06 复制相应图层，并将其移动至合适位置，如图3-105所示。

图3-104 输入文字

图3-105 复制并移动图层

步骤07 选取工具箱中的圆角矩形工具，展开“属性”面板，设置“填充”为蓝色（RGB参数值分别为207、245、255）；选取工具箱中的横排文字工具，修改文本内容，效果如图3-106所示。

步骤08 按【Ctrl+O】组合键，打开“婚纱文字2.psd”素材图像，运用移动工具将素材图像拖曳至背景图像编辑窗口中，适当调整图像的位置，效果如图3-107所示。

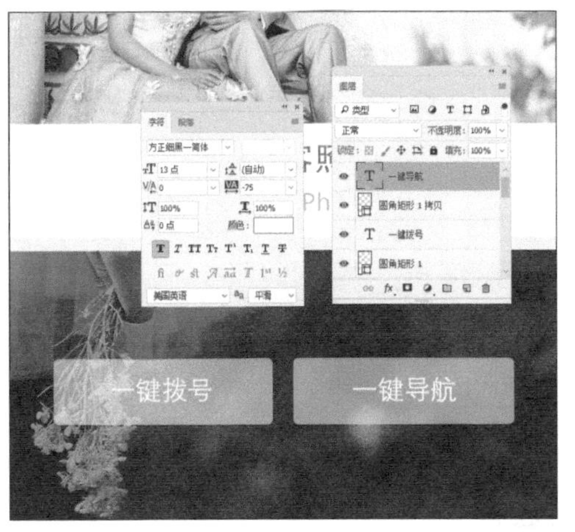

图3-106 修改文本内容

图3-107 拖曳图像

3.5.3 制作彩色导航栏

下面详细介绍制作彩色导航栏的方法。

步骤 01 选取工具箱中的直线工具，在工具属性栏中设置“选择工具模式”为“形状”、“粗细”为2像素、“填充”为灰色（RGB参数值均为195），在图像编辑窗口中绘制一个直线形状，如图3-108所示。

步骤 02 按【Ctrl+O】组合键，打开“导航栏图标2.psd”素材图像，运用移动工具将素材图像拖曳至背景图像编辑窗口中，适当调整图像的位置，效果如图3-109所示。

图3-108 绘制直线

图3-109 拖曳图像

步骤 03 单击前景色色块，弹出“拾色器（前景色）”对话框，设置RGB参数值分别为179、152、133，如图3-110所示，单击“确定”按钮。

步骤 04 选取工具箱中的魔棒工具，在图像编辑窗口中适当调整单击鼠标左键，创建选区，并按【Alt+Delete】组合键为选区填充前景色，如图3-111所示，取消选区。

图3-110 取消选区

图3-111 填充选区

步骤 05 选取工具箱中的横排文字工具，设置“字体系列”为“方正细黑一简体”、“字体大小”为9点、“设置所选字符的字距调整”为-25、“颜色”为深灰色（RGB参数值均为34），并激活仿粗体图标，在图像编辑窗口中输入文字，如图3-112所示。

步骤 06 选中相应文字，并修改颜色为棕色（RGB参数值分别为179、152、133），如图3-113所示，按【Ctrl+Enter】组合键确认输入。

图3-112 输入文字

图3-113 修改颜色

3.6 实战——食品小程序界面设计

在制作食品小程序界面时，运用暗蓝色做为背景色，各活动区域的背景色则是采用各种鲜亮的颜色，以突出活动的主题以及食品的诱人。

本实例最终效果如图3-114所示。

图3-114 实例效果

素材文件	素材\第3章\食品背景.jpg、满减背景.psd、满减活动主体.psd、优惠活动.psd、商品展示2.jpg、食品文字.psd
效果文件	效果\第3章\食品小程序界面设计.psd、食品小程序界面设计.jpg
视频文件	视频\第3章\3.6 实战——食品小程序界面设计.mp4

3.6.1 制作店招与搜索框效果

下面详细介绍制作店招与搜索框效果的方法。

步骤 01 按【Ctrl+O】组合键，打开“食品背景.jpg”素材图像，如图3-115所示。

步骤 02 选取工具箱中的横排文字工具，在“字符”面板中，设置“字体系列”为“方正细黑一简体”、“字体大小”为14点、“设置所选字符的字距调整”为-50、“颜色”为黑色（RGB参数值均为0），并激活仿粗体图标，在图像编辑窗口中输入文字，如图3-116所示。

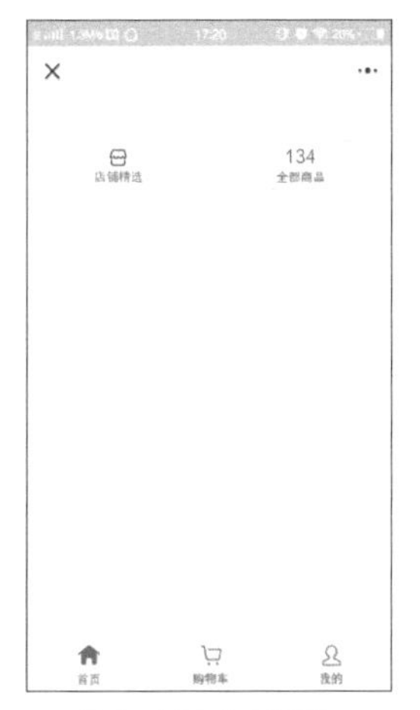

图3-115 素材图像

图3-116 输入文字

步骤 03 选取工具箱中的横排文字工具，在“字符”面板中，设置“字体系列”为“方正流行体简体”、“字体大小”为10点、“行距”为11点、“设置所选字符的字距调整”为-50、“颜色”为红色（RGB参数值分别为242、3、3），在图像编辑窗口中的适当位置输入文字，如图3-117所示。

步骤 04 选中相应文字，设置“字体大小”为15点，按【Ctrl+Enter】组合键确认输入，如图3-118所示。

图3-117 输入文字

图3-118 确认输入

步骤 05 选取工具箱中圆角矩形工具，在工具属性栏中设置“选择工具模式”为“形状”、“填充”为浅灰色（RGB参数值均为234）、“描边”为无、“半径”为40像素，在图像编辑窗口中的适当位置绘制一个圆角矩形形状，如图3-119所示。

步骤 06 选取工具箱中的椭圆工具，在工具属性栏中设置“填充”为无、“描边”为灰色（RGB参数值均为160）、“描边宽度”为4像素，在图像编辑窗口中绘制一个椭圆，如图3-120所示。

图3-119 绘制圆角矩形

图3-120 绘制椭圆

步骤 07 选取工具箱中的圆角矩形工具，在工具属性栏中设置“填充”为灰色（RGB参数值均为160），在图像编辑窗口中绘制一个圆角矩形，如图3-121所示。

步骤 08 选取工具箱中的横排文字工具，在“字符”面板中，设置“字体系列”为“方正细黑一简体”、“字体大小”为10点、“设置所选字符的字距调整”为-25、“颜色”为灰色（RGB参数值均为160），并激活仿粗体图标，在图像编辑窗口中的适当位置输入文字，效果如图3-122所示。

图3-121 绘制圆角矩形

图3-122 输入文字

3.6.2 制作商品活动区效果

下面详细介绍制作商品活动区效果的方法。

步骤 01 单击“图层”面板底部的“创建新图层”按钮，新建图层，选取工具箱中的矩形选框工具，在图像编辑窗口中绘制一个矩形选区，如图3-123所示。

步骤 02 设置前景色为暗蓝色（RGB参数值分别为38、35、126），按【Alt+Delete】组合键为选区填充前景色，按【Ctrl+D】组合键，取消选区，效果如图3-124所示。

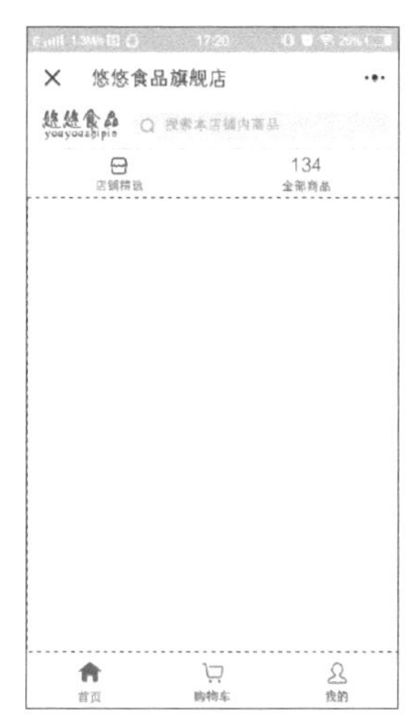

图3-123 绘制矩形选区

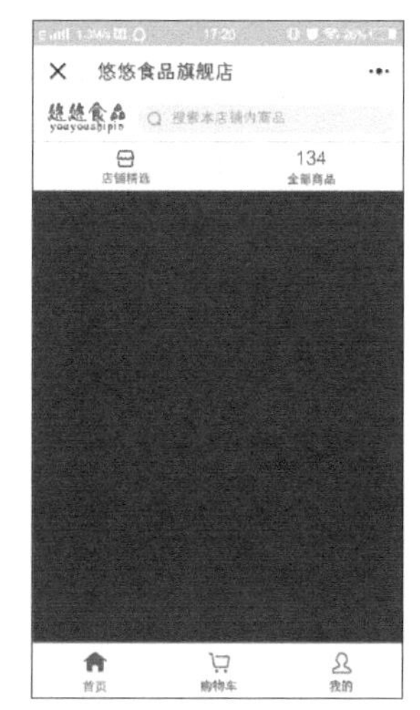

图3-124 取消选区

步骤 03 按【Ctrl+O】组合键，打开“满减背景.psd”素材图像，运用移动工具将素材图像拖曳至背景图像编辑窗口中，适当调整图像的位置，效果如图3-125所示。

步骤 04 选取工具箱中的横排文字工具，设置“字体系列”为“黑体”、“字体大小”为21点、“设置所选字符的字距调整”为50、“颜色”为白色（RGB参数值均为255），并激活仿粗体图标，在图像编辑窗口中输入文字，效果如图3-126所示。

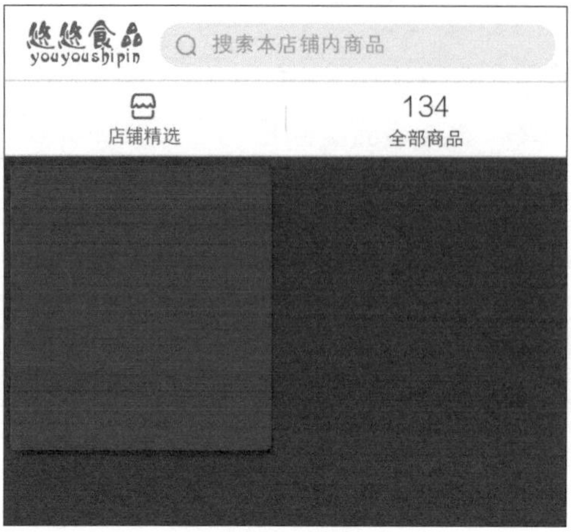

图3-125 拖曳图像

图3-126 输入文字

步骤 05 选择“199”与“100”数字，设置“字体系列”为“Impact”，按【Ctrl+Enter】组合键确认输入；选中文字图层，单击鼠标右键，在弹出的快捷菜单中选择“混合选项”选项，弹出“图层样式”对话框；选中“投影”复选框，设置“不透明度”为50%、“角度”为90、“距离”为8像素、“扩展”为0%、“大小”为6像素，单击“确定”按钮，即可为文字添加投影图层样式，效果如图3-127所示。

步骤 06 按【Ctrl+O】组合键，打开“满减活动主体.psd”素材图像，运用移动工具将素材图像拖曳至背景图像编辑窗口中，适当调整图像的位置，效果如图3-128所示。

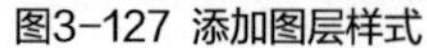
图3-127 添加图层样式

图3-128 拖曳图像

步骤 07 选取工具箱中的椭圆选框工具，在工具属性栏中设置“羽化”为15像素，将光标移至图像编辑窗口中，在适当位置绘制一个椭圆选区，在“图层2”图层下方新建一个图层，设置前景色为暗蓝色（RGB参数值分别为38、35、126），按【Alt+Delete】组合键为选区填充前景色，按【Ctrl+D】组合键，取消选区，效果如图3-129所示。

步骤 08 按【Ctrl+O】组合键，打开“优惠活动.psd”素材图像，运用移动工具将素材图像拖曳至背景图像编辑窗口中，适当调整图像的位置，效果如图3-130所示。

图3-129 取消选区

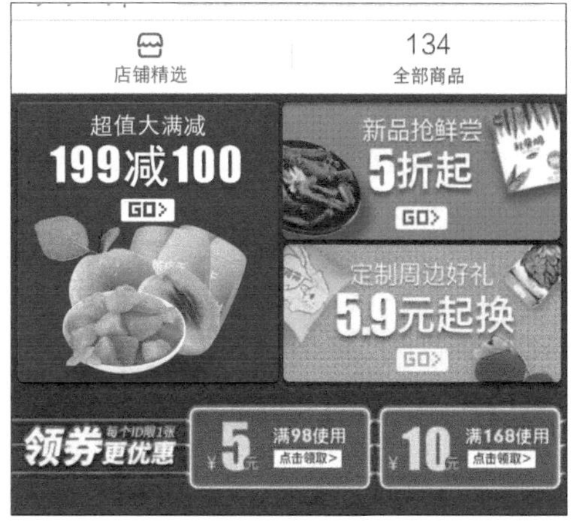

图3-130 拖曳图像

3.6.3 制作商品详情效果

下面详细介绍制作商品详情效果的方法。

步骤 01 按【Ctrl+O】组合键，打开“商品展示2.jpg”素材图像，运用移动工具将素材图像拖曳至背景图像编辑窗口中，适当调整图像的位置，效果如图3-131所示。

步骤 02 新建图层，设置前景色为玫红色（RGB参数值分别为245、41、94），选取工具箱中的矩形选框工具，在图像编辑窗口中绘制一个矩形选区，如图3-132所示。

图3-131 拖曳图像

图3-132 绘制矩形选区

步骤 03 选取工具箱中的多边形套索工具，在工具属性栏中单击“从选区减去”按钮，在图像编辑窗口中绘制一个三角形，减去部分选区，并按【Alt+Delete】组合键为选区填充前景色，按【Ctrl+D】组合键，取消选区，效果如图3-133所示。

步骤 04 选取工具箱中的横排文字工具，设置“字体系列”为“黑体”、“字体大小”为10点、“设置所选字符的字距调整”为-50、“颜色”为白色（RGB参数值均为255），并激活仿粗体图标，在图像编辑窗口中输入文字，如图3-134所示。

图3-133 取消选区

图3-134 输入文字

步骤 05 双击文字图层，打开“图层样式”对话框，选中“投影”复选框，设置“不透明度”为50%、“距离”为3像素、“扩展”为0%、“大小”为5像素，单击“确定”按钮，即可为文字添加投影图层样式，效果如图3-135所示。

步骤 06 按【Ctrl+O】组合键，打开“食品文字.psd”素材图像，运用移动工具将素材图像拖曳至背景图像编辑窗口中，适当调整图像的位置，效果如图3-136所示。

图3-135 添加图层样式

图3-136 拖曳图像

步骤 07 展开路径面板，在其中选择“路径1”路径，并单击面板下方的“将路径作为选区载入”按钮，选取工具箱中的渐变工具，单击“点按可编辑渐变”按钮，弹出“渐变编辑器”对话框，分别设置两个色块的RGB参数值为248、40、149，以及232、52、115，如图3-137所示，单击“确定”按钮。

步骤 08 在“图层”面板中新建一个图层，由下至上为选区填充线性渐变，并按【Ctrl+D】组合键，取消选区，如图3-138所示。

图3-137 设置各参数

图3-138 取消选区

步骤 09 选中“新货”文字图层，单击鼠标右键，在弹出的快捷菜单中选择“拷贝图层样式”选项，并粘贴在“图层8”图层上，为图像添加投影图层样式，如图3-139所示。

步骤 10 选取工具箱中的横排文字工具，设置“字体系列”为“黑体”、“字体大小”为11点、“设置所选字符的字距调整”为-100、“颜色”为白色（RGB参数值均为255），在图像编辑窗口中输入文字，效果如图3-140所示。

图3-139 添加图层样式

图3-140 输入文字

第4章 微信公众号界面设计

学习提示

微信公众号是开发者或商家在微信公众平台上申请的应用账号，通过公众号，商家可在微信平台上实现与特定群体运用文字、图片、语音、视频的全方位方式沟通、互动 。一个成功的微信公众号，可以很好地推广自己的产品、服务或理念等内容。

本章重点导航

- 实战——横幅广告Banner设计
- 实战——公众号封面设计
- 实战——底部广告设计
- 实战——公众号求关注设计
- 实战——推荐公众号设计

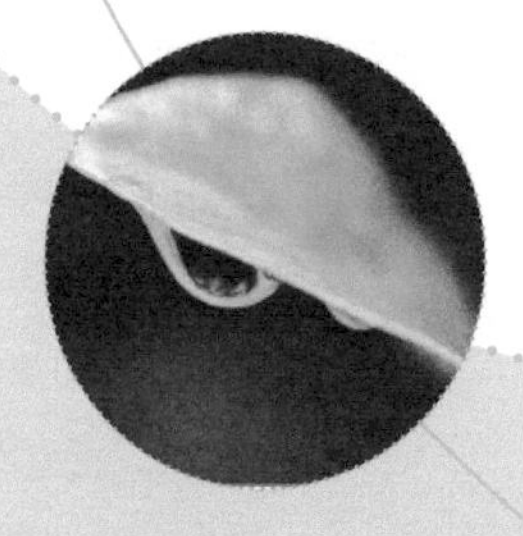

4.1 实战——横幅广告Banner设计

在制作横幅广告Banner设计时，主要采用蓝色带有华贵欧式花纹的背景，配上简洁明了的文字与图形，可以很好地将信息传递给观看者。

本实例最终效果如图4-1所示。

图4-1 实例效果

素材文件	素材\第4章\底纹.jpg、螺旋线.psd、手机界面1.jpg
效果文件	效果\第4章\横幅广告Banner设计.psd、横幅广告Banner设计.jpg
视频文件	视频\第4章\4.1 实战——横幅广告Banner设计.mp4

4.1.1 制作高饱和度的蓝色背景

下面详细介绍制作高饱和度的蓝色背景的方法。

步骤 01 单击“文件”|“新建”命令，弹出“新建”对话框，设置“名称”为“横幅广告Banner设计”、“宽度”为1080像素、“高度”为202像素、“分辨率”为300像素/英寸、“颜色模式”为“RGB颜色”、“背景内容”为“白色”，如图4-2所示。单击“创建”按钮，新建一个空白图像。

步骤 02 按【Ctrl+O】组合键，打开“底纹.jpg”素材图像，如图4-3所示。

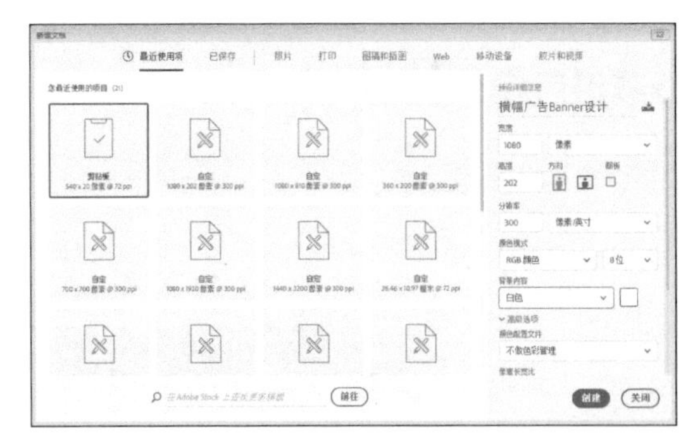
图4-2 设置各选项

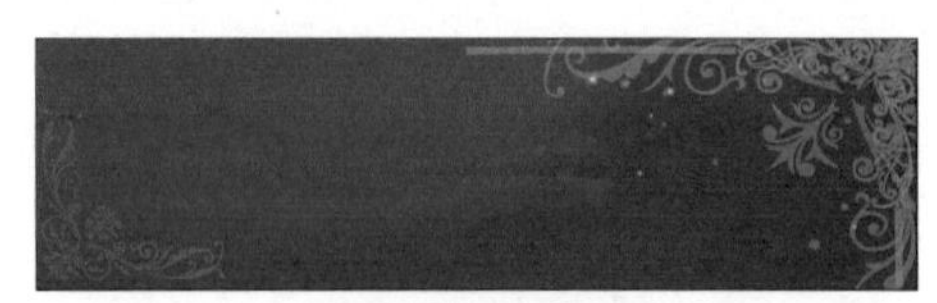
图4-3 素材图像

步骤03 单击“窗口”|“调整”命令，打开调整面板，在其中单击“亮度/对比度”按钮，新建“亮度/对比度1”调整图层，如图4-4所示。

步骤04 在弹出的“属性”面板中，设置“亮度”为30，效果如图4-5所示。

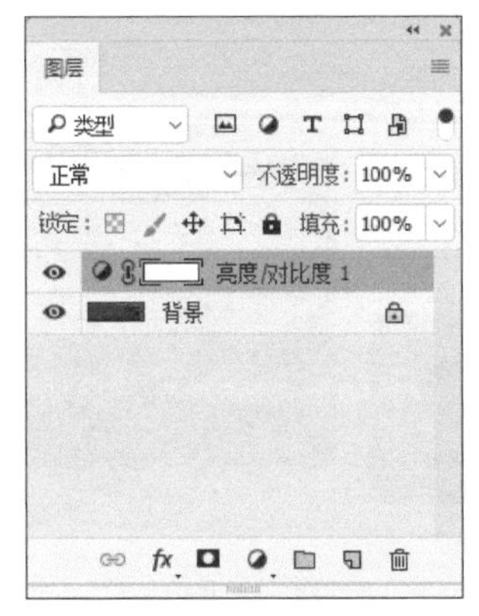

图4-4 新调整图层

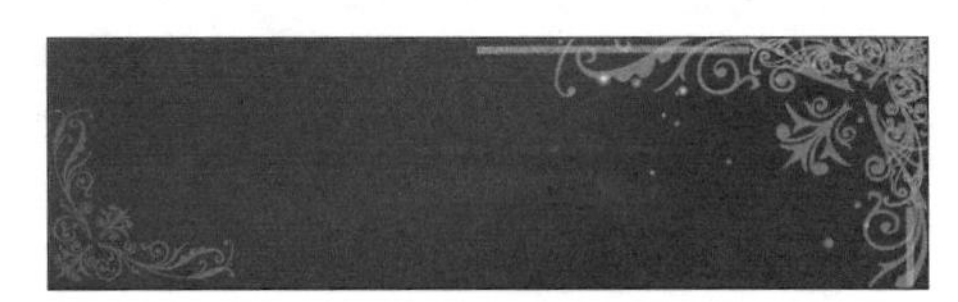
图4-5 图像效果

步骤05 在“调整”面板中单击“自然饱和度”按钮，新建“自然饱和度1”调整图层，在“属性”面板中，设置“自然饱和度”为90，效果如图4-6所示。

步骤06 按【Shift+Ctrl+Alt+E】组合键，盖印可见图层，得到“图层1”图层，如图4-7所示。

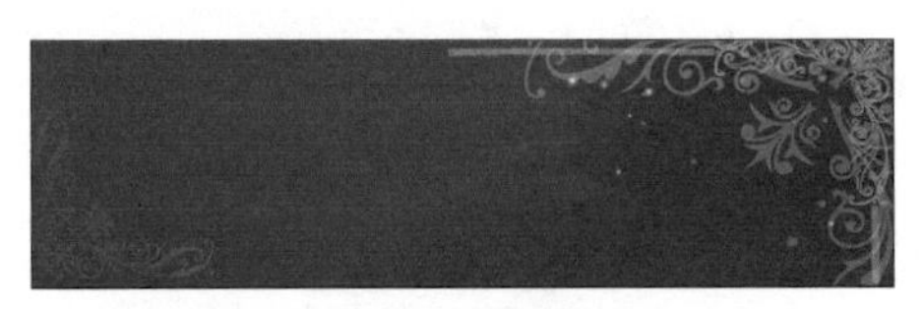
图4-6 图像效果

图4-7 得到“图层1”图层

步骤 07 运用移动工具将素材图像拖曳至背景图像编辑窗口中，适当调整图像的位置，如图4-8所示。

步骤 08 单击“编辑”|“变换”|“缩放”命令，调出变换控制框，如图4-9所示。

图4-8 拖曳图像

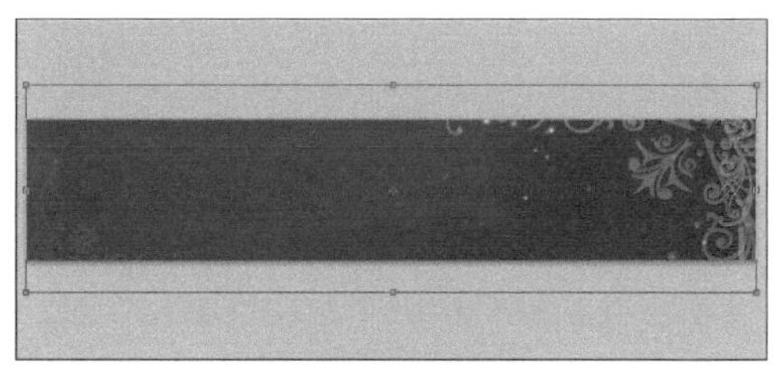

图4-9 调出变换控制框

步骤 09 拖曳变换控制框的控制柄，调整图像的大小，如图4-10所示。

步骤 10 在变换控制框中，双击鼠标左键，即可确认变换，效果如图4-11所示。

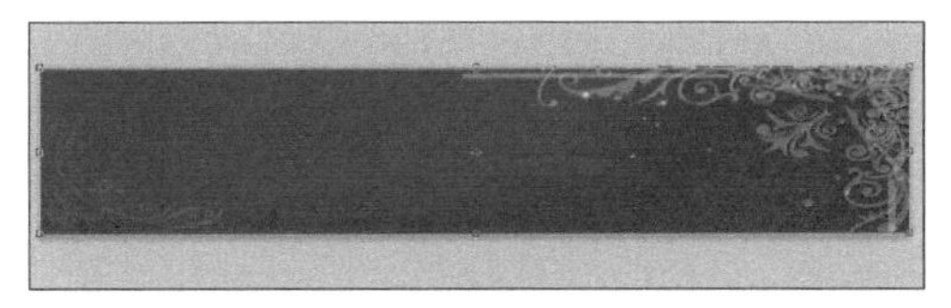

图4-10 调整图像的大小

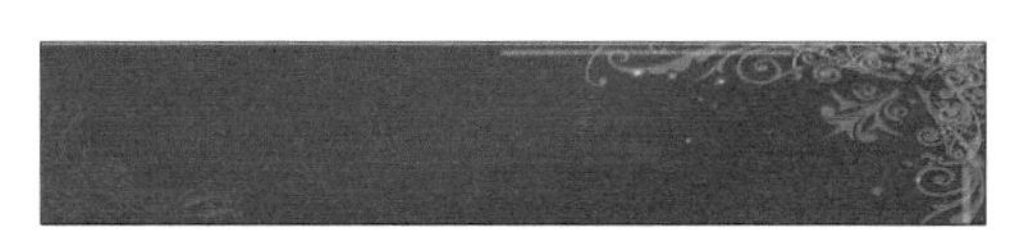

图4-11 添加花纹素材

4.1.2 制作主题文字与装饰图案效果

下面详细介绍制作主题文字与装饰图案效果的方法。

步骤 01 选取工具箱中的横排文字工具，单击“窗口”|“字符”命令，弹出“字符”面板，设置“字体系列”为“方正细黑一简体”、“字体大小”为17点、“颜色”为白色（RGB参数值均为255），并激活仿粗体图标，如图4-12所示。

步骤 02 在图像编辑窗口中输入文字，运用移动工具将文字移动至合适位置，效果如图4-13所示。

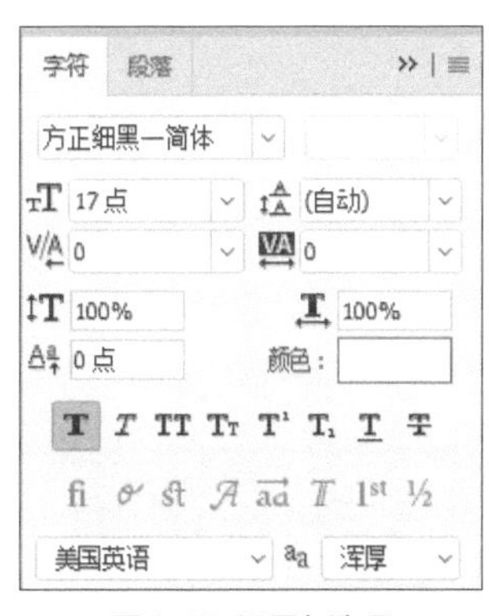

图4-12 设置各选项

图4-13 输入并移动文字

步骤 03 单击“图层”|“图层样式”|“投影”命令，弹出“图层样式”对话框，设置“角度”为90度、“距离”为5像素、“扩展”为10%、“大小”为7像素，如图4-14所示。

步骤 04 单击“确定”按钮，即可为文字添加投影图层样式，效果如图4-15所示。

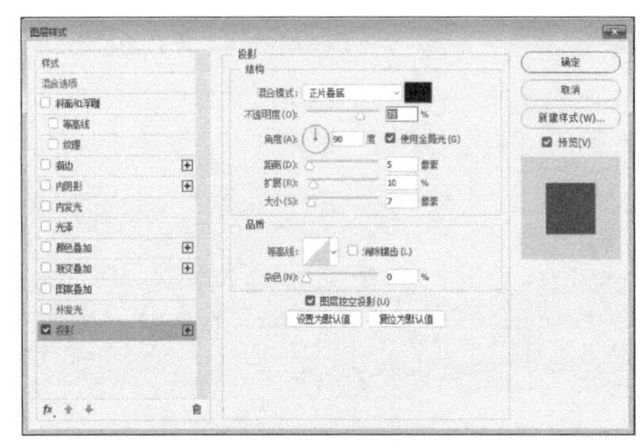

图4-14 设置各参数

图4-15 图像效果

步骤05 选取工具箱中的横排文字工具，在“字符”面板中设置“字体系列”为“方正细黑一简体”、“字体大小”为7点、“设置所选字符的字距调整”为-25、“颜色”为白色（RGB参数值均为255），并激活仿粗体图标，如图4-16所示。

步骤06 在图像编辑窗口中输入文字，运用移动工具将文字移动至合适位置，效果如图4-17所示。

图4-16 设置各选项

图4-17 输入并移动文字

步骤07 在“摄影构图专家”文字图层上单击鼠标右键，在弹出的快捷菜单中选择“拷贝图层样式”选项，并将其粘贴至另一文字图层上，如图4-18所示。

步骤08 此时图像编辑窗口中文字的效果随之改变，如图4-19所示。

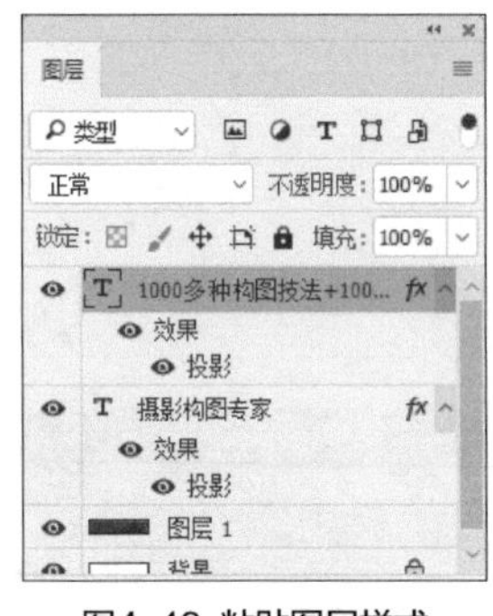

图4-18 粘贴图层样式

图4-19 图像效果

步骤09 单击“文件”|“打开”命令，打开“螺旋线.psd”素材图像，如图4-20所示。

步骤10 双击相应图层，弹出“图层样式”对话框，选中“描边”复选框，设置“描边宽度”为2

像素、“位置”为外部、“颜色”为白色（RGB参数值均为255），效果如图4-21所示。

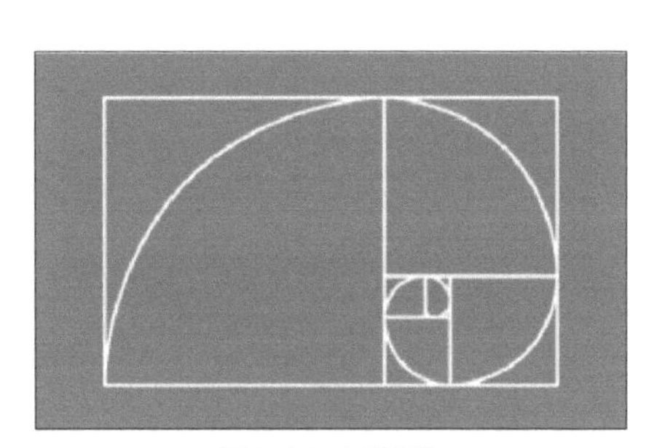

图4-20 素材图像

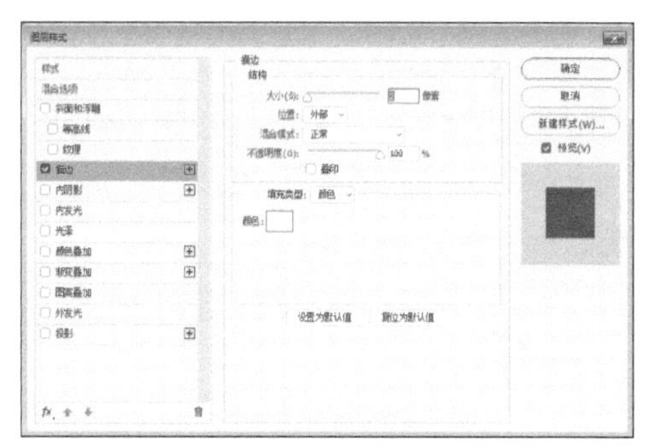

图4-21 设置各选项

步骤 11 选中“投影”复选框，设置“距离”为7像素、“扩展”为29%、“大小”为8像素，单击“确定”按钮，即可为图层添加图层样式，效果如图4-22所示。

步骤 12 运用移动工具将素材图像拖曳至背景图像编辑窗口中，适当调整图像的位置，效果如图4-23所示。

图4-22 添加图层样式

图4-23 拖曳图像

4.1.3 制作横幅广告界面效果

下面详细介绍制作横幅广告界面效果的方法。

步骤 01 按【Shift + Ctrl + Alt + E】组合键，盖印可见图层，得到“图层2”图层，如图4-24所示。

步骤 02 按【Ctrl + O】组合键，打开“手机界面1.jpg”素材图像，运用移动工具将盖印的图像拖曳至刚打开的图像编辑窗口中，适当调整图像的大小和位置，效果如图4-25所示。

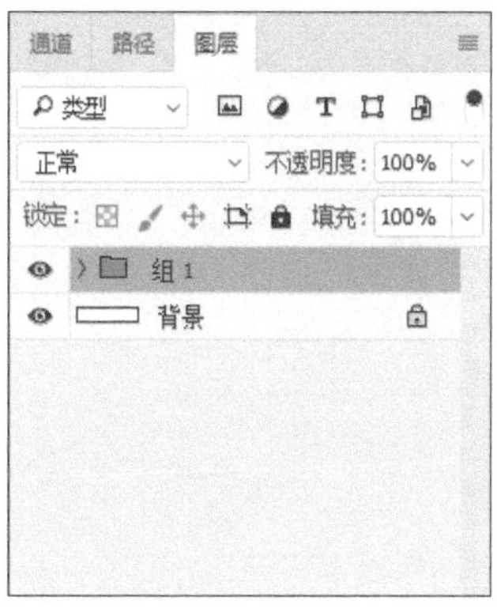

图4-24 得到“图层2”图层

图4-25 图像效果

4.2 实战——公众号封面设计

在制作公众号封面设计时，主要以渐变的红色作为背景色，对字体与图像进行部分隐藏与显示，使人物与字体融为一体，再添加适当的装饰，展现出周年庆的热闹气氛。

本实例最终效果如图4-26所示。

图4-26 实例效果

扫码看视频

素材文件	素材\第4章\封面文字.psd、封面人物.jpg、星星.jpg、装饰.psd、手机界面2.jpg
效果文件	效果\第4章\公众号封面设计.psd、公众号封面设计.jpg
视频文件	视频\第4章\4.2 实战——公众号封面设计.mp4

4.2.1 制作中心渐变红色背景效果

下面详细介绍制作中心渐变红色背景效果的方法。

步骤 01 单击“文件”|“新建”命令，弹出“新建”对话框，设置“名称”为“公众号封面设计”、“宽度”为1080像素、“高度”为627像素、“分辨率”为300像素/英寸、“颜色模式”为“RGB颜色”、“背景内容”为“白色”，如图4-27所示。单击“创建”按钮，新建一个空白图像。

步骤 02 展开“图层”面板，新建一个图层，选取工具箱中的渐变工具，在工具属性栏上单击“点按可编辑渐变”按钮，弹出“渐变编辑器”对话框，选择渐变条左侧的色标，单击“颜色”右侧的色块，弹出“拾色器（色标颜色）”对话框，设置RGB参数值分别为255、0、6，如图4-28所示。

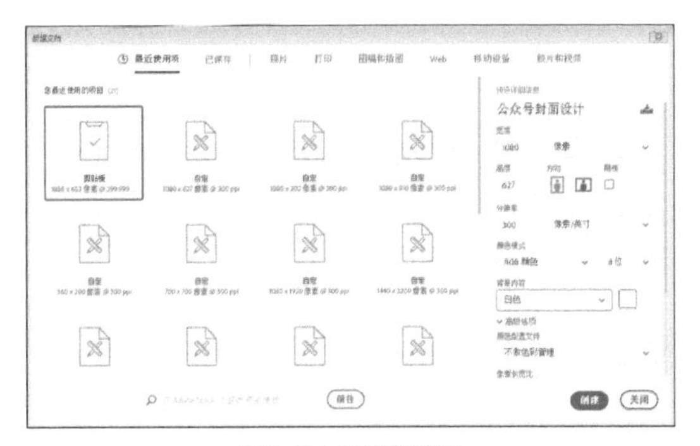

图4-27 设置各选项

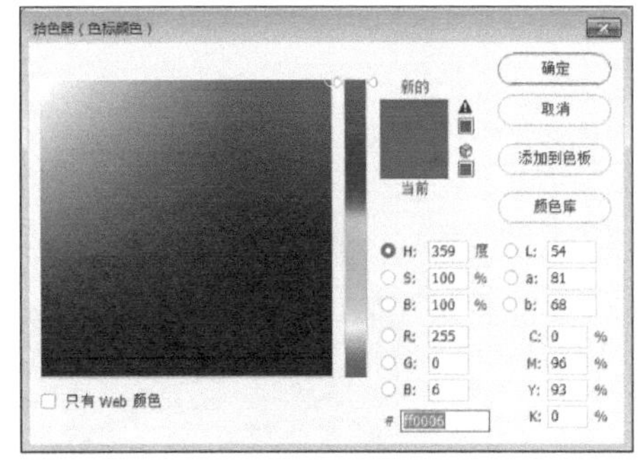

图4-28 设置RGB参数值

步骤 03 单击“确定”按钮，返回“渐变编辑器”对话框，用与上面同样的方法设置另一个色标的颜色为深红色（RGB参数值分别为105、0、3），如图4-29所示，单击“确定”按钮。

步骤 04 单击工具属性栏中的“径向渐变”按钮，将鼠标指针移至图像编辑窗口中的适当位置，单击鼠标左键并拖曳，释放鼠标左键，即可填充渐变颜色，效果如图4-30所示。

图4-29 设置另一个色标的颜色

图4-30 填充渐变颜色

专家指点

渐变工具用来在整个文档或选区内填充渐变颜色。渐变在Photoshop中的应用非常广泛，它不仅可以填充图像，还可以用来填充图层蒙版、快速蒙版和通道。此外，调整图层和填充图层也会用到渐变。

渐变编辑器中的“位置”文本框中显示标记点在渐变效果预览条的位置，用户可以输入数字来改变颜色标记点的位置，也可以直接拖曳渐变颜色带下端的颜色标记点。单击【Delete】键可将选中的颜色标记点删除。

4.2.2 制作主题文字与装饰效果

下面详细介绍制作主题文字与装饰效果的方法。

步骤 01 按【Ctrl+O】组合键，打开“封面文字.psd”素材图像，如图4-31所示。

步骤 02 展开“路径”面板，选择“路径1”路径，单击面板下方的“将路径作为选区载入”按钮，如图4-32所示。

图4-31 设置各选项

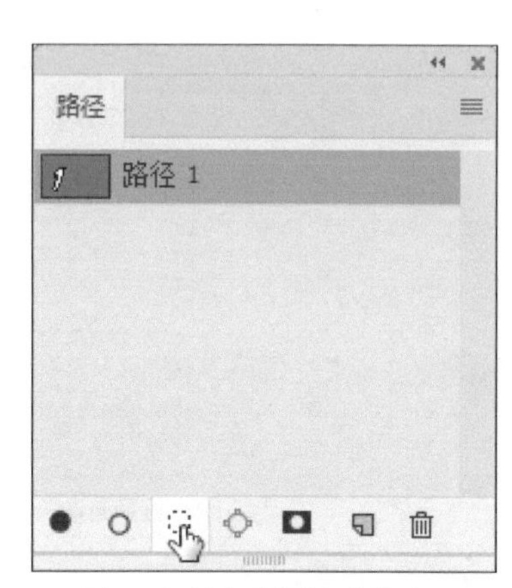

图4-32 单击“将路径作为选区载入”按钮

步骤03 切换至“图层”面板，按【Shift+Ctrl+N】组合键，新建一个图层，并填充黑色（RGB参数值均为0），按【Ctrl+D】组合键，取消选区，效果如图4-33所示。

步骤04 按【Ctrl+O】组合键，打开“封面人物.jpg”素材图像，运用移动工具将素材图像拖曳至“封面文字”图像编辑窗口中，适当调整图像的位置，效果如图4-34所示。

图4-33 取消选区

图4-34 拖曳图像

步骤05 选择“图层2”图层，单击鼠标右键，在弹出的快捷菜单中选择“创建剪贴蒙版”选项，隐藏部分人物图像，效果如图4-35所示。

步骤06 选取工具箱中的画笔工具，设置前景色为黑色（RGB参数值均为0），选择“图层1”图层，在图像编辑窗口中适当涂抹，显示部分人物图像，效果如图4-36所示。

图4-35 隐藏部分人物图像

图4-36 显示部分人物图像

步骤07 隐藏“背景”图层，按【Shift+Ctrl+Alt+E】组合键，盖印可见图层，将盖印的图层拖曳至背景图像编辑窗口中，适当调整图像的位置，效果如图4-37所示。

步骤08 双击“图层2”图层，打开“图层样式”对话框，选中“投影”复选框，设置“不透明度”为60%、“角度”为90、“距离”为18像素、“扩展”为10%、“大小”为25像素，单击“确定”按钮，即可添加投影图层样式，效果如图4-38所示。

图4-37 拖曳图像

图4-38 添加投影图层样式

步骤 09 单击“文件”|“打开”命令，打开“星星.jpg”素材图像，运用移动工具将素材图像拖曳至背景图像编辑窗口中的适当位置，如图4-39所示。

步骤 10 设置图层的混合模式为“滤色”，效果如图4-40所示。

图4-39 拖曳图像

图4-40 设置图层的混合模式

步骤 11 在“图层”面板中，将图层调整至“图层1”图层上方，效果如图4-41所示。

步骤 12 按【Ctrl+O】组合键，打开“装饰.psd”素材图像，运用移动工具将素材图像拖曳至背景图像编辑窗口中，适当调整图像的位置，效果如图4-42所示。

图4-41 调整图层顺序

图4-42 拖曳图像

步骤 13 选取工具箱中的横排文字工具，在“字符”面板中设置“字体系列”为“方正粗宋简体”、“字体大小”为10点、“设置所选字符的字距调整”为200、“颜色”为白色（RGB参数值均为255），在图像编辑窗口中输入文字，如图4-43所示。

步骤 14 按住【Ctrl】键，文字周围会出现控制框，将鼠标光标移至控制框外侧，当光标呈↻形状时，适当旋转文字，并按【Ctrl+Enter】组合键确认输入，效果如图4-44所示。

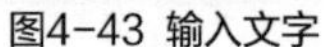
图4-43 输入文字

图4-44 旋转文字

步骤 15 单击“图层”面板底部的“添加图层样式”按钮，如图4-45所示。

步骤 16 在弹出的快捷菜单中选择“投影”选项，打开“图层样式”对话框，设置“不透明度”为70%、“距离”为3像素、“扩展”为10%、“大小”为4像素，单击“确定”按钮，即可添加投影图层样式，效果如图4-46所示。

图4-45 单击“添加图层样式”按钮

图4-46 添加图层样式

步骤 17 选取工具箱中的横排文字工具，在“字符”面板中设置“字体系列”为“方正粗宋简体”、“字体大小”为6点、“行距”为7点、“颜色”为白色（RGB参数值均为255），在图像编辑窗口中输入文字，效果如图4-47所示。

步骤 18 选中相应文字，设置“字体大小”为10点，效果如图4-48所示。

图4-47 输入文字

图4-48 设置“字体大小”参数

专家指点

Photoshop中的文字是使用PostScript信息从数学上定义的直线或曲线来表示的，如果没有设置消除锯齿，文字的边缘便会产生硬边和锯齿。所以在输入文字时，可以先在工具属性栏或“字符”面板中设置消除锯齿的方式，如锐利、犀利、浑厚、平滑等。

步骤 19 选中相应文字，设置“颜色”为黄色（RGB参数值分别为255、236、0），在“图层”面板中单击文字图层，即可确认输入，效果如图4-49所示。

步骤 20 选择“感恩回馈！”文字图层，单击鼠标右键，在弹出的快捷菜单中选择“拷贝图层样式”选项，并将图层样式粘贴在另一文字图层上，效果如图4-50所示。

图4-49 确认输入

图4-50 粘贴图层样式

4.2.3 制作公众号封面的界面效果

下面详细介绍制作公众号封面的界面效果的方法。

步骤 01 按【Shift+Ctrl+Alt+E】组合键，盖印可见图层，得到“图层7”图层，如图4-51所示。

步骤 02 按【Ctrl+O】组合键，打开“手机界面2.jpg”素材图像，运用移动工具将盖印的图像拖曳至刚打开的图像编辑窗口中，适当调整图像的大小和位置，效果如图4-52所示。

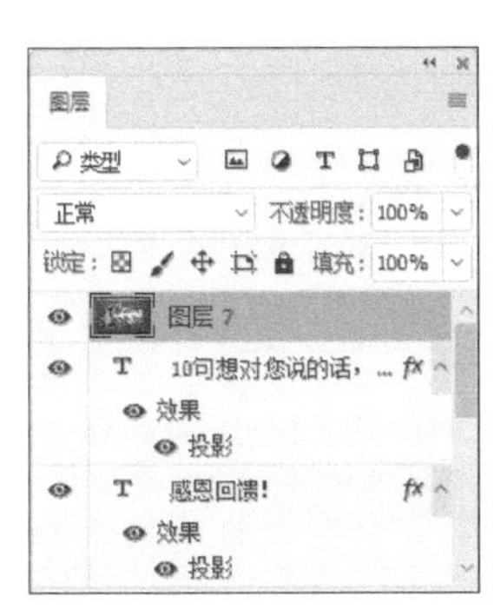

图4-51 得到“图层7”图层

图4-52 图像效果

4.3 实战——底部广告设计

在制作底部广告设计时，运用矩形工具绘制矩形框，并复制出第二层边框，推荐书籍的封面配上简洁的文字介绍，可以让读者对推荐书籍有个大致的了解。

本实例最终效果如图4-53所示。

图4-53 实例效果

扫码看视频 

素材文件	素材\第4章\书.jpg、手机界面3.jpg
效果文件	效果\第4章\底部广告设计.psd、底部广告设计.jpg
视频文件	视频\第4章\4.3 实战——底部广告设计.mp4

4.3.1 制作背景框架效果

下面详细介绍制作背景框架效果的方法。

步骤 01 单击“文件”|“新建”命令，弹出“新建”对话框，设置“名称”为“底部广告设计”、“宽度”为990像素、“高度”为1380像素、“分辨率”为300像素/英寸、“颜色模式”为“RGB颜色”、“背景内容”为“白色”，如图4-54所示。单击“创建”按钮，新建一个空白图像。

步骤 02 选取工具箱中的矩形工具，在工具属性栏中设置“选择工具模式”为“形状”、“填充”为白色（RGB参数值均为255）、“描边”为灰色（RGB参数值均为160）、“描边宽度”为9像素，沿画布边缘绘制一个矩形形状，如图4-55所示。

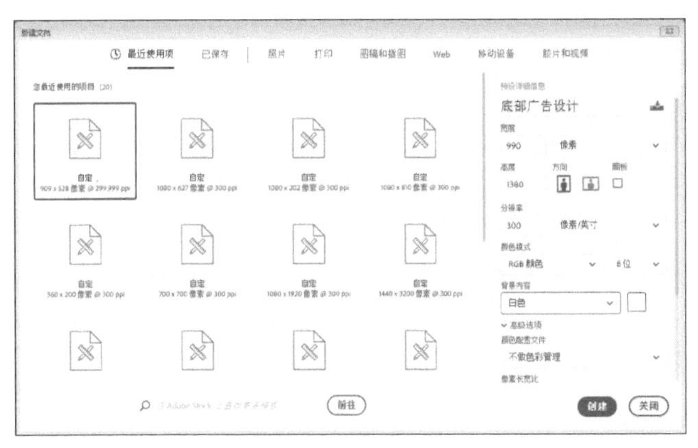

图4-54 设置各选项

图4-55 绘制矩形形状

专家指点

在运用矩形工具绘制形状时，按住【Shift】键的同时，在窗口中单击鼠标左键并拖曳，可以绘制出一个正方形；按住【Alt】键的同时，在窗口中单击鼠标左键并拖曳，可以绘制出以起点为中心的矩形；如果按住【Shift＋Alt】组合键的同时，在窗口中单击鼠标左键并拖曳，可以绘制出以起点为中心的正方形。

步骤 03 选择“矩形1”图层，单击鼠标左键并拖曳至面板下方的“创建新图层”按钮上，如图4-56所示。

步骤 04 释放鼠标左键，即可复制“矩形1”图层，得到“矩形1拷贝”图层，如图4-57所示。

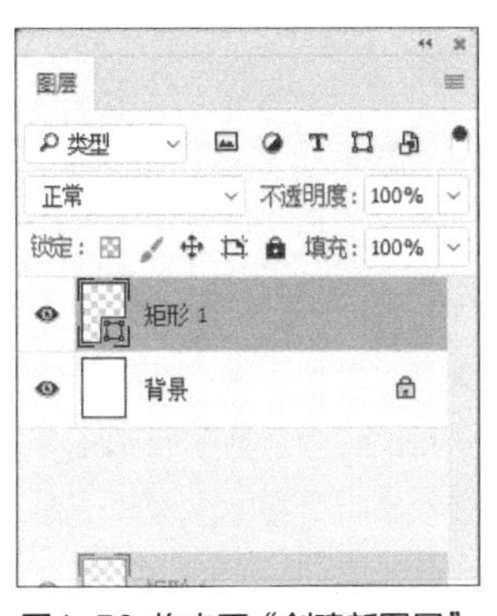

图4-56 拖曳至“创建新图层”按钮上

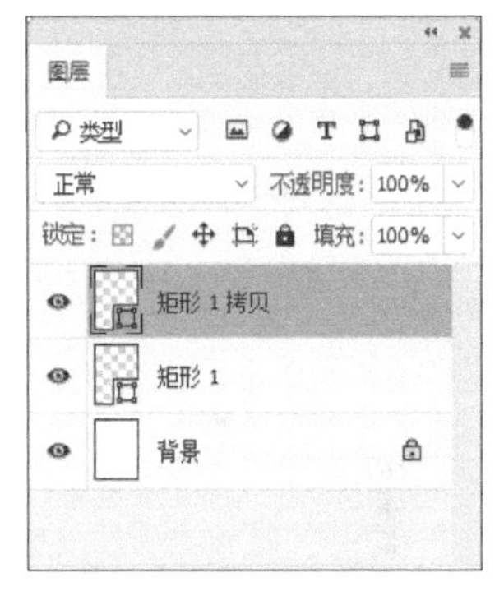

图4-57 得到“矩形1拷贝”图层

步骤 05 按【Ctrl＋T】组合键，调出变换控制框，适当调整图像的大小，并按【Enter】键确认变换，如图4-58所示。

步骤 06 展开“属性”面板，在面板中设置“矩形1拷贝”图层的“描边”为灰色（RGB参数值均为128）、“描边宽度”为3像素，效果如图4-59所示。

图4-58 变换图像

图4-59 设置各选项

4.3.2 制作书籍介绍效果

下面详细介绍制作书籍介绍效果的方法。

步骤 01 按【Ctrl+O】组合键，打开“书.jpg”素材图像，运用移动工具将素材图像拖曳至背景图像编辑窗口中，适当调整图像的位置，效果如图4-60所示。

步骤 02 双击“图层1”图层，打开“图层样式”对话框，选中“描边”复选框，设置“大小”为2像素、“位置”为外部、“颜色”为灰色（RGB参数值均为160），如图4-61所示。

图4-60 拖曳图像

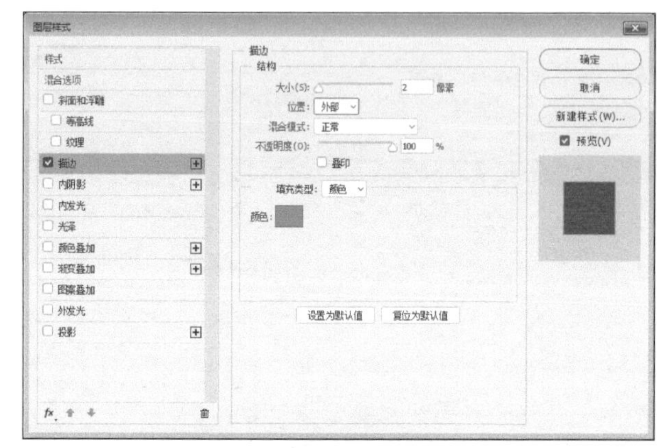

图4-61 设置各选项

步骤 03 单击“确定”按钮，即可添加描边图层样式，效果如图4-62所示。

步骤 04 选取工具箱中的横排文字工具，在“字符”面板中设置“字体系列”为“微软雅黑”、“字体大小”为16点、“颜色”为绿色（RGB参数值分别为23、118、0），并激活仿粗体图标，在图像编辑窗口中输入文字，效果如图4-63所示。

图4-62 图像效果

图4-63 输入文字

步骤 05 选取工具箱中的横排文字工具，在“字符”面板中设置“字体系列”为“微软雅黑”、“字体大小”为8.5点、“行距”为20、“颜色”为灰色（RGB参数值均为51），在图像编辑窗口中输入文字，效果如图4-64所示。

步骤06 复制相应文字图层，移动至合适位置，在“字符”面板中设置“字体大小”为9.5点，修改文本内容，效果如图4-65所示。

图4-64 输入文字

图4-65 修改文本

4.3.3 制作底部广告界面效果

下面详细介绍制作底部广告界面效果的方法。

步骤01 按【Shift+Ctrl+Alt+E】组合键，盖印可见图层，得到“图层2”图层，如图4-66所示。

步骤02 按【Ctrl+O】组合键，打开“手机界面3.jpg”素材图像，运用移动工具将盖印的图像拖曳至刚打开的图像编辑窗口中，适当调整图像的位置，效果如图4-67所示。

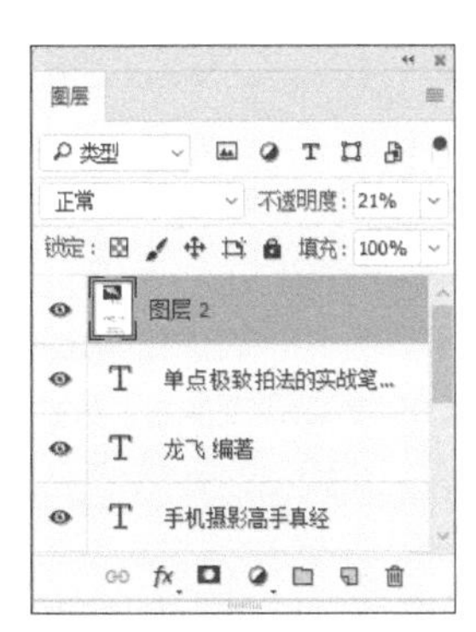

图4-66 得到“图层2”图层

图4-67 图像效果

4.4 实战——公众号求关注设计

在制作公众号求关注设计时，运用矩形工具绘制出虚线框，加上适当的装饰性的图形，再放入二维码，配上一些说明性的文字，可以清晰准确地将信息传达给读者。

本实例最终效果如图4-68所示。

图4-68 实例效果

扫码看视频

素材文件	素材\第4章\头像.jpg、公众号二维码.jpg、手机界面4.jpg
效果文件	效果\第4章\公众号求关注设计.psd、公众号求关注设计.jpg
视频文件	视频\第4章\4.4 实战——公众号求关注设计.mp4

4.4.1 制作人物头像效果

下面详细介绍制作人物头像效果的方法。

步骤 01 单击“文件”|“新建”命令，弹出“新建”对话框，设置“名称”为“公众号求关注设计”、“宽度”为990像素、“高度”为1123像素、“分辨率”为300像素/英寸、“颜色模式”为“RGB颜色”、“背景内容”为“白色”，如图4-69所示。单击“创建”按钮，新建一个空白图像。

步骤 02 选取工具箱中矩形工具，沿画布边缘绘制一个矩形形状，在弹出的“属性”面板中设置“填充”为白色（RGB参数值均为255）、“描边”为黑色（RGB参数值均为0）、“描边宽度”为3像素，单击“描边类型”右侧的下拉按钮，在弹出的列表框中选择第二种虚线，并在下方设置“虚线”为3、“间隙”为3，如图4-70所示。

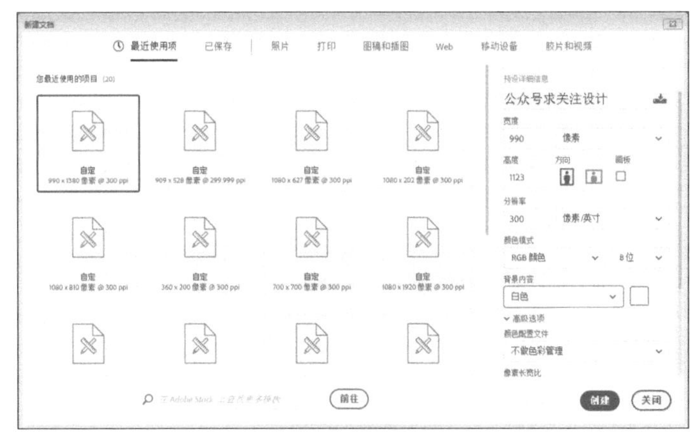

图4-69 设置各选项

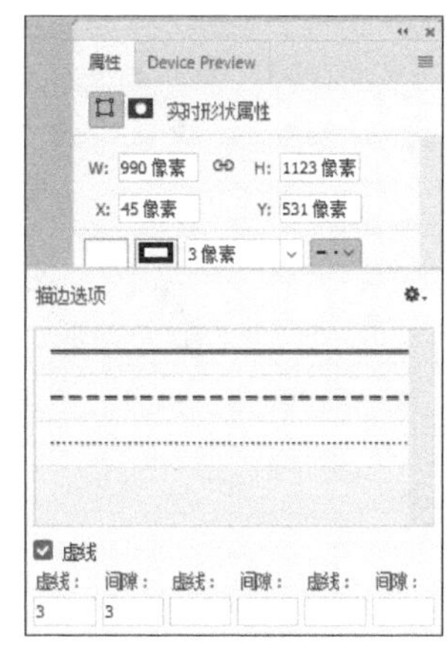

图4-70 设置各选项

步骤 03 单击“文件”|“打开”命令，打开“头像.jpg”素材图像，运用移动工具将素材图像拖曳至背景图像编辑窗口中的适当位置，如图4-71所示。

步骤 04 选取工具箱中的椭圆选框工具，在图像编辑窗口中绘制一个正圆选框，如图4-72所示。

图4-71 拖曳图像

图4-72 绘制正圆选框

专家指点

选区在图像编辑过程中有着重要的位置，它限制着图像编辑的范围和区域，灵活而巧妙地应用选区，能得到许多意想不到的效果。

步骤 05 按【Shift+Ctrl+I】组合键，反选选区，按【Delete】键删除选区内的图像，按【Ctrl+D】组合键，取消选区，效果如图4-73所示。

步骤 06 单击工具箱底部的前景色色块，弹出“拾色器（前景色）”对话框，设置RGB参数值分别为193、34、50，如图4-74所示。

图4-73 取消选区

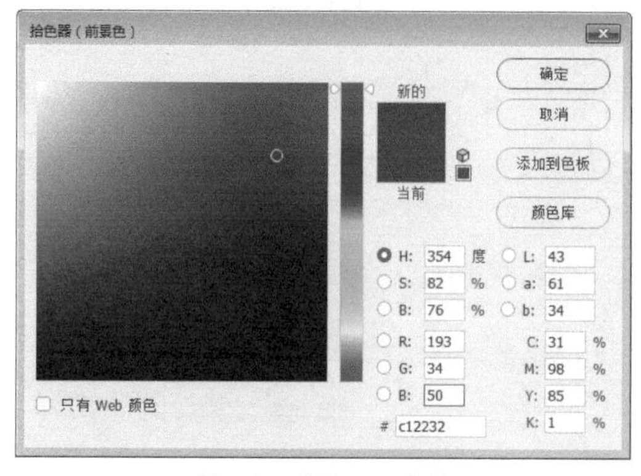

图4-74 设置RGB参数

步骤 07 新建一个图层，选取工具箱中的自定形状工具，在工具属性栏中设置“选择工具模式”为“像素”、“形状”为“方块形卡”，按住【Shift】键的同时，在图像编辑窗口中的适当位置绘制一个形状，如图4-75所示。

步骤 08 选取工具箱中的矩形选框工具，在图像编辑窗口中绘制一个矩形选框，如图4-76所示。

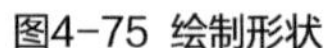

图4-75 绘制形状

图4-76 绘制矩形选框

步骤 09 在选区内单击鼠标右键，在弹出的快捷菜单中选择“通过剪切的图层”选项，如图4-77所示。

步骤 10 执行上述操作后，即可将选区内的图像剪切为一个新图层，运用移动工具适当调整图像的位置，效果如图4-78所示。

图4-77 选择“通过剪切的图层”选项

图4-78 调整图像位置

步骤 11 按住【Ctrl】键的同时，单击“图层3”图层的图层缩览图，将其载入选区，如图4-79所示。

步骤 12 设置前景色为深蓝色（RGB参数值分别为19、27、73），为选区填充前景色，并取消选区，效果如图4-80所示。

图4-79 载入选区

图4-80 取消选区

4.4.2 制作文字效果

下面详细介绍制作文字效果的方法。

步骤 01 选取工具箱中的横排文字工具，在“字符”面板中设置“字体系列”为“方正大黑简体”、“字体大小”为12点、“颜色”为深灰色（RGB参数值均为58），在图像编辑窗口中输入文字，效果如图4-81所示。

步骤 02 按【Ctrl+J】组合键复制文字图层，运用移动工具将其移至合适位置，在“字符”面板中设置“字体大小”为10点，并修改文本内容，效果如图4-82所示。

图4-81 输入文字

图4-82 修改文本内容

步骤 03 按【Ctrl+O】组合键，打开“公众号二维码.jpg”素材图像，运用移动工具将素材图像拖曳至背景图像编辑窗口中，适当调整图像的位置，效果如图4-83所示。

步骤 04 选取工具箱中的横排文字工具，在“字符”面板中设置“字体系列”为“方正细黑一简体”、“字体大小”为10点、“行距”为16点、“颜色”为灰色（RGB参数值均为58），并激活仿粗体图标，在图像编辑窗口中输入文字，效果如图4-84所示。

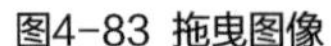

图4-83 拖曳图像

图4-84 输入文字

4.4.3 制作公众号求关注界面效果

下面详细介绍制作公众号求关注界面效果的方法。

步骤 01 按【Shift+Ctrl+Alt+E】组合键，盖印可见图层，得到“图层5”图层，如图4-85所示。

步骤 02 按【Ctrl+O】组合键，打开“手机界面4.jpg”素材图像，运用移动工具将盖印的图像拖曳至刚打开的图像编辑窗口中，适当调整图像的位置，效果如图4-86所示。

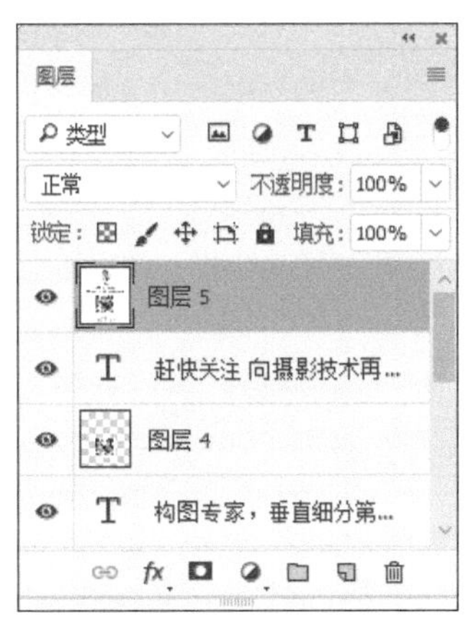

图4-85 得到“图层5”图层

图4-86 图像效果

4.5 实战——推荐公众号设计

在制作推荐公众号设计之前，先要制作出推荐公众号的头像，并输入公众号的名称与简单的说明，再绘制出按钮图标即可。

本实例最终效果如图4-87所示。

图4-87 实例效果

扫码看视频

素材文件	素材\第4章\公众号头像.jpg、手机界面5.jpg
效果文件	效果\第4章\推荐公众号设计.psd、推荐公众号设计.jpg
视频文件	视频\第4章\4.5 实战——推荐公众号设计.mp4

4.5.1　制作主体效果

下面详细介绍制作主体效果的方法。

步骤 01 单击“文件”|“新建”命令，弹出“新建”对话框，设置“名称”为“推荐公众号设计”、“宽度”为984像素、“高度”为330像素、“分辨率”为300像素/英寸、“颜色模式”为“RGB颜色”、“背景内容”为“白色”，如图4-88所示。单击“创建”按钮，新建一个空白图像。

步骤 02 按【Ctrl+O】组合键，打开“公众号头像.jpg”素材图像，运用移动工具将素材图像拖曳至背景图像编辑窗口中，适当调整图像的位置，效果如图4-89所示。

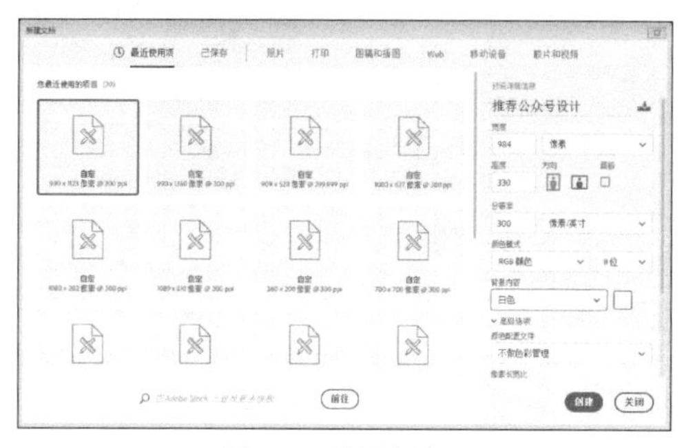

图4-88 设置各选项

图4-89 拖曳图像

专家指点

存储图像的方法有以下四种。
命令1：单击“文件”|“保存”命令。
命令2：单击“文件”|“另存为”命令。
快捷键1：按【Ctrl+S】组合键，“保存”图像。
快捷键2：按【Ctrl+Shift+S】组合键，“另存为”图像。

步骤 03 选取工具箱中椭圆选框工具，按住【Shift】键的同时，在图像编辑窗口中创建一个正圆选区，如图4-90所示。

步骤 04 按【Shift+Ctrl+I】组合键，反选选区，按【Delete】键删除选区内的图像，按【Ctrl+D】组合键，取消选区，效果如图4-91所示。

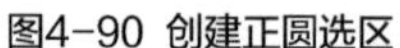

图4-90 创建正圆选区

图4-91 取消选区

步骤 05 选取工具箱中的横排文字工具，在“字符”面板中设置“字体系列”为“微软雅黑”、“字体大小”为10点、“颜色”为深灰色（RGB参数值均为30），在图像编辑窗口口中输入文字，效果如图4-92所示。

步骤 06 选取工具箱中的横排文字工具，在“字符”面板中设置“字体”为“微软雅黑”、“字体大小”为6.7点、“行距”为14、“颜色”为灰色（RGB参数值均为134），在图像编辑窗口中输入文字，效果如图4-93所示。

图4-92 输入文字

图4-93 输入文字

步骤 07 选取工具箱中的圆角矩形工具，在工具属性栏中设置“填充”为无、“描边”为绿色（RGB参数值分别为20、174、18）、“描边宽度”为3像素、“半径”为15像素，在图像编辑窗口中绘制一个圆角矩形，效果如图4-94所示。

步骤 08 选取工具箱中的横排文字工具，在“字符”面板中设置“字体系列”为“微软雅黑”、“字体大小”为12点、“设置所选字符的字距调整”为100、“颜色”为绿色（RGB参数值分别为20、174、18），在图像编辑窗口中输入文字，效果如图4-95所示。

图4-94 绘制圆角矩形

图4-95 输入文字

4.5.2 制作推荐公众号界面效果

下面详细介绍制作推荐公众号界面效果的方法。

步骤 01 按【Shift＋Ctrl＋Alt＋E】组合键，盖印可见图层，得到“图层2”图层，如图4-96所示。

步骤 02 按【Ctrl＋O】组合键，打开“手机界面5.jpg”素材图像，运用移动工具将盖印的图像拖曳至刚打开的图像编辑窗口中，适当调整图像的位置，效果如图4-97所示。

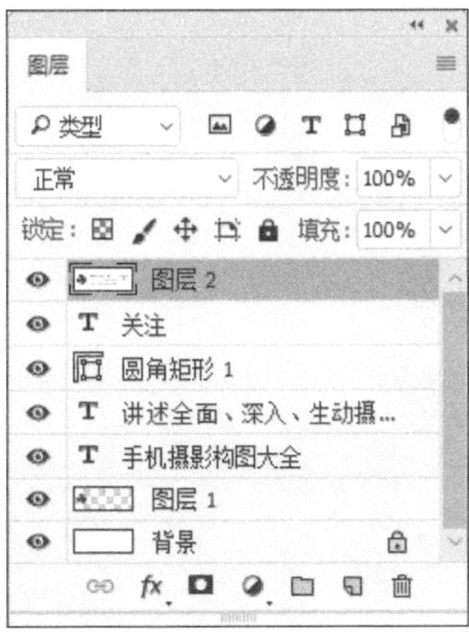

图4-96 得到“图层2”图层

图4-97 图像效果

第5章 微信朋友圈界面设计

学习提示

传统的媒体采取的是“广播”的形式，内容由媒体向用户传播，单向流动。而朋友圈的优势在于，内容在媒体和用户、用户与用户之间多方向传播，形成了一种互动。好的朋友圈界面能给读者带来更好的视觉效果，也能为朋友圈中的内容锦上添花。

本章重点导航

- 实战——名人版朋友圈设计
- 实战——简介版朋友圈设计
- 实战——招代理朋友圈设计
- 实战——店招版朋友圈设计
- 实战——插画版朋友圈设计

5.1 实战——名人版朋友圈设计

在制作名人版朋友圈界面时，主要采用纯黑色的背景设计，加上发光的装饰素材和白色的文字，对比非常清晰，可以更好地展示出要表达的信息。

本实例最终效果如图5-1所示。

图5-1 实例效果

扫码看视频

素材文件	素材\第5章\头像1.jpg、花纹1.jpg、花纹2.psd、朋友圈界面1.psd
效果文件	效果\第5章\名人版朋友圈设计.psd、名人版朋友圈设计.jpg
视频文件	视频\第5章\5.1 实战——名人版朋友圈设计.mp4

5.1.1 制作黑色背景与头像效果

下面详细介绍制作黑色背景与头像效果的方法。

步骤 01 单击“文件”|“新建”命令，弹出“新建”对话框，设置“名称”为“名人版朋友圈设计”、“宽度”为1080像素、“高度”为810像素、“分辨率”为300像素/英寸、“颜色模式”为“RGB颜色”、“背景内容”为“白色”，如图5-2所示。单击“创建”按钮，新建一个空白图像。

步骤 02 展开“图层”面板，新建“图层1”图层，如图5-3所示。

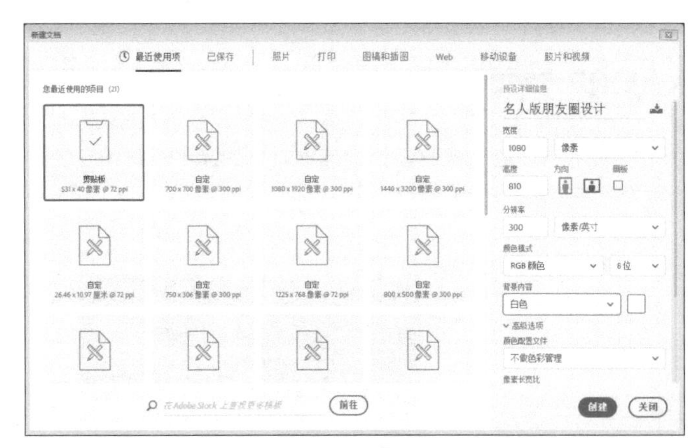

图5-2 设置各选项

图5-3 新建“图层1”图层

步骤 03 设置前景色为黑色，为“图层1”图层填充黑色，如图5-4所示。

步骤 04 打开“头像1.jpg”素材，将其拖曳至“名人版朋友圈设计”图像编辑窗口中的合适位置处，如图5-5所示。

图5-4 填充颜色

图5-5 拖曳图像

步骤 05 选取工具箱中椭圆选框工具，在人物的头部创建一个正圆选区，如图5-6所示。

步骤 06 单击“选择”|“反选”命令，反选选区，如图5-7所示。

图5-6 创建正圆选区

图5-7 反选选区

专家指点

与创建椭圆选框有关的技巧如下。
按【Shift+M】组合键，可快速选择椭圆选框工具。
按【Shift】键，可创建正圆选区。
按【Alt】键，可创建以起点为中心的椭圆选区。
按【Alt+Shift】组合键，可创建以起点为中心的正圆选区。

步骤 07 按【Delete】键，删除选区内的图像，如图5-8所示。
步骤 08 按【Ctrl+D】组合键，取消选区，如图5-9所示。

图5-8 删除选区内的图像

图5-9 取消选区

步骤 09 按【Ctrl+T】组合键，调出变换控制框，适当调整图像的大小和位置，并按【Enter】键确认，如图5-10所示。
步骤 10 打开“花纹1.jpg”素材，将其拖曳至背景图像编辑窗口中的合适位置处，效果如图5-11所示。

图5-10 调整图像的大小和位置

图5-11 拖曳图像

步骤 11 选取工具箱中的魔棒工具，在工具属性栏中设置“容差”为20，在花纹素材的白色区域上单击鼠标左键，创建选区，如图5-12所示。
步骤 12 单击“选择”|“选取相似”命令，增加选区范围，如图5-13所示。

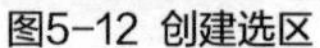

图5-12 创建选区

图5-13 增加选区范围

步骤13 按【Delete】键，删除选区内的图像，按【Ctrl+D】组合键，取消选区，如图5-14所示。

步骤14 按住【Ctrl】键的同时单击“图层3”图层的图层缩览图，将其载入选区，如图5-15所示。

图5-14 取消选区

图5-15 载入选区

步骤15 设置前景色为白色，为选区填充白色，并取消选区，如图5-16所示。

步骤16 适当调整花纹图像的大小和位置，效果如图5-17所示。

图5-16 取消选区

图5-17 调整图像大小和位置

步骤 17 双击“图层3”图层，弹出“图层样式”对话框，选中“外发光”复选框，设置“大小”为3像素，效果如图5-18所示。

步骤 18 单击“确定”按钮，即可应用“外发光”图层样式，效果如图5-19所示。

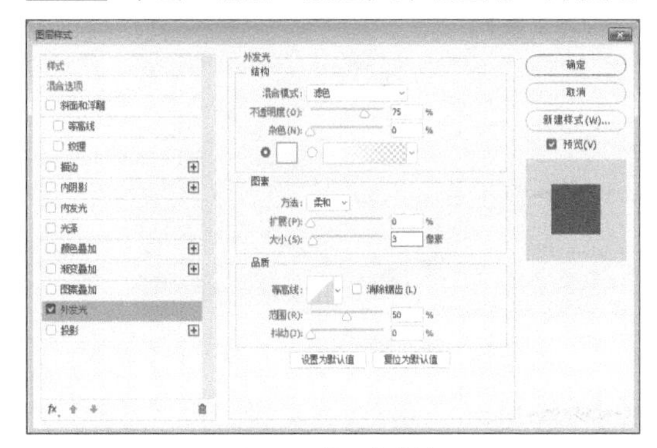

图5-18 设置参数值

图5-19 应用“外发光”图层样式

步骤 19 打开“花纹2.psd”素材图像，将其拖曳至“名人版朋友圈设计”图像编辑窗口中的合适位置处，如图5-20所示。

步骤 20 在“图层4”图层上单击鼠标右键，在弹出的快捷菜单中选择“清除图层样式”选项，删除图层样式效果，如图5-21所示。

图5-20 添加素材

图5-21 删除图层样式效果

5.1.2 制作名人信息效果

下面详细介绍制作名人信息效果的方法。

步骤 01 选取工具箱中的横排文字工具，单击“窗口”|“字符”命令，在弹出的“字符”面板中，设置“字体系列”为“微软雅黑”、“字体大小”为10点、“设置所选字符的字距调整”为7、“颜色”为白色（RGB参数值均为255），并激活仿粗体图标，如图5-22所示。

步骤 02 输入相应文本，并调整至合适位置，效果如图5-23所示。

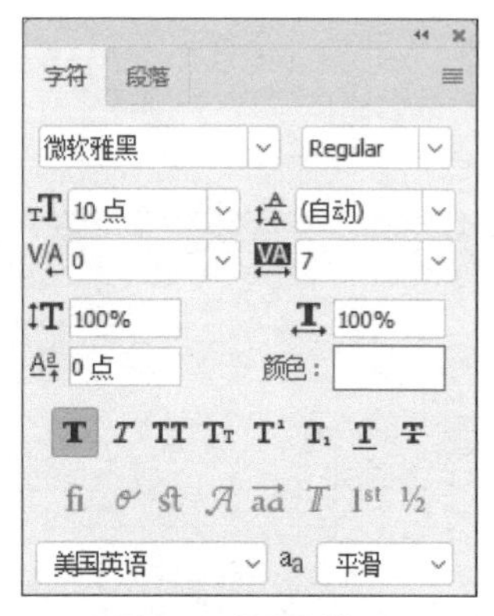

图5-22 设置各选项

图5-23 输入相应文本

步骤 03 选取工具箱中的直线工具，在工具属性栏中设置“选择工具模式”为“形状”、“粗细”为3像素、“填充”为白色，绘制一个直线形状，效果如图5-24所示。

步骤 04 选取工具箱中的横排文字工具，在图像上创建一个文本框，设置“字体系列”为“微软雅黑”、“字体大小”为6.5点、“颜色”为白色（RGB参数值均为255）、“设置行距”为11点、“设置所选字符的字距调整”为7，在图像编辑窗口中的适当位置输入相应文本，效果如图5-25所示。

图5-24 绘制一个直线形状

图5-25 输入相应文本

专家指点

文字是多数设计作品尤其是商业作品中不可或缺的重要元素，有时甚至在作品中起着主导作用，Photoshop除了提供丰富的文字属性设计及板式编排功能外，还允许对文字的形状进行编辑，以便制作出更多、更丰富的文字效果。

为作品添加文字对于任何一种软件都是必备的，对于Photoshop也不例外，用户可以在Photoshop中为作品添加水平、垂直排列的各种文字，还能够通过特别的工具创建文字的选择区域。

步骤 05 选取工具箱中的横排文字工具，在弹出“字符”面板中设置“字体系列”为“华康海报体”、“字体大小”为7点、“设置所选字符的字距调整”为7、“颜色”为白色（RGB参数值均为255），并激活仿粗体图标，如图5-26所示。

步骤 06 输入相应文本，并调整至合适位置，效果如图5-27所示。

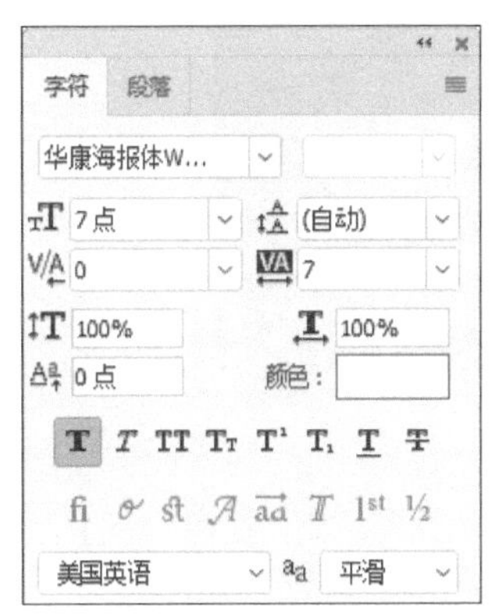

图5-26 设置各选项

图5-27 输入相应文本

5.1.3 制作名人版朋友圈界面效果

下面详细介绍制作名人版朋友圈界面效果的方法。

步骤 01 选中除“背景”图层外的所有图层，按【Ctrl+G】组合键，为图层编组，得到“组1”图层组，如图5-28所示。

步骤 02 按【Ctrl+O】组合键，打开“朋友圈界面1.psd”素材图像，如图5-29所示。

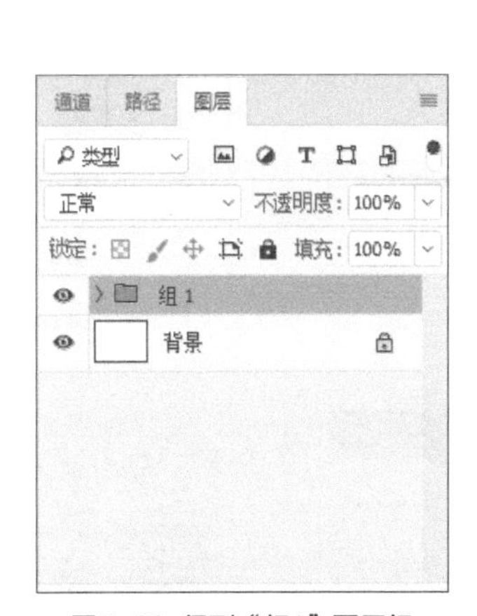

图5-28 得到“组1”图层组

图5-29 素材图像

步骤 03 切换至背景图像编辑窗口，运用移动工具将图层组的图像拖曳至“朋友圈界面1”图像编辑窗口中，适当调整图像的位置，如图5-30所示。

步骤 04 在“图层”面板中，将“组1”图层组调整至“背景”图层上方，效果如图5-31所示。

图5-30 拖曳图像

图5-31 调整图层顺序

5.2 实战——简介版朋友圈设计

在制作简介版朋友圈界面时，运用白色作为背景色，黑色作为文字与装饰的颜色，为人物头像添加黑色的描边，使头像与文字相呼应，整体更加和谐。

本实例最终效果如图5-32所示。

图5-32 实例效果

扫码看视频

素材文件	素材\第5章\头像2.jpg、朋友圈界面2.psd
效果文件	效果\第5章\简介版朋友圈设计.psd、简介版朋友圈设计.jpg
视频文件	视频\第5章\5.2 实战——简介版朋友圈设计.mp4

5.2.1 制作头像与装饰效果

下面详细介绍制作头像与装饰效果的方法。

步骤 01 单击“文件”|“新建”命令，弹出“新建”对话框，设置“名称”为“简介版朋友圈设计”、“宽度”为1080像素、“高度”为810像素、“分辨率”为300像素/英寸、“颜色模式”为“RGB颜色”、“背景内容”为“白色”，如图5-33所示。单击“创建”按钮，新建一个空白图像。

步骤 02 单击“文件”|“打开”命令，打开“头像2.jpg”素材，如图5-34所示。

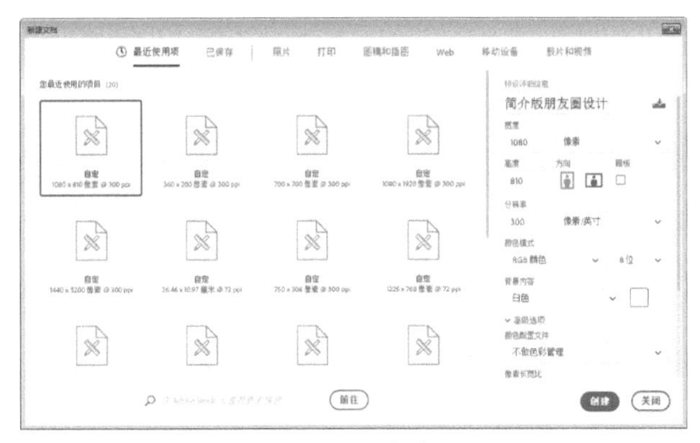

图5-33 设置各选项

图5-34 素材图像

步骤 03 单击“图像”|“调整”|“亮度/对比度”命令，弹出“亮度/对比度”对话框，设置“亮度”为30，单击“确定”按钮，效果如图5-35所示。

步骤 04 单击“图像”|“调整”|“自然饱和度”命令，弹出“自然饱和度”对话框，设置“自然饱和度”为55、“饱和度”为6，效果如图5-36所示。单击“确定”按钮，即可调整图像的自然饱和度。

图5-35 图像效果

图5-36 图像效果

专家指点

“自然饱和度”对话框的各主要选项含义如下。

自然饱和度：在颜色接近最大饱和度时，最大限度的减少修剪，可以防止图像过度饱和。

饱和度：用于调整图像中所有的颜色，而不考虑当前的饱和度。但调整值过大时，可能会造成图像失真。

步骤05 运用移动工具将素材图像拖曳至背景图像编辑窗口中，适当调整图像的大小和位置，效果如图5-37所示。

步骤06 选取工具箱中椭圆选框工具，按住【Shift】键的同时，在人物的头部单击鼠标左键并拖曳，创建一个正圆选区，如图5-38所示。

图5-37 调整图像的大小和位置

图5-38 创建正圆选区

步骤07 单击“图层”面板下方的“添加矢量蒙版”按钮，为“图层1”图层添加蒙版，如图5-39所示。

步骤08 执行上述操作后，即可隐藏部分图像，效果如图5-40所示。

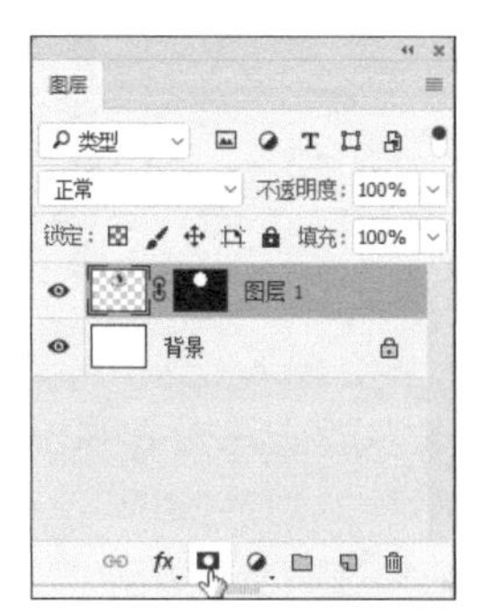

图5-39 单击“添加矢量蒙版”按钮

图5-40 隐藏部分图像

步骤09 按住【Ctrl】键的同时，单击“图层1”图层的图层蒙版，将其载入选区，如图5-41所示。

步骤10 新建一个图层，单击“编辑”|“描边”命令，弹出“描边”对话框，设置“宽度”为6像素、颜色，为黑色（RGB参数值均为0），选中“居外”单选按钮，如图5-42所示。

图5-41 载入选区

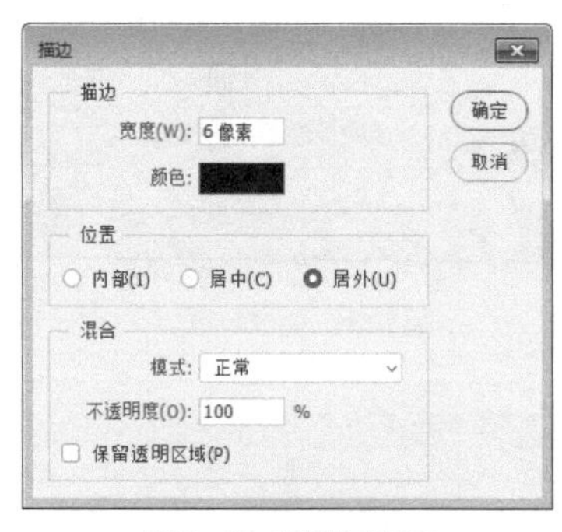

图5-42 设置各选项

步骤 11 单击“确定”按钮，即可为图像添加描边效果，如图5-43所示。

步骤 12 单击“选择”|“取消选择”命令，即可取消选区，如图5-44所示。

图5-43 添加描边效果

图5-44 取消选区

步骤 13 在“图层”面板中新建一个图层，并设置前景色为黑色（RGB参数值均为0），如图5-45所示。

步骤 14 选取工具箱中的矩形选框工具，在图像编辑窗口的右下角绘制一个矩形选区，如图5-46所示。

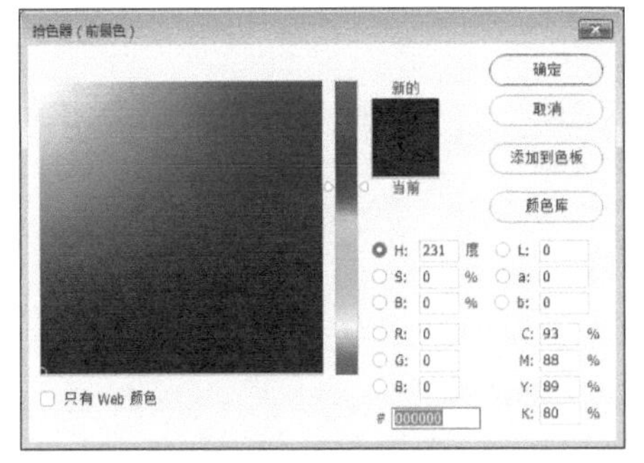

图5-45 设置前景色

图5-46 绘制矩形选区

步骤 15 选取工具箱中的多边形套索工具，在工具属性栏中单击“从选区减去”按钮，在图像编辑窗口中绘制一个三角形，减去部分选区，如图5-47所示。

步骤 16 按【Alt＋Delete】组合键为选区填充前景色，按【Ctrl＋D】组合键，取消选区，效果如图5-48所示。

图5-47 减去部分选区

图5-48 取消选区

专家指点

变换控制框的中央有一个中心点，默认情况下，中心点位于对象的中心，它用于定义对象的变换中心，拖动它可以移动它的位置。中心点的位置不同，变换旋转时的效果也会不同。

变换控制框的四周有8个控制柄，将鼠标拖曳至控制柄上，当鼠标呈双向箭头形状时，单击鼠标左键的同时并拖曳，即可放大或缩小裁剪区域，将鼠标移至控制框外，当鼠标呈形状时，可对其裁剪区域进行旋转。

步骤17 按【Ctrl＋J】组合键，复制“图层3”图层，得到“图层3拷贝”图层，单击“编辑”|“变换”|“水平翻转”命令，即可水平翻转图像，效果如图5-49所示。

步骤18 按住【Shift】键的同时，将“图层3拷贝”的图像水平移动至图像编辑窗口的左侧，效果如图5-50所示。

图5-49 水平翻转图像

图5-50 移动图像

5.2.2 制作信息简介效果

下面详细介制作信息简介效果的方法。

步骤01 选取工具箱中的横排文字工具，在“字符”面板中，设置“字体系列”为“Elephant”、“字体大小”为15点、“颜色”为黑色（RGB参数值均为0），如图5-51所示。

步骤02 在图像编辑窗口中输入相应文本，并运用移动工具，将文字调整至合适位置，效果如图5-52所示。

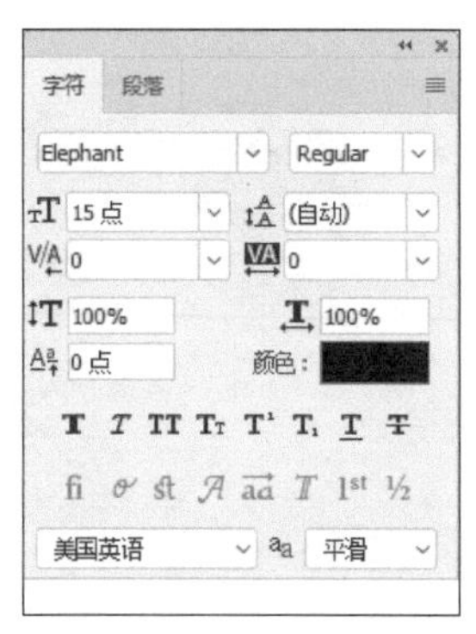

图5-51 设置“字符”参数

图5-52 输入相应文本

专家指点

“字符”面板中各主要选项含义如下。

设置字体系列：在该选项列表框中可以选择字体。

设置字体大小：可以选择字体的大小。

设置行距：行距是指文本中各个文字行之间的垂直间距，同一段落的行与行之间可以设置不同的行距，但文字行中的最大行距决定了该行的行距。

设置两个字符间的字距微调：用来调整两字符之间的间距，在操作时首先在需要调整的两个字符之间单击，设置插入点，然后再调整数值。

设置所选字符的字距调整：选择了部分字符时，可以调整所选字符间距。没有选定个别字符时，可调整所有字符的间距。

水平缩放/垂直缩放：水平缩放用于调整字符的宽度，垂直缩放用于调整字符的高度，这两个百分比相同时，可以进行等比缩放；不同时，则不能等比缩放。

设置基线偏移：用来控制文字与基线的距离，它可以升高或降低所选文字。

颜色：单击颜色块，可以在打开的“拾色器”对话框中设置文字的颜色。

T状按钮：T状按钮用来创建仿粗体、斜体等文字样式，以及为字符添加下划线或删除线。

语言：可以对所选字符进行有关连字符和拼写规则的语言设置，Photoshop CC使用语言词典检查连字符连接。

步骤 03 选取工具箱中的横排文字工具，设置“字体系列”为“方正粗圆简体”、“字体大小”为8点、“颜色”为黑色（RGB参数值均为0），在图像编辑窗口中的适当位置输入相应文本，效果如图5-53所示。

步骤 04 选取工具箱中的直线工具，在工具属性栏中设置“选择工具模式”为“形状”、“粗细”为4像素、“填充”为黑色，绘制一个直线形状，效果如图5-54所示。

图5-53 输入相应文本

图5-54 绘制一个直线形状

步骤 05 选取工具箱中的横排文字工具，在“字符”面板中设置“字体系列”为“黑体”、“字体大小”为6点、“颜色”为黑色（RGB参数值均为0），并激活仿粗体图标，如图5-55所示。

步骤 06 展开“段落”面板，单击“右对齐”按钮，效果如图5-56所示。

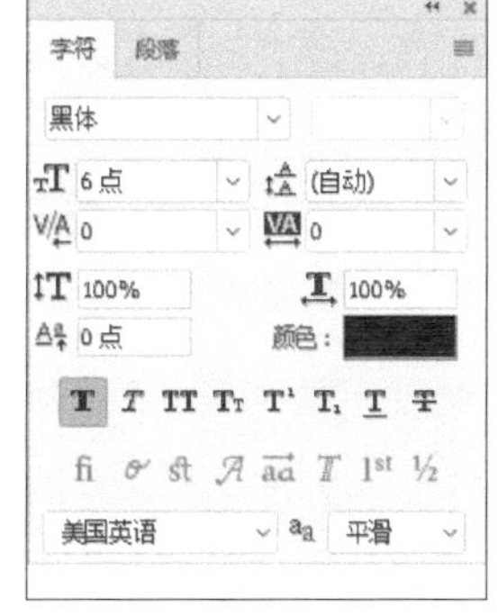

图5-55 设置各选项

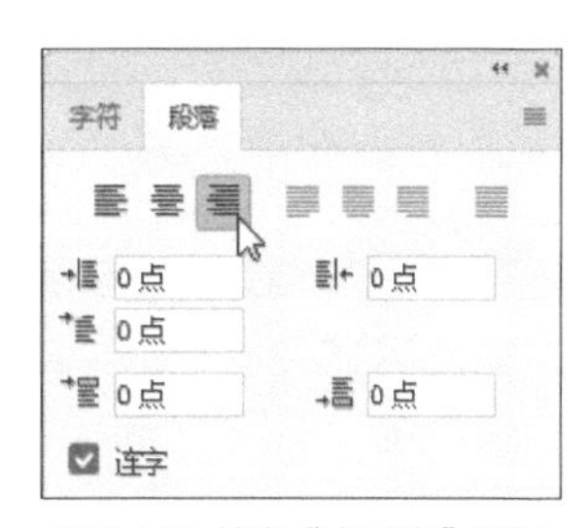

图5-56 单击“右对齐”按钮

步骤07 在图像编辑窗口中输入文字，并适当调整文字的位置，如图5-57所示。

步骤08 再次输入一段文字，在“段落”面板，单击“左对齐”按钮，并适当调整文字的位置，效果如图5-58所示。

图5-57 输入并调整文字

图5-58 调整文字位置

5.2.3 制作简介版朋友圈界面效果

下面详细介绍制作简介版朋友圈界面效果的方法。

步骤01 选中除“背景”图层外的所有图层，按【Ctrl+G】组合键，为图层编组，得到“组1”图层组，如图5-59所示。

步骤02 按【Ctrl+O】组合键，打开“朋友圈界面2.psd”素材图像，如图5-60所示。

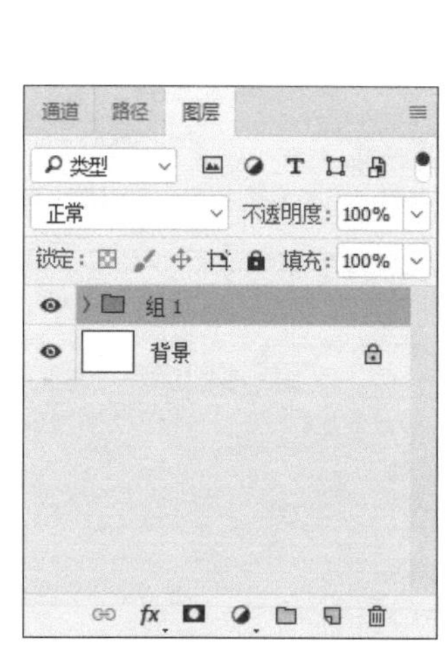

图5-59 得到“组1”图层组

图5-60 素材图像

步骤03 切换至背景图像编辑窗口，运用移动工具将图层组的图像拖曳至“朋友圈界面2”图像编辑窗口中，适当调整图像的位置，如图5-61所示。

步骤04 在“图层”面板中，将“组1”图层组调整至“背景”图层上方，效果如图5-62所示。

图5-61 拖曳图像

图5-62 调整图层顺序

5.3 实战——招代理朋友圈设计

在制作招代理朋友圈界面时，运用金色发光粒子作为背景图像，同时主体文字采用金色渐变，可以使整体更显贵气。

本实例最终效果如图5-63所示。

图5-63 实例效果

扫码看视频	
素材文件	素材\第5章\背景.jpg、头像3.jpg、文字.psd、朋友圈界面3.psd
效果文件	效果\第5章\招代理朋友圈设计.psd、招代理朋友圈设计.jpg
视频文件	视频\第5章\5.3 实战——招代理朋友圈设计.mp4

5.3.1 制作金色粒子背景效果

下面详细介绍制作金色粒子背景效果的方法。

步骤 01 单击“文件”|“打开”命令，打开“背景.jpg”素材图像，如图5-64所示。

步骤 02 选取工具箱中的矩形选框工具，在图像编辑窗口中绘制一个矩形选框，如图5-65所示。

图5-64 素材图像

图5-65 绘制矩形选框

步骤 03 单击“选择”|“修改”|“羽化”命令，弹出“羽化”对话框，设置“羽化半径”为100像素，单击“确定”按钮，即可羽化选区，效果如图5-66所示。

步骤 04 单击“窗口”|“调整”命令，展开“调整”面板，单击“曲线”按钮，新建“曲线1”调整图层，如图5-67所示。

图5-66 羽化选区

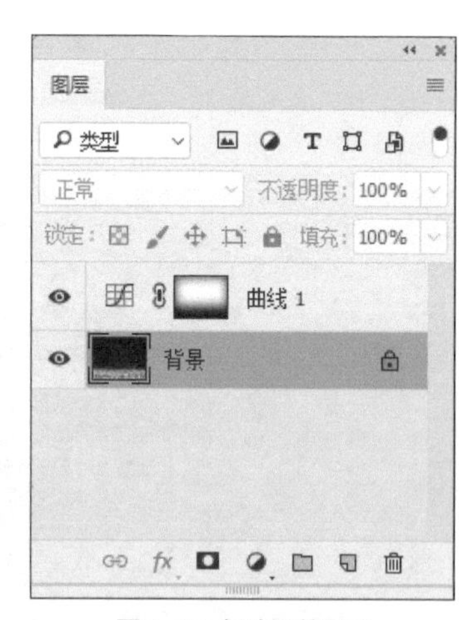

图5-67 新建调整图层

步骤 05 展开“属性”面板，在曲线上单击鼠标左键新建一个控制点，在下方设置“输入”为172、“输出”为125，如图5-68所示。

步骤 06 适当降低图像上半部分的亮度，效果如图5-69所示。

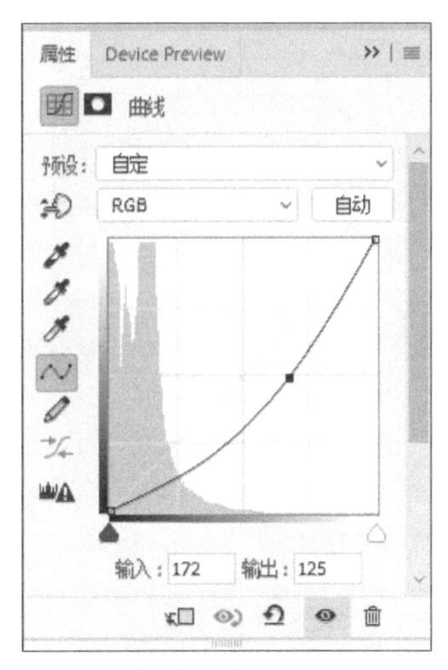

图5-68 设置各参数

图5-69 图像效果

5.3.2 制作头像与文字效果

下面详细介绍制作头像与文字效果的方法。

步骤 01 按【Ctrl+O】组合键，打开“头像3.jpg”素材图像，运用移动工具将素材图像拖曳至背景图像编辑窗口中，适当调整图像的位置，如图5-70所示。

步骤 02 选取工具箱中的渐变工具，单击“点按可编辑渐变”按钮，打开“渐变编辑器”对话框，在渐变条上设置金色，暗黄，浅黄，黄色的渐变（RGB参数值分别为255、206、73；223、158、1；250、233、173；255、216、0），并单击“新建”按钮，新建渐变预设，如图5-71所示，单击“确定”按钮。

图5-70 拖曳图像

图5-71 新建渐变预设

步骤 03 选取工具箱中的椭圆工具，在工具属性栏中设置“选择工具模式”为“形状”、“填充”为无、“描边”为渐变，在“渐变”选项区中选择新建的金色，暗黄，浅黄，黄色的渐变色，如图5-72所示。

步骤 04 继续设置“描边宽度”为10像素，并在图像编辑窗口中绘制一个椭圆，效果如图5-73所示。

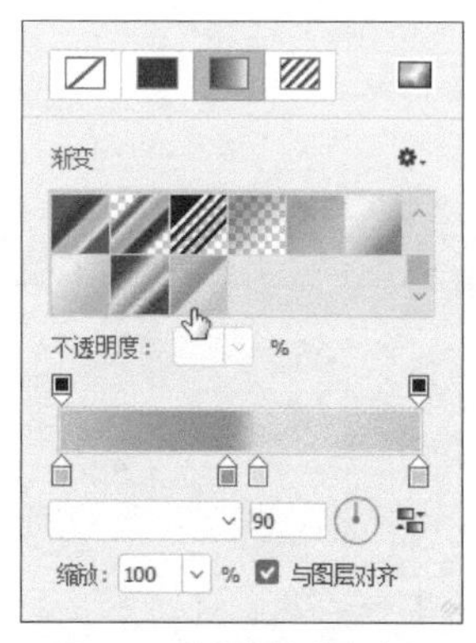

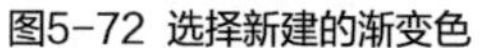
图5-72 选择新建的渐变色

图5-73 绘制椭圆

步骤05 单击“椭圆1”图层的图层缩览图，将其载入选区，如图5-74所示。

步骤06 单击“选择”|“反选”命令，反选选区，在“图层”面板中选择“图层1”图层，如图5-75所示。

图5-74 载入选区

图5-75 选择“图层1”图层

步骤07 按【Delete】键，删除选区内的图像，按【Ctrl+D】组合键，取消选区，效果如图5-76所示。

步骤08 选取工具箱中的自定形状工具，在工具属性栏中单击“填充”右侧的色块，在弹出的下拉列表框中选择“渐变”选项，在“预设”选项区中选择“橙、黄、橙渐变”渐变色，如图5-77所示。

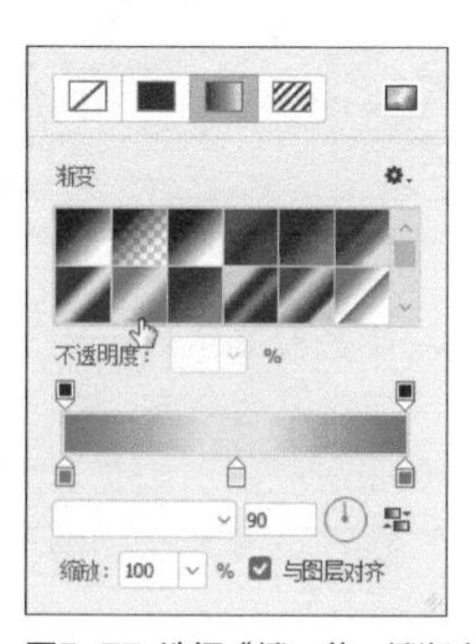

图5-76 取消选区

图5-77 选择“橙、黄、橙渐变”渐变色

步骤 09 选择渐变条下的第三个色标，并将其删除，如图5-78所示。

步骤 10 继续在工具属性栏中设置“描边”为无、“形状”为“皇冠1”，在图像编辑窗口中的适当位置绘制一个形状，如图5-79所示。

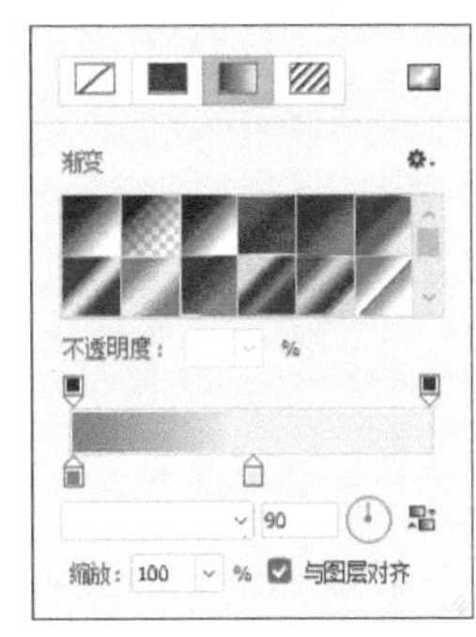

图5-78 删除色标

图5-79 绘制形状

步骤 11 在图层面板中，选择“形状1”图层，单击鼠标右键，在弹出的快捷菜单中选择“栅格化图层”选项，将形状栅格化，如图5-80所示。

步骤 12 按【Ctrl+T】组合键，调出变换控制框，适当旋转图像，并按【Enter】键确认变换，如图5-81所示。

图5-80 栅格化形状

图5-81 旋转图像

步骤 13 选取工具箱中的横排文字工具，在“字符”面板中设置“字体系列”为“方正大黑简体”、“字体大小”为15点、“设置所选字符的字距调整”为200、“颜色”为白色（RGB参数值均为255），如图5-82所示。

步骤 14 在图像编辑窗口中输入文字，运用移动工具调整文字位置，如图5-83所示。

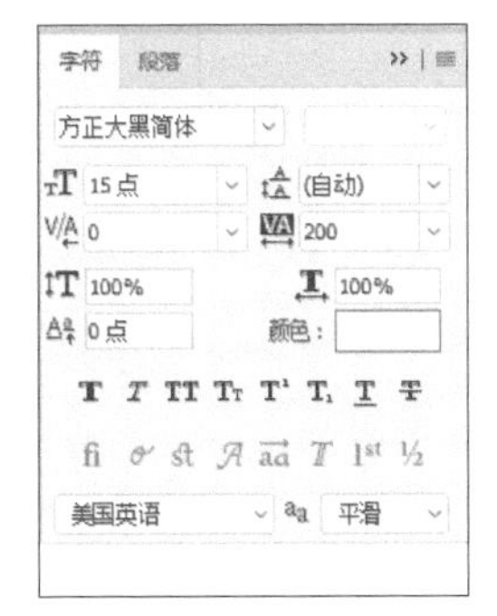

图5-82 设置各选项

图5-83 输入并调整文字

步骤 15 在图层面板中，选择文字图层，单击鼠标右键，在弹出的快捷菜单中选择“混合选项”选项，弹出“图层样式”对话框，选中“渐变叠加”复选框，设置渐变颜色为新建的金色，暗黄、浅黄、黄色的渐变色，如图5-84所示。

步骤 16 继续设置“样式”为“线性”、“角度”为90度，如图5-85所示。

图5-84 选择相应的渐变色

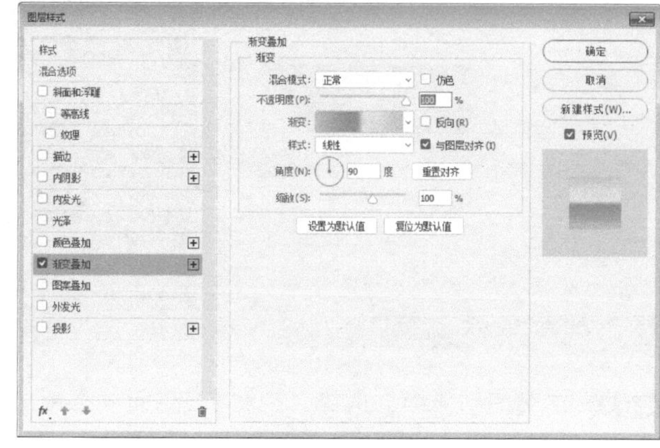

图5-85 设置各选项

步骤 17 单击“确定”按钮，即可应用“渐变叠加”图层样式，效果如图5-86所示。

步骤 18 选取工具箱中的横排文字工具，在“字符”面板中设置“字体系列”为“方正粗宋简体”、“字体大小”为21点、“行距”为24点、“设置所选字符的字距调整”为200、“颜色”为白色（RGB参数值均为255），在图像编辑窗口中输入文字，效果如图5-87所示。

图5-86 设置参数值

图5-87 输入文字

步骤 19 选取工具箱中的直线工具，在工具属性栏中设置“选择工具模式”为“形状”、“填充”为白色、“粗细”为5像素，绘制一个直线形状，效果如图5-88所示。

步骤 20 按【Ctrl+O】组合键，打开“文字.psd”素材图像，运用移动工具将素材图像拖曳至背景图像编辑窗口中，适当调整图像的位置，效果如图5-89所示。

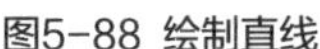
图5-88 绘制直线

图5-89 拖曳图像

5.3.3 制作招代理朋友圈界面效果

下面详细介绍制作招代理朋友圈界面效果的方法。

步骤 01 删除“背景”图层右侧的锁图标，并选中所有图层，按【Ctrl+G】组合键，为图层编组，得到“组1”图层组，如图5-90所示。

步骤 02 按【Ctrl+O】组合键，打开“朋友圈界面3.psd”素材图像，如图5-91所示。

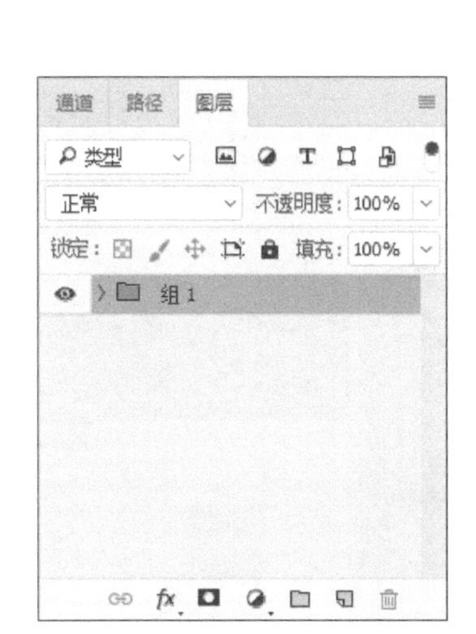

图5-90 得到“组1”图层组

图5-91 素材图像

步骤 03 切换至背景图像编辑窗口，运用移动工具将图层组的图像拖曳至“朋友圈界面3”图像编辑窗口中，适当调整图像的位置，如图5-92所示。

步骤 04 在“图层”面板中，将“组1”图层组调整至“背景”图层上方，效果如图5-93所示。

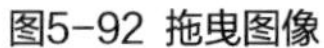

图5-92 拖曳图像　　图5-93 调整图层顺序

5.4 实战——店招版朋友圈设计

在制作店招版朋友圈界面时，可运用深沉的红色渐变作为背景色，并添加华贵的暗纹，店招采用欧边框，使整体显得低调奢华。

本实例最终效果如图5-94所示。

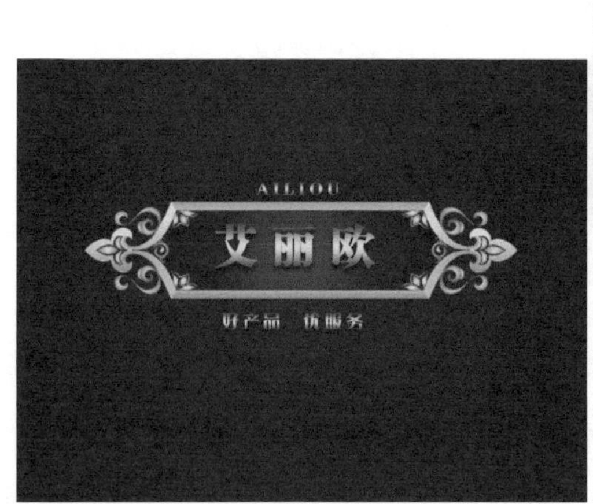

图5-94 实例效果

扫码看视频	素材文件	素材\第5章\花纹3.jpg、边框.psd、朋友圈界面4.psd
	效果文件	效果\第5章\店招版朋友圈设计.psd、店招版朋友圈设计.jpg
	视频文件	视频\第5章\5.4 实战——店招版朋友圈设计.mp4

5.4.1 制作暗红欧式花纹背景效果

下面详细介绍制作暗红欧式花纹背景背景效果的方法。

步骤 01 单击“文件”|“新建”命令，弹出“新建”对话框，设置“名称”为“店招版朋友圈设计”、“宽度”为1080像素、“高度”为810像素、“分辨率”为300像素/英寸、“颜色模式”为“RGB颜色”、“背景内容”为“白色”，如图5-95所示。单击“创建”按钮，新建一个空白图像。

步骤 02 按【Shift+Ctrl+N】组合键，弹出“新建图层”对话框，如图5-96所示。

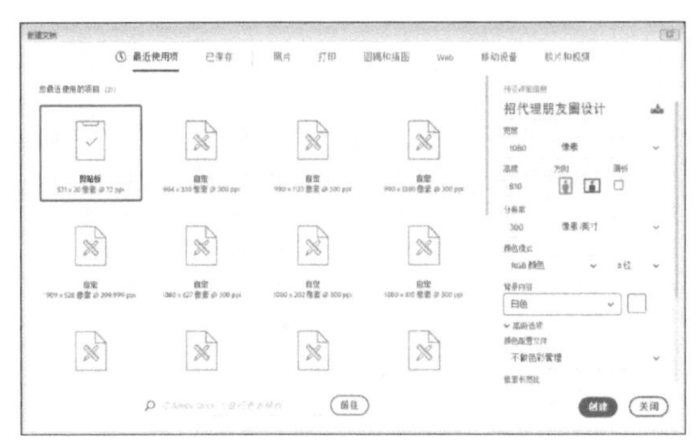

图5-95 设置各选项

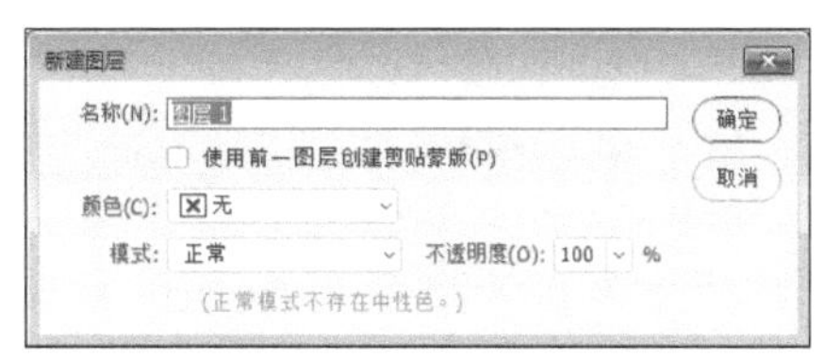

图5-96 “新建图层”对话框

专家指点

在Photoshop中新建图层的方式有很多，以下列举了两种常用的方法。

按钮：单击“图层”面板下方的“创建新图层”按钮，即可新建图层。

命令：单击“图层”|“新建”|“图层”命令，弹出“新建图层”对话框，单击“确定”按钮，即可新建图层。

步骤 03 保持默认设置，单击“确定”按钮，即可新建“图层1”图层，如图5-97所示。

步骤 04 选取工具箱中的渐变工具，单击工具属性栏中的“点按可编辑渐变”按钮，弹出“渐变编辑器”对话框，设置第一个色标的颜色为红色（RGB参数值分别为143、0、15），如图5-98所示。

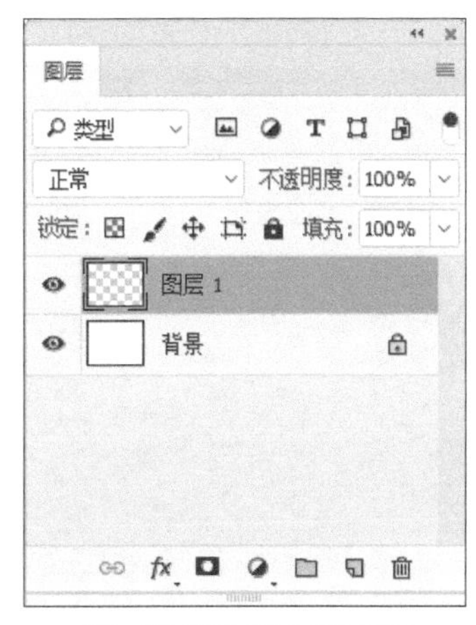

图5-97 新建“图层1”图层

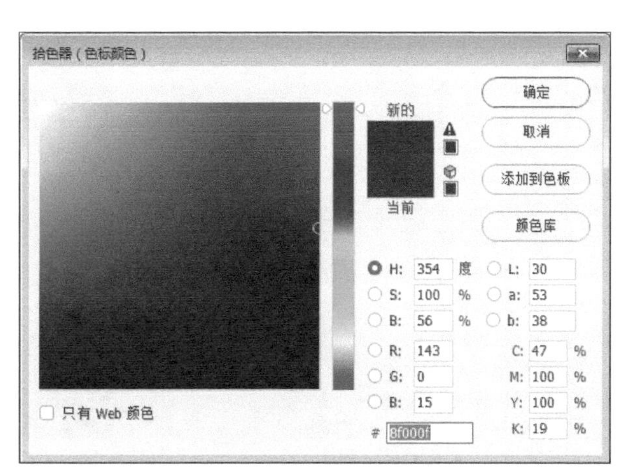

图5-98 设置色标颜色

步骤 05 设置第一个色标的“位置”为8%，并用与上面同样的方法设置另一个色标的颜色为暗红色（RGB参数值分别为55、0、6），如图5-99所示。

步骤 06 单击“确定”按钮，返回图像编辑窗口，单击工具属性栏中的“径向渐变”按钮，将鼠标指针移动至图像编辑窗口的中心位置，单击鼠标左键并向左下角拖曳，释放鼠标左键，即可填充渐变颜色，效果如图5-100所示。

图5-99 设置另一色标颜色

图5-100 填充渐变颜色

专家指点

Photoshop工具箱底部有一组前景色和背景色设置图标。在Photoshop中，所有被用到的图像中的颜色都会在前景色或背景色中表现出来。可以使用前景色来绘画、填充和描边，使用背景色来生产渐变填充和在空白区域中填充。此外，在应用一些具有特殊效果的滤镜时，也会用到前景色和背景色。

步骤 07 按【Ctrl+O】组合键，打开“花纹3.jpg”素材图像，运用移动工具将素材图像拖曳至背景图像编辑窗口中的适当位置，效果如图5-101所示。

步骤 08 设置“图层2”图层的“混合模式”为“颜色加深”，效果如图5-102所示。

图5-101 拖曳图像

图5-102 图像效果

5.4.2 制作店招效果

下面详细介绍制作店招效果的方法。

步骤 01 按【Ctrl＋O】组合键，打开“边框.psd”素材图像，如图5-103所示。

步骤 02 选取工具箱中的魔棒工具，在工具属性栏中设置“容差”为10，在图像编辑窗口中适当位置单击鼠标左键，创建选区，如图5-104所示。

图5-103 素材图像

图5-104 创建选区

步骤 03 选取工具箱中的渐变工具，在“渐变编辑器”对话框中，设置红色（RGB参数值分别为203、0、0）到深红色（RGB参数值分别为73、11、13）的渐变色，如图5-105所示，单击“确定”按钮。

步骤 04 为选区填充径向渐变色，并取消选区，效果如图5-106所示。

图5-105 设置渐变色

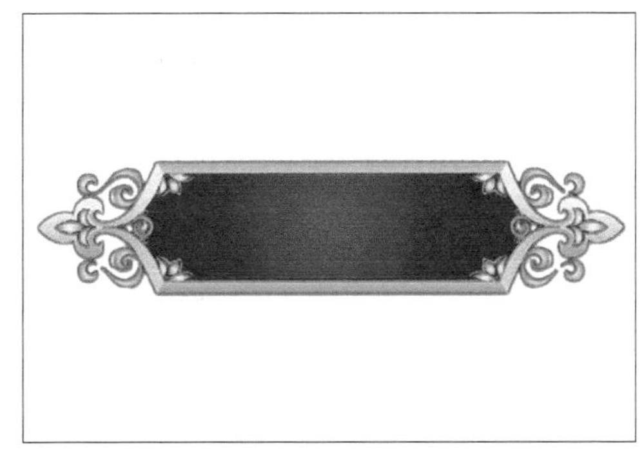

图5-106 取消选区

步骤 05 运用移动工具将素材图像拖曳至背景图像编辑窗口中，适当调整图像的位置，效果如图5-107所示。

步骤 06 选取工具箱中的横排文字工具，在“字符”面板中设置“字体系列”为“方正粗宋简体”、“字体大小”为20点、“设置所选字符的字距调整”为300、“颜色”为白色（RGB参数值均为255），并激活仿粗体图标，在图像编辑窗口中输入文字，效果如图5-108所示。

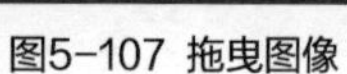

图5-107 拖曳图像

图5-108 输入文字

专家指点

正确地对图层样式进行操作，可以使用户在工作中更方便地查看和管理图层样式。复制和粘贴图层样式可以将当前图层的样式效果完全复制于其他图层上，在工作过程中可以节省大量的操作时间。首先选择包含要复制的图层样式的源图层，在该图层的图层名称上单击鼠标右键，在弹出的快捷菜单中，选择“拷贝图层样式”命令。然后选择要粘贴图层样式的图层，它可以是单个图层也可以是多个图层，在图层名称上单击右键，在弹出的快捷菜单中选择“粘贴图层样式”选项即可。

步骤 07 双击文字图层，弹出“图层样式”对话框，选中“渐变叠加”复选框，设置暗黄（RGB参数值分别为180、79、0），浅黄（RGB参数值分别为255、238、181），如图5-109所示。

步骤 08 选中“投影”复选框，设置“不透明度”为72%、“距离”为7像素、“扩展”为0%、“大小”为9像素，单击“确定”按钮，即可为文字添加相应图层样式，效果如图5-110所示。

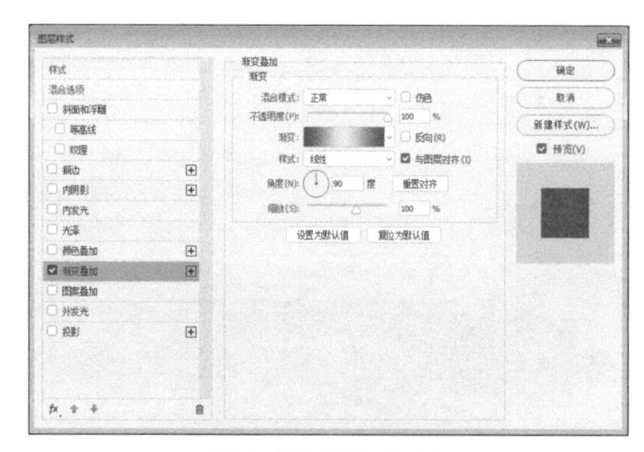

图5-109 设置渐变色

图5-110 添加图层样式

专家指点

常用的添加“图层样式”的方法有以下3种。

命令：单击“图层”|“图层样式”命令，在弹出的下拉菜单中，选择任意一个效果命令，即可打开“图层样式”对话框，并进入到相应效果的设置面板。

“添加图层样式”按钮：在“图层”面板下方单击“添加图层样式”按钮，在弹出的快捷菜单中选择任意一个效果命令，即可打开“图层样式”对话框，并进入到相应效果的设置面板。

双击鼠标左键：选中要添加图层样式的图层并双击，即可打开“图层样式”对话框，在对话框左侧选中相应复选框，就能切换至该效果的设置面板。

步骤 09 选取工具箱中的横排文字工具，在“字符”面板中设置“字体系列”为“方正粗宋简体”、“字体大小”为8点、“设置所选字符的字距调整”为200、“颜色”为白色（RGB参数值均为255），在图像编辑窗口中输入文字，效果如图5-111所示。

步骤 10 拷贝“艾丽欧”文字图层的图层样式，并粘贴在刚刚输入的文字图层上，效果如图5-112所示。

图5-111 输入文字

图5-112 粘贴图层样式

步骤 11 复制“AILIOU”文字图层，运用移动工具将其移动至合适位置，效果如图5-113所示。

步骤 12 选取工具箱中的横排文字工具，修改文本内容，效果如图5-114所示。

图5-113 移动图像

图5-114 修改文本内容

5.4.3 制作店招版朋友圈界面效果

下面详细介绍制作店招版朋友圈界面效果的方法。

步骤 01 选中除“背景”图层外的所有图层，按【Ctrl+G】组合键，为图层编组，得到“组1”图层组，如图5-115所示。

步骤 02 按【Ctrl+O】组合键，打开“朋友圈界面4.psd”素材图像，如图5-116所示。

图5-115 “组1”图层组　　图5-116 素材图像

步骤 03 切换至背景图像编辑窗口，运用移动工具将图层组的图像拖曳至“朋友圈界面4”图像编辑窗口中，适当调整图像的位置，如图5-117所示。

步骤 04 在“图层”面板中，将“组1”图层组调整至“背景”图层上方，效果如图5-118所示。

图5-117 拖曳图像　　图5-118 调整图层顺序

5.5 实战——插画版朋友圈设计

在制作插画版朋友圈界面时，可运用一张水彩风格的插画作为背景，应用适当的命令将使插画更加出色，再添加适当文字，让整体风格与主题相呼应。

本实例最终效果如图5-119所示。

图5-119 实例效果

素材文件	素材\第5章\插画.jpg、文字2.psd、朋友圈界面5.psd
效果文件	效果\第5章\插画版朋友圈设计.psd、插画版朋友圈设计.jpg
视频文件	视频\第5章\5.5 实战——插画版朋友圈设计.mp4

5.5.1 制作插画背景效果

下面详细介绍制作插画背景效果的方法。

步骤 01 单击“文件”|“新建”命令，弹出“新建”对话框，设置“名称”为“插画版朋友圈设计”、“宽度”为1080像素、“高度”为810像素、“分辨率”为300像素/英寸、“颜色模式”为“RGB颜色”、“背景内容”为“白色”，如图5-120所示，单击“创建”按钮，新建一个空白图像。

步骤 02 单击“图层”|“新建”|“图层”命令，弹出“新建图层”对话框，保存默认设置，单击“确定”按钮，新建“图层1”图层，如图5-121所示。

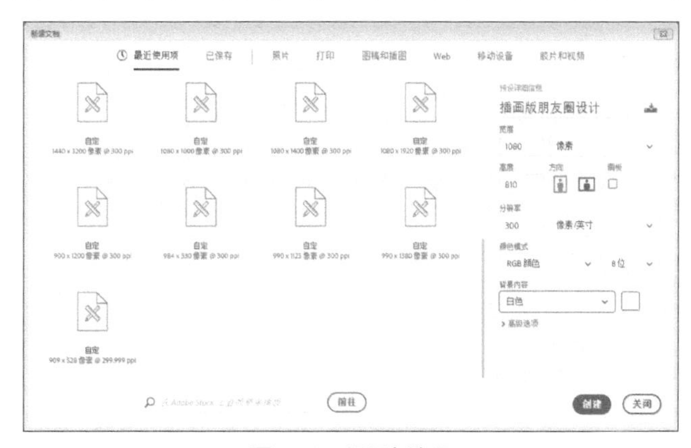

图5-120 设置各选项

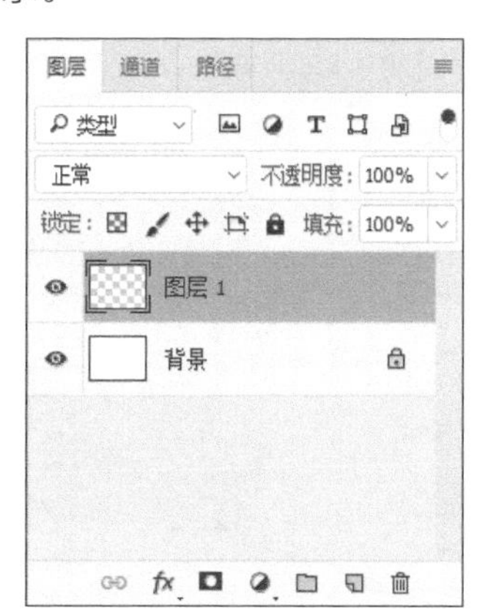

图5-121 新建“图层1”图层

步骤03 设置前景色为浅橙色（RGB参数值分别为213、177、150），按【Alt+Delete】组合键为"图层1"图层填充前景色，效果如图5-122所示。

步骤04 按【Ctrl+O】组合键，打开"插画.jpg"素材图像，如图5-123所示。

图5-122 填充前景色

图5-123 素材图像

步骤05 单击"图像"|"调整"|"亮度/对比度"命令，弹出"亮度/对比度"对话框，设置"亮度"为36、"对比度"为10，单击"确定"按钮，效果如图5-124所示。

步骤06 单击"图像"|"调整"|"自然饱和度"命令，弹出"自然饱和度"对话框，设置"自然饱和度"为100、"饱和度"为2，单击"确定"按钮，效果如图5-125所示。

图5-124 图像效果

图5-125 图像效果

步骤07 选取工具箱中的魔棒工具，在图像的背景区域单击鼠标左键创建选区，单击"选择"|"反选"命令，反选选区，如图5-126所示。

步骤08 运用移动工具将素材图像拖曳至背景图像编辑窗口中，适当调整图像的大小和位置，效果如图5-127所示。

图5-126 反选选区

图5-127 拖曳图像

5.5.2 制作文字信息效果

下面详细介绍制作文字信息效果的方法。

步骤 01 选取工具箱中的矩形工具，在工具属性栏中设置“填充”为无、“描边”为白色（RGB参数值均为255）、“描边宽度”为1.5像素，在图像编辑窗口中的适当位置绘制一个矩形形状，如图5-128所示。

步骤 02 选取工具箱中的横排文字工具，在“字符”面板中设置“字体系列”为“方正兰亭超细黑简体”、“字体大小”为20点、“行距”为24点、“设置所选字符的字距调整”为25、“颜色”为白色（RGB参数值均为255），并激活仿粗体图标，在图像编辑窗口中输入文字，效果如图5-129所示。

图5-128 绘制矩形

图5-129 输入文字

步骤 03 复制刚刚输入的文字，并将其移动至合适位置，在“字符”面板中设置“字体大小”为10点，运用横排文字工具修改文本内容，如图5-130所示。

步骤 04 按【Ctrl+O】组合键，打开“文字2.psd”素材图像，运用移动工具将素材图像拖曳至背景图像编辑窗口中，适当调整图像的位置，效果如图5-131所示。

图5-130 修改文本内容

图5-131 拖曳图像

5.5.3 制作插画版朋友圈界面效果

下面详细介绍制作插画版朋友圈界面效果的方法。

步骤 01 选中除“背景”图层外的所有图层，按【Ctrl+G】组合键，为图层编组，得到“组1”图层组，如图5-132所示。

步骤 02 按【Ctrl+O】组合键，打开“朋友圈界面5.psd”素材图像，如图5-133所示。

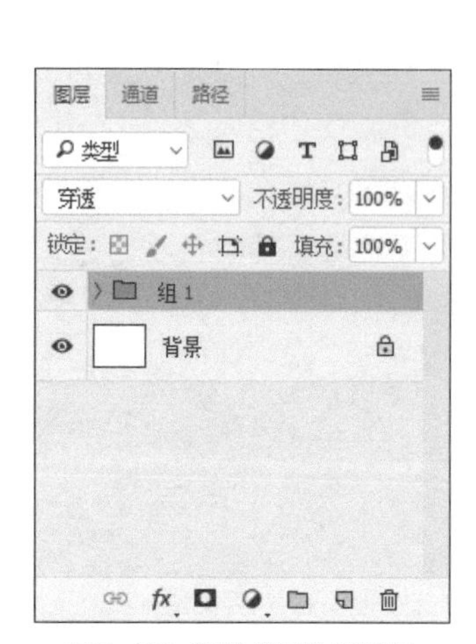

图5-132 得到“组1”图层组

图5-133 素材图像

步骤 03 切换至背景图像编辑窗口，运用移动工具将图层组的图像拖曳至“朋友圈界面5”图像编辑窗口中，适当调整图像的位置，如图5-134所示。

步骤 04 在“图层”面板中，将“组1”图层组调整至“背景”图层上方，效果如图5-135所示。

图5-134 拖曳图像

图5-135 调整图层顺序

第6章

H5手机网页界面设计

学习提示

H5是指第5代HTML，指的是包括HTML、CSS和JavaScript在内的一套技术组合。它用于减少浏览器对于所需插件的丰富性网络应用服务，并且提供更多能有效增强网络应用的标准集。H5可以使互联网也能够轻松实现类似桌面的应用体验，目前已成为朋友圈的新潮流。

本章重点导航

- 实战——七夕活动促销H5页面设计
- 实战——新品上市活动H5页面设计
- 实战——简约企业招聘H5页面设计
- 实战——微信口令红包H5页面设计
- 实战——企业邀请函H5页面设计

6.1 实战——七夕活动促销H5页面设计

在制作七夕活动促销H5页面设计时，可使用滤镜做出有纹理效果的背景，再添加适当的装饰素材，用多种图层样式使主题文字更突出，最后再输入促销活动信息，即可完成H5页面设计。

本实例最终效果如图6-1所示。

图6-1 实例效果

扫码看视频

素材文件	素材\第6章\金粉.psd、彩带1.psd、彩带2.psd、玫瑰花.jpg
效果文件	效果\第6章\七夕活动促销H5页面设计.psd、七夕活动促销H5页面设计.jpg
视频文件	视频\第6章\6.1 实战——七夕活动促销H5页面设计.mp4

6.1.1 制作金色微粒背景效果

下面详细介绍制作金色微粒背景效果的方法。

步骤 01 单击“文件”|“新建”命令，弹出“新建”对话框，设置“名称”为“七夕活动促销H5页面设计”、“宽度”为1080像素、“高度”为1920像素、“分辨率”为300像素/英寸、“颜色模式”为“RGB颜色”、“背景内容”为“白色”，如图6-2所示。单击“创建”按钮，新建一个空白图像。

步骤 02 展开“图层”面板，新建“图层1”图层，如图6-3所示。

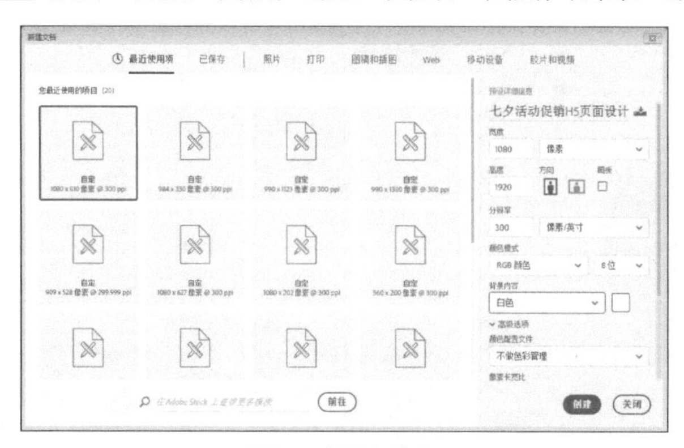

图6-2 设置各选项

图6-3 新建“图层1”图层

步骤 03 设置前景色为黑色（RGB参数值均为0），为“图层1”图层填充黑色，如图6-4所示。

步骤 04 单击“滤镜”|“杂色”|“添加杂色”命令，弹出“添加杂色”对话框，设置“数量”为10%，选中“高斯分布”单选按钮和“单色”复选框，如图6-5所示。

图6-4 填充颜色

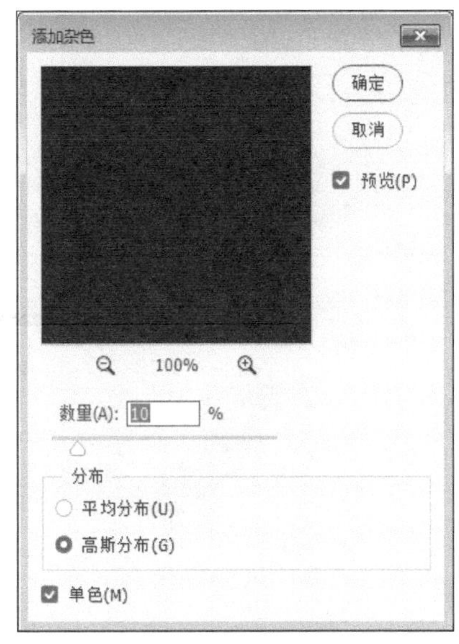

图6-5 设置各选项

专家指点

在“杂色”滤镜组中包含了5种滤镜，“减少杂色”滤镜与“添加杂色”滤镜正好相反，运用它可以有效减少照片中的杂色。在使用相机拍照时，如果使用了很高的ISO值设置、或者曝光不足，抑或用较慢的快门速度在黑暗区域中拍照，都有可能会导致出现杂色，此时可运用“减少杂色”滤镜去除照片中的杂色。

步骤 05 单击“确定”按钮，即可为图像添加杂色，效果如图6-6所示。

步骤 06 按【Ctrl+O】组合键，打开“金粉.psd”素材图像，运用移动工具将素材图像拖曳至背景图像编辑窗口中，适当调整图像的位置，效果如图6-7所示。

图6-6 添加杂色效果

图6-7 拖曳图像

步骤07 按【Ctrl+O】组合键，打开“彩带1.psd”素材图像，如图6-8所示。

步骤08 按【Ctrl+U】组合键，打开“色相/饱和度”对话框，设置“色相”为43、“饱和度”为-55，单击“确定”按钮，效果如图6-9所示。

图6-8 素材图像

图6-9 图像效果

步骤09 按【Ctrl+M】组合键，弹出“曲线”对话框，在曲线上单击鼠标左键新建一个控制点，在下方设置“输入”为131、“输出”为165，单击“确定”按钮，效果如图6-10所示。

步骤10 运用移动工具将素材图像拖曳至背景图像编辑窗口中，适当调整图像的大小和位置，效果如图6-11所示。

图6-10 图像效果

图6-11 拖曳图像

步骤11 按【Ctrl+O】组合键，打开“彩带2.psd”素材图像，运用移动工具将素材图像拖曳至背景图像编辑窗口中，适当调整图像的位置，效果如图6-12所示。

步骤12 单击“文件”|“打开”命令，打开“玫瑰花.jpg”素材图像，如图6-13所示。

图6-12 拖曳图像

图6-13 素材图像

步骤13 按【Ctrl+J】组合键，复制“背景”图层，得到“图层1”图层，单击“背景”图层左侧的“指示图层可见性”图标，隐藏“背景”图层，如图6-14所示。

步骤14 选取工具箱中的魔棒工具，在工具属性栏中设置“容差”为10，取消选中“连续”复选框，在图像的背景区域单击鼠标左键，创建选区，如图6-15所示。

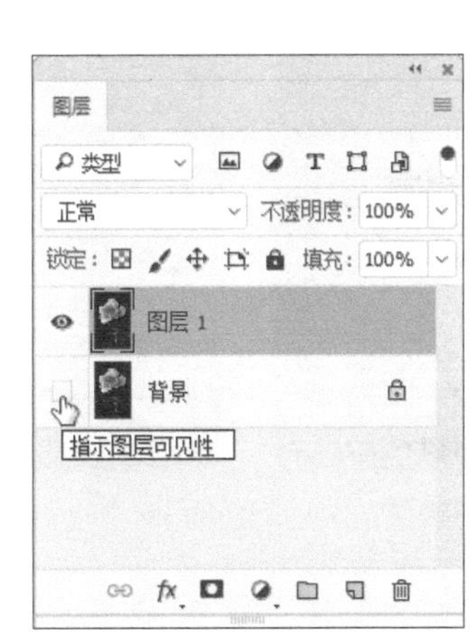

图6-14 单击“指示图层可见性”图标

图6-15 创建选区

步骤15 单击“编辑”|“清除”命令，清除背景，并按【Ctrl+D】组合键，取消选区，如图6-16所示。

步骤16 运用移动工具将素材图像拖曳至背景图像编辑窗口中，效果如图6-17所示。

图6-16 取消选区

图6-17 拖曳图像

步骤 17 按【Ctrl+T】组合键，调出变换控制框，适当旋转图像，并按【Enter】键确认变换，如图6-18所示。

步骤 18 运用移动工具将图像移至适当位置，效果如图6-19所示。

专家指点

除了可以用快捷键的方式调出变换控制框，还可以执行“编辑”|“变换”命令来调出变换控制框。

图6-18 旋转图像

图6-19 移动图像

6.1.2 制作金色渐变立体文字

下面详细介绍制作金色渐变立体文字效果的方法。

步骤 01 选取工具箱中的横排文字工具，单击“窗口”|“字符”命令，在弹出的“字符”面板中，设置“字体系列”为“汉仪菱心体简”、“字体大小”为72点、“行距”为68点、“设置所选字符的字距调整”为-100、“颜色”为白色（RGB参数值均为255），并激活仿粗体图标，如图6-20所示。

步骤 02 单击“窗口”|“段落”命令，在弹出的“段落”面板中，单击“居中对齐”按钮，如图6-21所示。

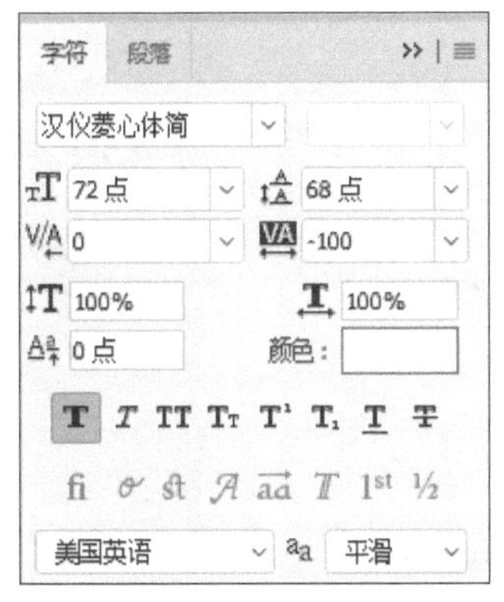

图6-20 设置各选项

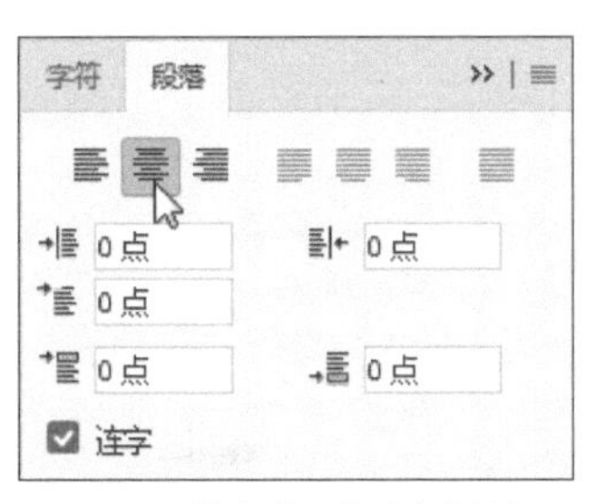

图6-21 单击“居中对齐”按钮

步骤 03 输入相应文本，并调整至合适位置，效果如图6-22所示。

步骤 04 单击“图层”面板下方的“添加图层样式”按钮，在弹出的快捷菜单中选择“渐变叠加”选项，弹出“图层样式”对话框，设置黄色（RGB参数值分别为204、153、51）到浅黄色（RGB参数值分别为255、255、200）的渐变，如图6-23所示。

图6-22 输入文字

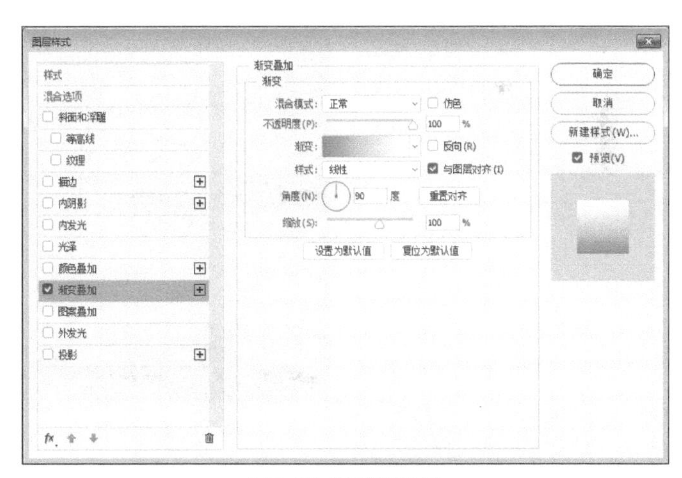

图6-23 设置渐变颜色

步骤 05 选中“光泽”复选框，设置“光泽颜色”为黄色（RGB参数值分别为213、172、88）、“不透明度”为50%、“距离”为6像素、“大小”为10像素，如图6-24所示。

步骤 06 选中“内发光”复选框，设置“不透明度”为35%、“阻塞”为0%、“大小”为24像素，单击“确定”按钮，即添加相应图层样式，效果如图6-25所示。

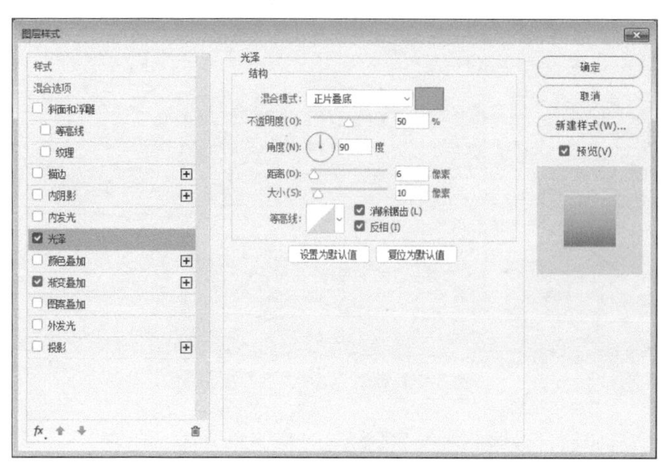

图6-24 设置各选项

图6-25 添加图层样式

步骤07 选取工具箱中的横排文字工具，在“字符”面板中设置“字体系列”为“Monotype Corsiva”、“字体大小”为33点、“颜色”为白色（RGB参数值均为255），并激活仿粗体图标，在图像编辑窗口中输入文字，如图6-26所示。

步骤08 复制“七夕情人节”文字图层的图层样式，并粘贴在另一文字图层上，打开“图层样式”对话框，取消选中“内发光”与“光泽”复选框，单击“确定”按钮，效果如图6-27所示。

图6-26 输入文字

图6-27 图像效果

6.1.3 制作发光文字与按钮效果

下面详细介绍制作发光文字与按钮效果的方法。

步骤01 选取工具箱中的横排文字工具，在“字符”面板中设置“字体系列”为“方正大黑简体”、“字体大小”为22点、“设置所选字符的字距调整”为-75、“颜色”为白色（RGB参数值均为255），在图像编辑窗口中输入文字，效果如图6-28所示。

步骤02 为文字图层添加“外发光”图层样式，设置“不透明度”为50%、“扩展”为0%、“大小”为24像素，效果如图6-29所示。

图6-28 输入文字

图6-29 添加图层样式

专家指点

"外发光"各主要选项含义如下。

混合模式：用来设置发光效果与下面图层的混合方式。

不透明度：用来设置发光效果的不透明度，该值越低，发光效果越弱。

发光颜色："杂色"选项区下方的颜色和颜色条用来设置发光颜色。

方法：用来设置发光的方法，以控制发光的准确度。

杂色：可以在发光效果中添加随机的杂色，使光晕呈现颗粒感。

扩展/大小："扩展"可设置发光范围大小；"大小"可设置光晕范围的大小。

步骤 03 复制相应文字图层，运用移动工具将其移动至合适位置，运用横排文字工具修改文本内容，设置"字体大小"为14，效果如图6-30所示。

步骤 04 选取工具箱中的矩形工具，在工具属性栏中设置"选择工具模式"为"形状"、"填充"为无、"描边"为白色（RGB参数值均为255）、"描边宽度"为2像素，在图像编辑窗口中的适当位置绘制一个矩形形状，效果如图6-31所示。

图6-30 复制并设置文本

图6-31 绘制矩形形状

步骤 05 复制相应文字图层的"外发光"图层样式，并粘贴在"矩形1"形状图层上，效果如图6-32所示。

步骤 06 选取工具箱中的横排文字工具，在"字符"面板中设置"字体系列"为"方正大黑简体"、"字体大小"为10点、"设置所选字符的字距调整"为100、"颜色"为白色（RGB参数值均为255），在图像编辑窗口中输入文字，效果如图6-33所示。

图6-32 粘贴"外发光"图层样式

图6-33 输入文字

6.2 实战——新品上市活动H5页面设计

在制作七夕活动促销H5页面设计时，使用滤镜做出有纹理效果的背景，再添加适当的装饰素材，用多种图层样式使主题文字更突出，最后再输入促销活动信息，即可完成H5页面设计。

本实例最终效果如图6-34所示。

图6-34 实例效果

扫码看视频	素材文件	素材\第6章\书籍.jpg、文字1.psd、文字2.psd
	效果文件	效果\第6章\新品上市活动H5页面设计.psd、新品上市活动H5页面设计.jpg
	视频文件	视频\第6章\6.2 实战——新品上市活动H5页面设计.mp4

6.2.1 制作浅色条纹背景效果

下面详细介绍制作浅色条纹背景效果的方法。

步骤 01 单击“文件”|“新建”命令，弹出“新建”对话框，设置“名称”为“新品上市活动H5页面设计”、“宽度”为1080像素、“高度”为1920像素、“分辨率”为300像素/英寸、“颜色模式”为“RGB颜色”、“背景内容”为“白色”，如图6-35所示。单击“创建”按钮，新建一个空白图像。

步骤 02 展开“图层”面板，新建“图层1”图层，如图6-36所示。

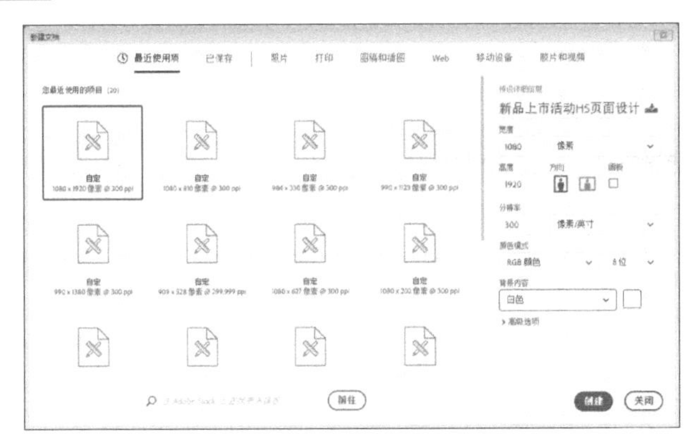

图6-35 设置各选项

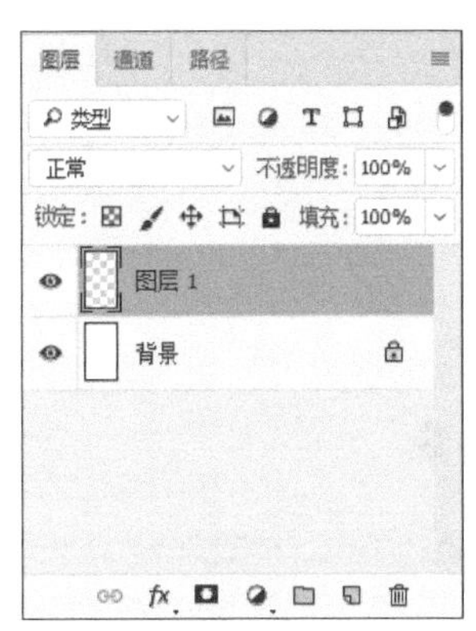

图6-36 新建“图层1”图层

专家指点

在Photoshop中新建图层的方式有很多，以下列举了4种常用的方法。

按钮：单击“图层”面板底部的“创建新图层”按钮，即可新建图层。

快捷键：按【Ctrl+J】组合键，即可快速复制选中的图层，得到一个新图层。

运用“通过拷贝的图层”命令：如果在图像中创建了选区，可以在选区内单击鼠标右键，在弹出的快捷菜单中选择“通过拷贝的图层”命令，即可将选区内的图像复制到一个新的图层中。

运用“通过剪切的图层”命令：在图像中创建了选区后，可以在选区内单击鼠标右键，在弹出的快捷菜单中选择“通过剪切的图层”命令，即可将选区内的图像剪切到一个新的图层中。

步骤 03 设置前景色为浅绿色（RGB参数值分别为229、237、228），为“图层1”图层填充前景色，效果如图6-37所示。

步骤 04 单击“滤镜”|“杂色”|“添加杂色”命令，弹出“添加杂色”对话框，设置“数量”为7%，选中“高斯分布”单选按钮和“单色”复选框，单击“确定”按钮，即可为图像添加杂色，效果如图6-38所示。

图6-37 填充颜色

图6-38 添加杂色

步骤 05 单击“滤镜”|“模糊”|“动感模糊”命令，弹出“动感模糊”对话框，设置“角度”为90度、“距离”为2000像素，如图6-39所示。

步骤 06 单击“确定”按钮，即可应用“动感模糊”滤镜，效果如图6-40所示。

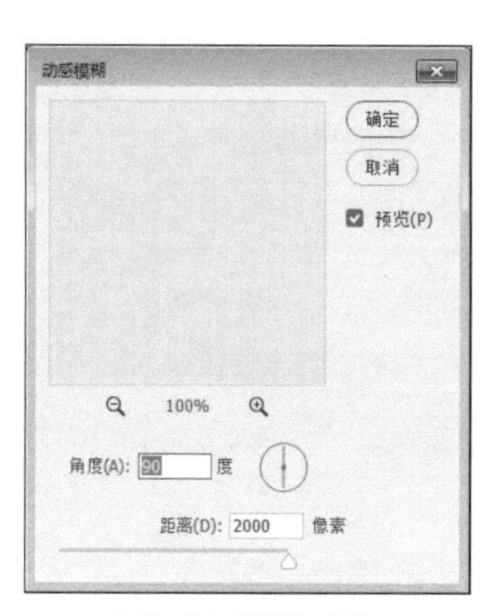

图6-39 设置各参数

图6-40 应用“动感模糊”滤镜

步骤 07 单击“滤镜”|“滤镜库”命令，打开滤镜库，选择“调色刀”滤镜，并设置“描边大小”为20、“描边细节”为1、“软化”为9，如图6-41所示。

步骤 08 单击“确定”按钮，即可应用“调色刀”滤镜，效果如图6-42所示。

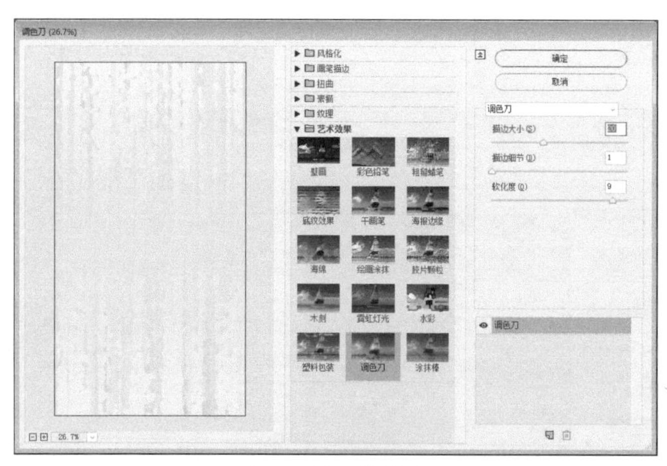

图6-41 设置各参数

图6-42 应用“调色刀”滤镜

6.2.2 制作书籍与装饰效果

下面详细介绍制作书籍与装饰效果的方法。

步骤 01 选取工具箱中的矩形工具，在工具属性栏中设置“选择工具模式”为“形状”、

“填充”为绿色（RGB参数值分别为48、134、43）、“描边”为深绿色（RGB参数值分别为26、75、21）、“描边宽度”为1像素，在图像编辑窗口中的适当位置绘制一个矩形形状，效果如图6-43所示。

步骤 02 按【Ctrl+J】组合键，复制“矩形1”图层，得到“矩形1拷贝”图层，如图6-44所示。

图6-43 绘制矩形形状

图6-44 得到“矩形1拷贝”图层

步骤 03 按【Ctrl+T】组合键，调出变换控制框，适当调整图像的位置，并按【Enter】键确认变换，如图6-45所示。

步骤 04 按【Shift+Ctrl+Alt+T】组合键，重复变换3次，效果如图6-46所示。

图6-45 确认变换

图6-46 重复变换

步骤 05 在“图层”面板中选中相应图层，如图6-47所示。

步骤 06 按【Ctrl+G】组合键，对图层进行编组，得到“组1”图层组，如图6-48所示。

图6-47 选中相应图层

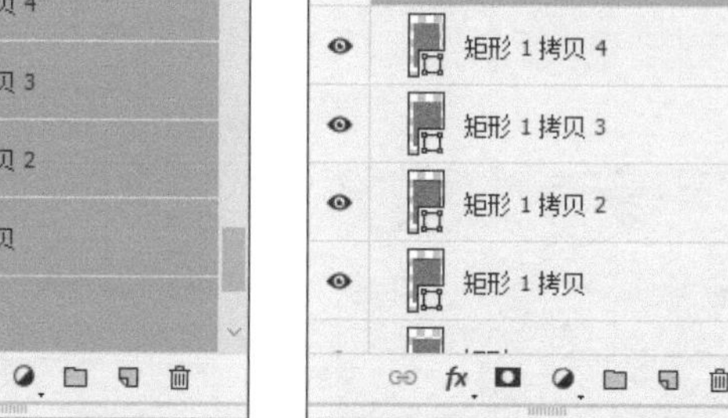

图6-48 得到“组1”图层组

步骤 07 选取工具箱中的矩形选框工具，在图像编辑窗口中绘制一个矩形选框，如图6-49所示。

步骤 08 新建图层，设置前景色为白色（RGB参数值均为255），为选区填充白色，并取消选区，效果如图6-50所示。

图6-49 绘制矩形选框

图6-50 取消选区

步骤 09 按【Ctrl+O】组合键，打开“书籍.jpg”素材图像，运用移动工具将素材图像拖曳至背景图像编辑窗口中，适当调整图像的位置，效果如图6-51所示。

步骤 10 选取工具箱中的自定形状工具，在工具属性栏中设置“填充”为绿色（RGB参数值分别为48、134、43）、“描边”为无、“形状”为“方块形卡”，在图像编辑窗口中的适当位置绘制一个形状，效果如图6-52所示。

图6-51 拖曳图像

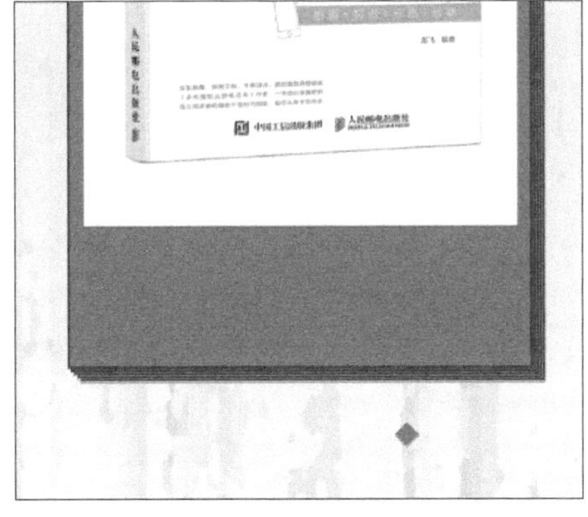

图6-52 绘制形状

步骤 11 复制“形状1”图层，得到“形状1拷贝”图层，在工具属性栏中设置“填充”为白色（RGB参数值均为255），效果如图6-53所示。

步骤 12 复制“形状1”图层与“形状1拷贝”图层，并将复制后的图像移动至合适位置，效果如图6-54所示。

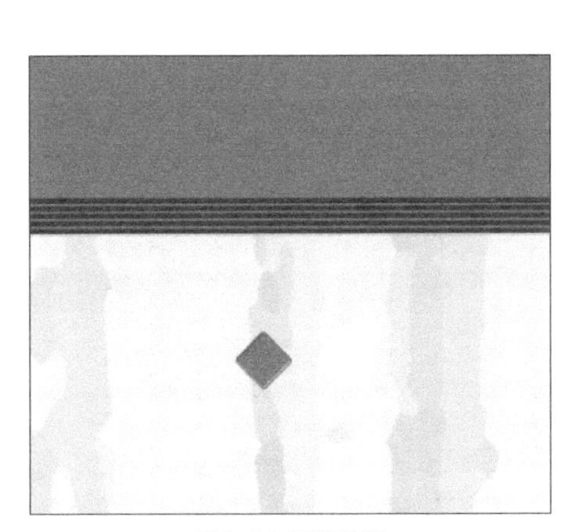

图6-53 图像效果

图6-54 复制并移动图像

6.2.3 制作新品上市文字效果

下面详细介绍制作新品上市文字效果的方法。

步骤 01 按【Ctrl+O】组合键，打开“文字1.psd”素材图像，运用移动工具将素材图像拖曳至背景图像编辑窗口中，适当调整图像的位置，效果如图6-55所示。

步骤 02 选取工具箱中的圆角矩形工具，在工具属性栏中设置“填充”为黄色（RGB参数值分别为255、223、46）、“描边”为无、“半径”为30像素，在图像编辑窗口中绘制一个圆角矩形，效果如图6-56所示。

图6-55 拖曳图像

图6-56 绘制圆角矩形

步骤 03 在展开的“属性”面板中，单击“将角半径值链接到一起”按钮，取消链接，设置左上角和右下角的“半径”为0，如图6-57所示。

步骤 04 此时图像编辑窗口中的效果随之改变，如图6-58所示。

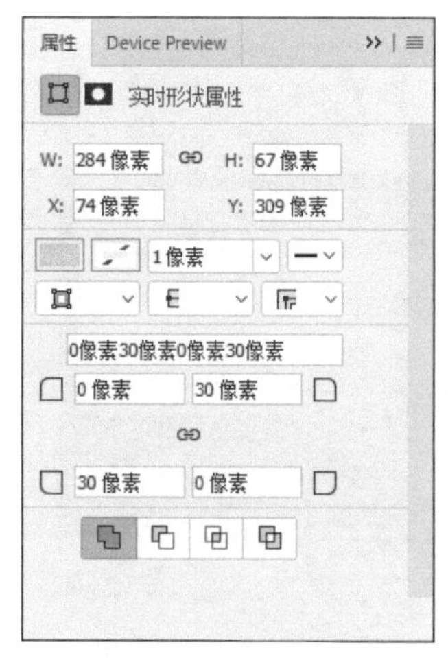

图6-57 设置“半径”参数

图6-58 图像效果

步骤 05 选取工具箱中的横排文字工具，在“字符”面板中设置“字体系列”为“黑体”、“字体大小”为10点、“设置所选字符的字距调整”为-75、“颜色”为绿色（RGB参数值分别为48、134、43），并激活仿粗体图标，在图像编辑窗口中输入文字，效果如图6-59所示。

步骤 06 选取工具箱中的横排文字工具，在“字符”面板中设置“字体系列”为“方正中倩简体”、“字体大小”为11点、“设置所选字符的字距调整”为-75、“颜色”为白色（RGB参数值均为255），并激活仿粗体图标，在图像编辑窗口中输入文字，效果如图6-60所示。

图6-59 输入文字

图6-60 输入文字

步骤 07 复制相应文字图层，移动至合适位置，在“字符”面板中设置“字体系列”为“方正细黑一简体”、“字体大小”为9点，运用横排文字工具修改文本内容，效果如图6-61所示。

步骤 08 选取工具箱中的矩形工具，在工具属性栏中设置“填充”为无、“描边”为白色（RGB参数值均为255）、“描边宽度”为2像素，在图像编辑窗口中的适当位置绘制一个矩形形状，效果如图6-62所示。

图6-61 修改文本内容

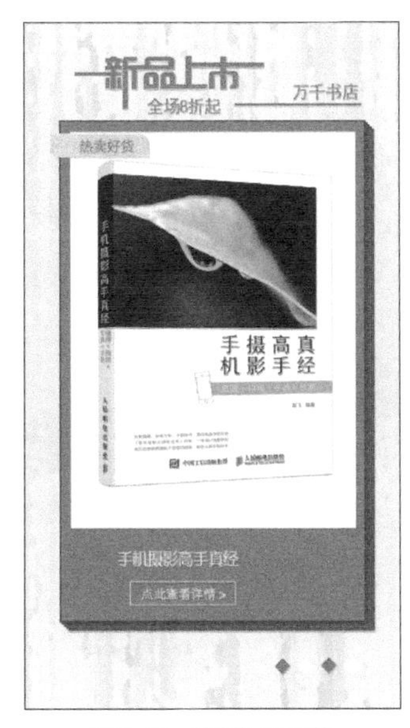

图6-62 绘制矩形形状

步骤 09 双击“矩形2”图层，打开“图层样式”对话框，选中“外发光”复选框，设置“不透明度”为50%、“扩展”为0%、“大小”为5像素，单击“确定”按钮，即可添加外发光图层样式，效果如图6-63所示。

步骤 10 选取工具箱中的矩形工具，在工具属性栏中设置“填充”为绿色（RGB参数值分别为48、134、43）、“描边”为无，在图像编辑窗口中的适当位置绘制一个矩形形状，效果如图6-64所示。

图6-63 添加图层样式

图6-64 绘制矩形形状

步骤 11 复制“矩形3”图层，得到“矩形3拷贝”图层，在工具属性栏中设置“填充”为黄色（RGB参数值分别为255、223、46），并调整图像的大小，效果如图6-65所示。

步骤 12 按【Ctrl+O】组合键，打开“文字2.psd”素材图像，运用移动工具将素材图像拖曳至背景图像编辑窗口中，适当调整图像的位置，效果如图6-66所示。

图6-65 调整图像的大小

图6-66 拖曳图像

6.3 实战——简约企业招聘H5页面设计

在制作简约企业招聘H5页面设计时，先处理背景图片并适当的合成，再运用工具绘制出主题字的外框，最后再输入招聘的具体信息，即可完成H5页面设计。

本实例最终效果如图6-67所示。

图6-67 实例效果

扫码看视频

素材文件	素材\第6章\城市夜景.jpg、标志1.psd
效果文件	效果\第6章\简约企业招聘H5页面设计.psd、简约企业招聘H5页面设计.jpg
视频文件	视频\第6章\6.3 实战——简约企业招聘H5页面设计.mp4

6.3.1 运用渐变合成背景效果

下面详细介绍运用渐变合成背景效果的方法。

步骤 01 单击“文件”|“新建”命令，弹出“新建”对话框，设置“名称”为“简约企业招聘H5页面设计”、“宽度”为1080像素、“高度”为1920像素、“分辨率”为300像素/英寸、“颜色模式”为“RGB颜色”、“背景内容”为“白色”，如图6-68所示。单击“创建”按钮，新建一个空白图像。

步骤 02 按【Ctrl+O】组合键，打开“城市夜景.jpg”素材图像，如图6-69所示。

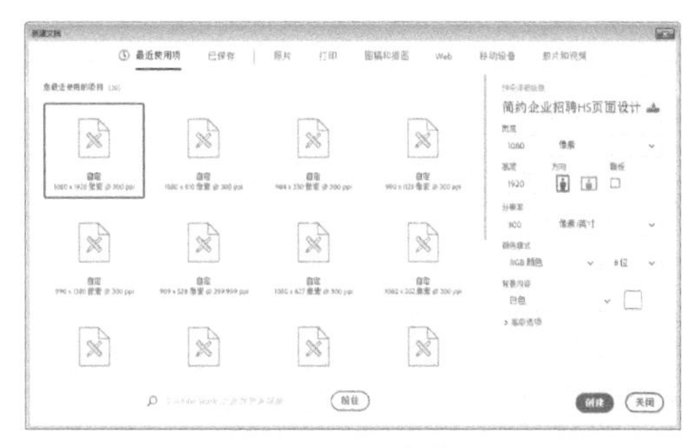

图6-68 设置各选项

图6-69 素材图像

步骤03 单击“窗口”|“调整”命令，展开调整面板，在“调整”面板中单击“曲线”按钮，如图6-70所示。

步骤04 新建“曲线1”调整图层，展开“属性”面板，在曲线上单击鼠标左键新建一个控制点，在下方设置“输入”为10、“输出”为0，如图6-71所示。

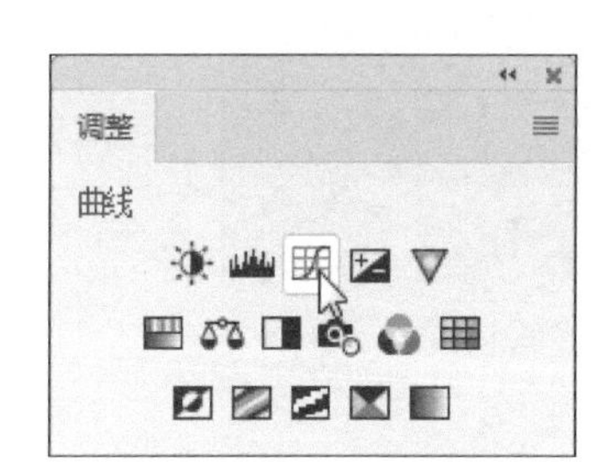

图6-70 单击“曲线”按钮

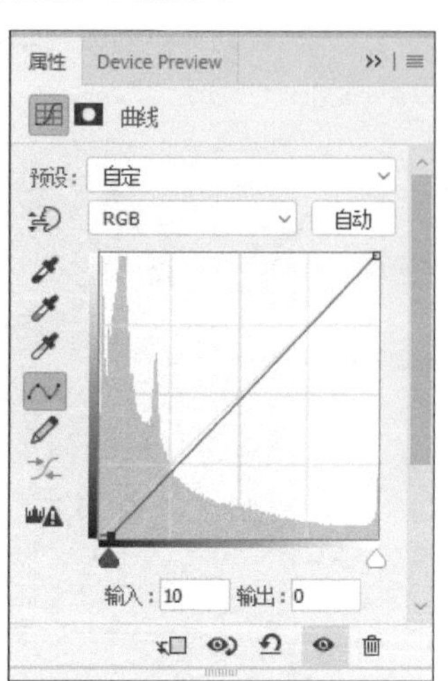

图6-71 设置各参数

步骤05 在右侧再次新建一个控制点，在下方设置“输入”为190、“输出”为255，效果如图6-72所示。

步骤06 在“调整”面板中单击“自然饱和度”按钮，新建“自然饱和度1”调整图层，在“属性”面板中，设置“自然饱和度”为70、“饱和度”为14，如图6-73所示。

图6-72 图像效果

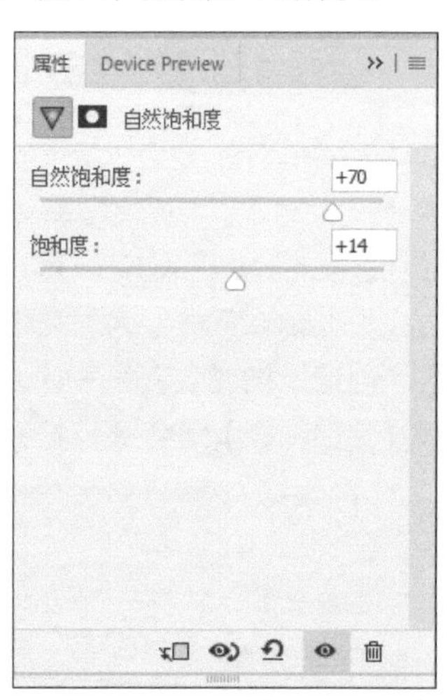

图6-73 设置各参数

步骤07 调整图像整体的饱和度，使色彩更加鲜艳，效果如图6-74所示。

步骤08 按【Shift+Ctrl+N】组合键，弹出“新建图层”对话框，设置“模式”为“柔光”，并选中“填充柔光中性色”复选框，如图6-75所示。

图6-74 图像效果

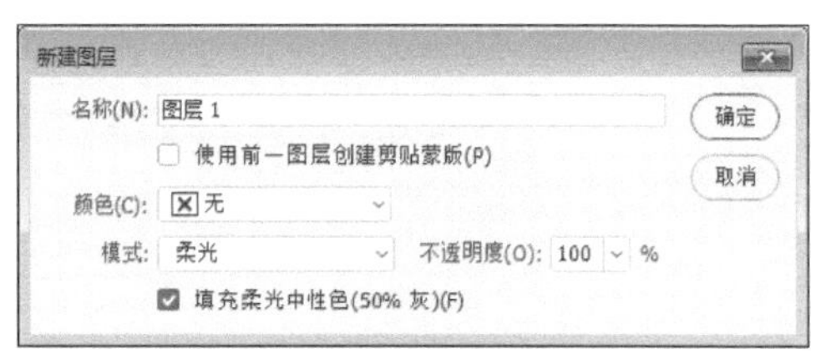

图6-75 设置各选项

步骤 09 单击“确定”按钮，即可新建“图层1”图层，如图6-76所示。

步骤 10 选取工具箱中的画笔工具，设置“大小”为50像素、“硬度”为0%，并设置前景色为深灰色（RGB参数值均为30），在图像编辑窗口的灯光部分适当涂抹，降低灯光的亮度，效果如图6-77所示。

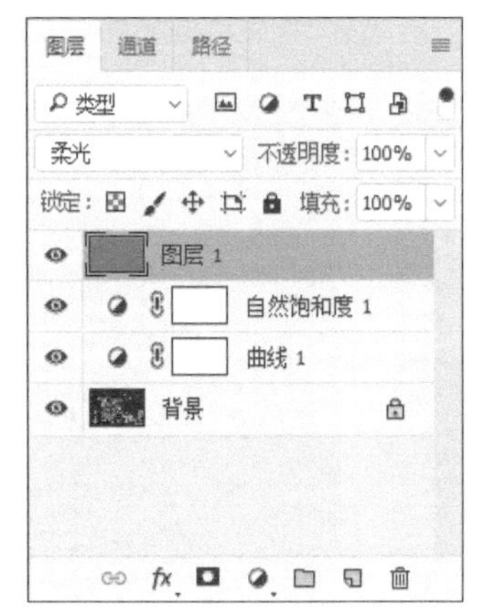

图6-76 新建“图层1”图层

图6-77 涂抹图像

步骤 11 按【Shift＋Ctrl＋Alt＋E】组合键，盖印可见图层，得到“图层2”图层，运用移动工具将盖印的图像拖曳至背景图像编辑窗口中，适当调整图像的位置，效果如图6-78所示。

步骤 12 设置前景色为蓝色（RGB参数值分别为53、78、211）。同时，设置背景色为深蓝色（RGB参数值分别为2、2、18），如图6-79所示。

图6-78 拖曳图像

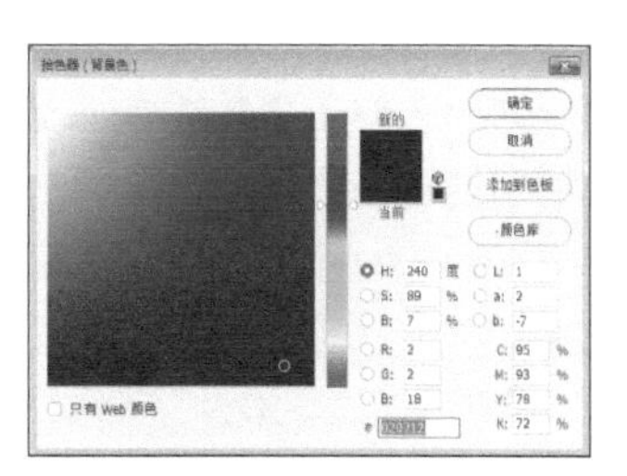

图6-79 设置各参数

步骤 13 选取工具箱中的渐变工具，设置“渐变样式”为“前景色到背景色渐变”，如图6-80所示。

步骤 14 单击“确定”按钮，在“背景”图层在上方新建“图层2”图层，如图6-81所示。

图6-80 设置“渐变样式”

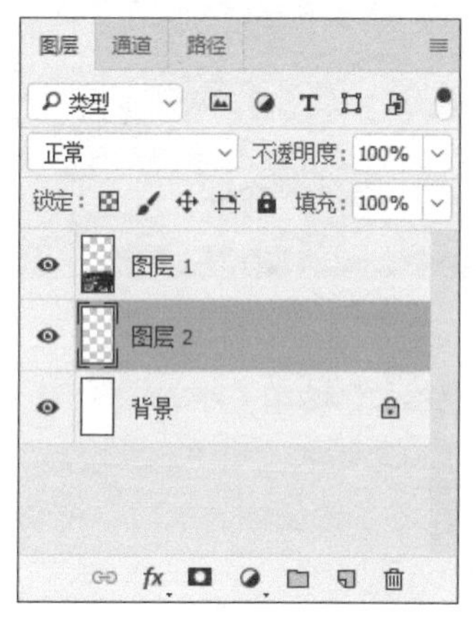

图6-81 新建“图层2”图层

步骤 15 将鼠标指针移动至图像编辑窗口中适当位置，从上到下拖曳填充渐变色，效果如图6-82所示。

步骤 16 选取工具箱中的橡皮擦工具，在工具属性栏中设置“硬度”为0%、“不透明度”为50%，适当擦除“图层1”图层的上部边缘，使其与背景相融，让整体更和谐，效果如图6-83所示。

图6-82 填充渐变色

图6-83 擦除图像

6.3.2 制作六边形框架与文字效果

下面详细介绍制作六边形框架与文字效果的方法。

步骤 01 选取工具箱中的多边形工具，在工具属性栏中设置“填充”为无、“描边”为白色（RGB参数值均为255）、“描边宽度”为6像素、“边”为6，按住【Shift】键的同时，在图像编辑窗口中的适当位置绘制一个六边形形状，如图6-84所示。

步骤 02 选取工具箱中的直线工具，在工具属性栏中设置“选择工具模式”为“形状”、“粗细”为6像素、“填充”为白色，按住【Shift】键的同时，绘制一个直线形状，效果如图6-85所示。

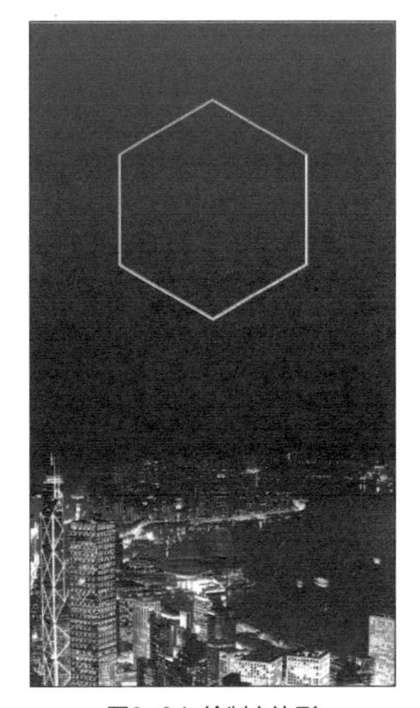

图6-84 绘制六边形

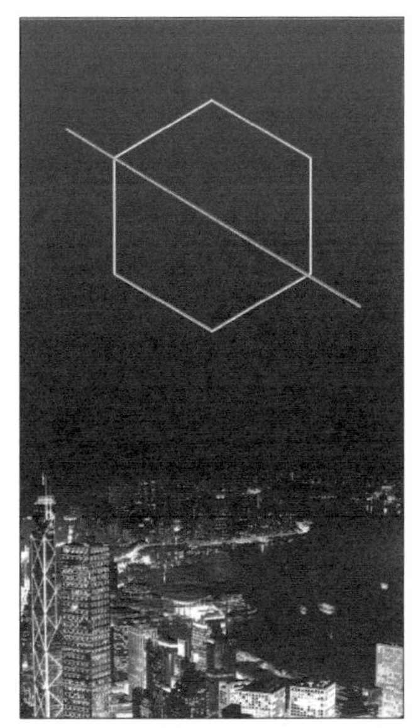

图6-85 绘制直线

步骤03 在“图层”面板中选择“形状1”图层，并将其栅格化，选取工具箱中的橡皮擦工具，在工具属性栏中设置“硬度”为100%、“不透明度”为100%，适当擦除部分图像，效果如图6-86所示。

步骤04 选取工具箱中的横排文字工具，在“字符”面板中设置“字体系列”为“方正细黑一简体”、“字体大小”为62点、“设置所选字符的字距调整”为-75、“颜色”为白色（RGB参数值均为255），并激活仿粗体图标，如图6-87所示。

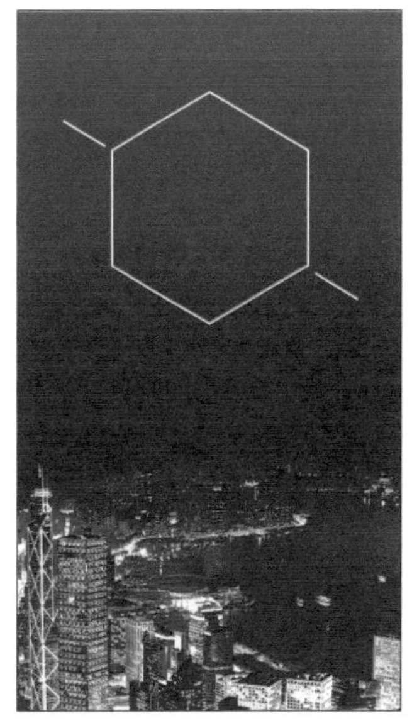

图6-86 擦除部分图像

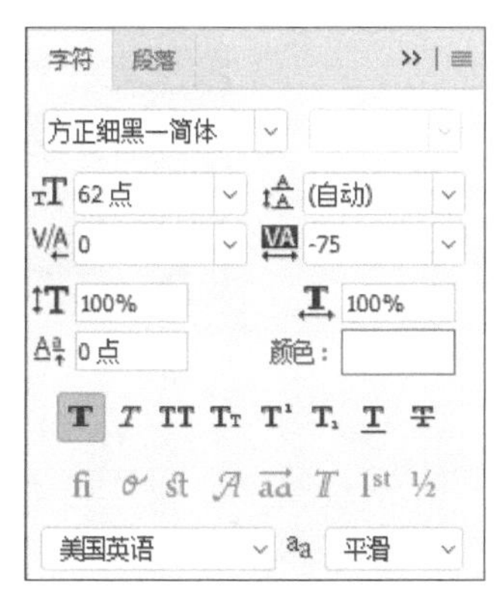

图6-87 设置各选项

步骤 05 在图像编辑窗口中输入文字，并运用移动工具调整其位置，如图6-88所示。

步骤 06 选取工具箱中的横排文字工具，在“字符”面板中设置“字体系列”为“方正细黑一简体”、“字体大小”为11点、“设置所选字符的字距调整”为300、“颜色”为白色（RGB参数值均为255），并激活仿粗体图标，在图像编辑窗口中输入文字，效果如图6-89所示。

图6-88 输入文字

图6-89 输入文字

6.3.3 制作招聘信息效果

下面详细介绍制作招聘信息效果的方法。

步骤 01 选取工具箱中的横排文字工具，在“字符”面板中设置“字体系列”为“方正细黑一简体”、“字体大小”为11点、“行距”为16、“设置所选字符的字距调整”为300、“颜色”为淡蓝色（RGB参数值分别为179、191、255），在图像编辑窗口中输入文字，效果如图6-90所示。

步骤 02 设置英文的“字体大小”为7点，并按【Ctrl+Enter】组合键确认输入，效果如图6-91所示。

图6-90 输入文字

图6-91 确认输入

步骤 03 选取工具箱中的横排文字工具，在“字符”面板中设置“字体系列”为“方正兰亭超细黑简体”、“字体大小”为17点、“行距”为24、“颜色”为白色（RGB参数值均为255），并激活仿粗体图标，在图像编辑窗口中输入文字，并设置中文的“字体大小”为22点，效果如图6-92所示。

步骤 04 按【Ctrl+O】组合键，打开“标志1.psd”素材图像，运用移动工具将素材图像拖曳至背景图像编辑窗口中，适当调整图像的位置，效果如图6-93所示。

图6-92 输入文字并设置不同字体的大小

图6-93 拖曳图像

6.4 实战——微信口令红包H5页面设计

在制作微信口令红包H5页面设计时，运用路径做出红包的封口，用图层样式做出光照效果，再绘制出按钮，最后再将图层编组，并拖曳至素材图像的图像编辑窗口中，即可完成H5页面设计。

本实例最终效果如图6-94所示。

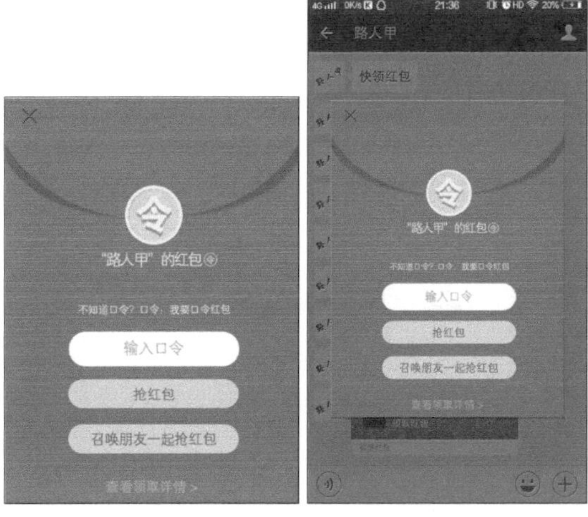

图6-94 实例效果

扫码看视频

素材文件	素材\第6章\红包.jpg、按钮.psd、手机界面.jpg
效果文件	效果\第6章\微信口令红包H5页面设计.psd、微信口令红包H5页面设计.jpg
视频文件	视频\第6章\6.4 实战——微信口令红包H5页面设计.mp4

6.4.1 制作口令红包效果

下面详细介绍制作口令红包效果的方法。

步骤 01 单击“文件”|“打开”命令，打开“红包.jpg”素材图像，如图6-95所示。

步骤 02 展开“路径”面板，选择“路径1”路径，如图6-96所示。

图6-95 素材图像

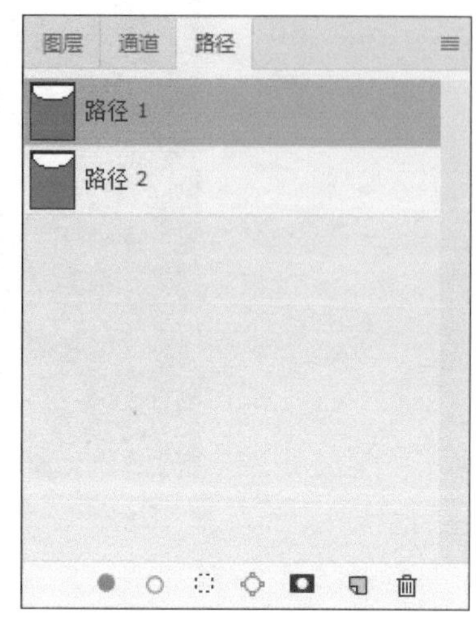

图6-96 选择“路径1”路径

步骤 03 按【Ctrl+Enter】组合键将路径转换为选区，并新建一个图层，如图6-97所示。

步骤 04 设置前景色为深红色（RGB参数值分别为226、53、41），为选区填充前景色，并取消选区，效果如图6-98所示。

图6-97 将路径转换为选区

图6-98 取消选区

步骤 05 用与上面同样的方法制作出红包的封口部分，并填充红色（RGB参数值分别为254、95、94），调整图层的顺序，效果如图6-99所示。

步骤 06 选取工具箱中的椭圆工具，在工具属性栏中设置“填充”为无、“描边”为黄色（RGB参数值分别为254、245、89）、“描边宽度”为10像素，在图像编辑窗口中绘制一个正圆，效果如图6-100所示。

图6-99 图像效果

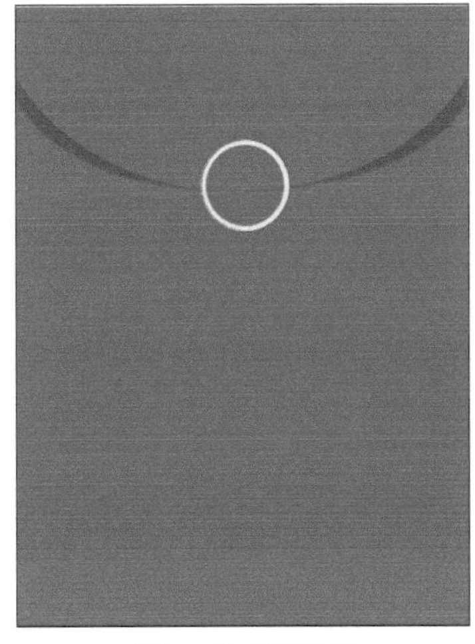

图6-100 绘制正圆

步骤 07 复制“椭圆1”图层，得到“椭圆1拷贝”图层，适当调整其大小，并在“属性”面板中，设置“填充”为黄色（RGB参数值分别为251、218、47）、“描边”为无，效果如图6-101所示。

步骤 08 双击“椭圆1拷贝”图层，弹出“图层样式”对话框，选中“斜面和浮雕”复选框，设置“大小”为5像素、“角度”为-43度、“高度”为23度、“阴影颜色”为黄色（RGB参数值分别为251、218、47），如图6-102所示。

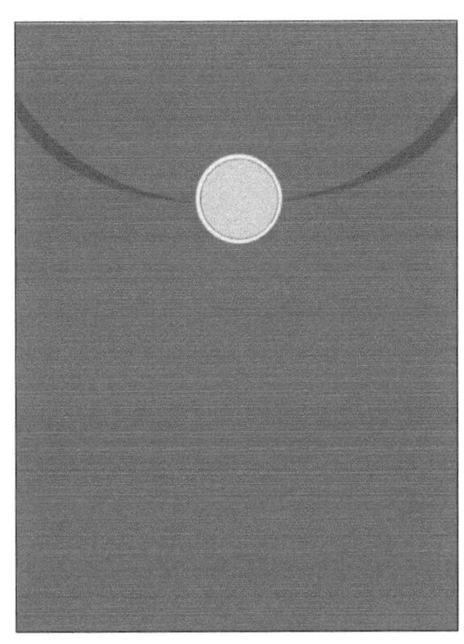

图6-101 图像效果

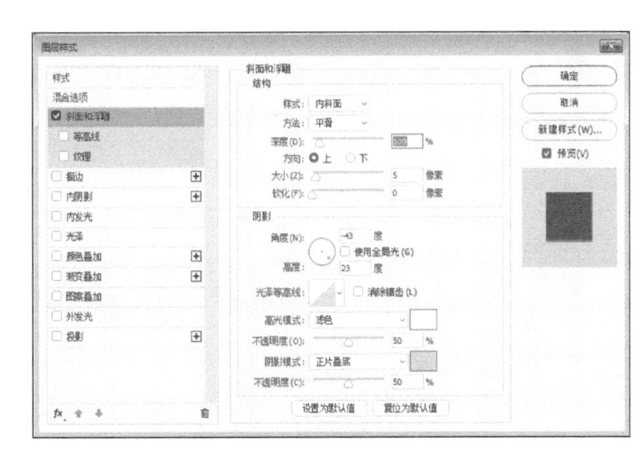

图6-102 设置各选项

步骤 09 单击“确定”按钮，即可应用图层样式，效果如图6-103所示。

步骤 10 选取工具箱中的横排文字工具，在“字符”面板中设置“字体系列”为“方正大黑简体”、“字体大小”为28点、“颜色”为黄色（RGB参数值分别为254、245、89），并激活仿粗体图标，在图像编辑窗口中输入文字，效果如图6-104所示。

图6-103 应用图层样式

图6-104 输入文字

步骤 11 单击“图层”面板底部的“添加图层样式”按钮，并在弹出的快捷菜单中选择“投影”选项，打开“图层样式”对话框，设置“阴影颜色”为暗黄色（RGB参数值分别为200、136、0）、“不透明度”为70%、“角度”为90、“距离”为10像素、“扩展”为0%、“大小”为2像素，如图6-105所示。

步骤 12 单击“确定”按钮，即可添加投影图层样式，效果如图6-106所示。

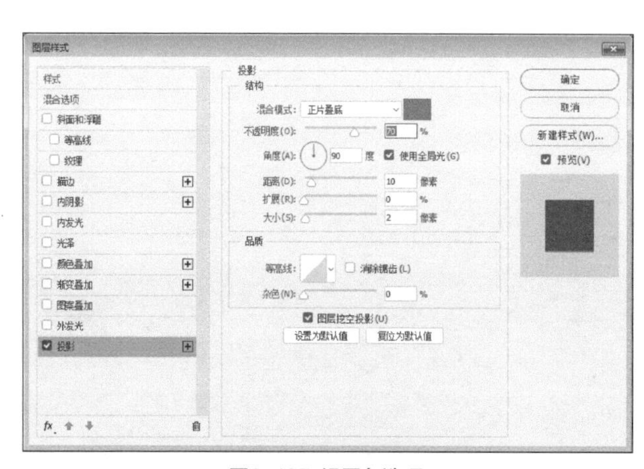

图6-105 设置各选项

图6-106 添加投影图层样式

6.4.2 制作多个按钮效果

下面详细介绍制作多个按钮效果的方法。

步骤 01 选取工具箱中的横排文字工具，在“字符”面板中设置“字体系列”为“方正细黑一简体”、“字体大小”为12点、“设置所选字符的字距调整”为-200、“颜色”为黄色（RGB参数值分别为254、245、89），并激活仿粗体图标，在图像编辑窗口中输入文字，效果如图6-107所示。

步骤 02 选取工具箱中的椭圆工具，在工具属性栏中设置“填充”为无、“描边”为黄色（RGB参数值分别为254、245、89）、“描边宽度”为2像素，在图像编辑窗口中绘制一个椭圆，效果如图6-108所示。

图6-107 输入文字

图6-108 绘制椭圆

步骤 03 复制刚刚输入的文字，运用移动工具将其移动至合适位置，设置“字体大小”为7点，用横排文字工具修改文本内容，效果如图6-109所示。

步骤 04 选取工具箱中的横排文字工具，在“字符”面板中设置“字体系列”为“方正细黑一简体”、“字体大小”为8点、“设置所选字符的字距调整”为-100、“颜色”为白色（RGB参数值均为244），并激活仿粗体图标，在图像编辑窗口中输入文字，效果如图6-110所示。

图6-109 修改文本内容

图6-110 输入文字

步骤 05 选取工具箱中的圆角矩形工具，在工具属性栏中设置“填充”为白色（RGB参数值均为255）、“描边”为无、“半径”为50像素，在图像编辑窗口中绘制一个圆角矩形，效果如图6-111所示。

步骤 06 选取工具箱中的横排文字工具，在“字符”面板中设置“字体系列”为“方正细黑一简体”、“字体大小”为10点、“设置所选字符的字距调整”为-100、“颜色”为灰色

（RGB参数值均为169），并激活仿粗体图标，在图像编辑窗口中输入文字，效果如图6-112所示。

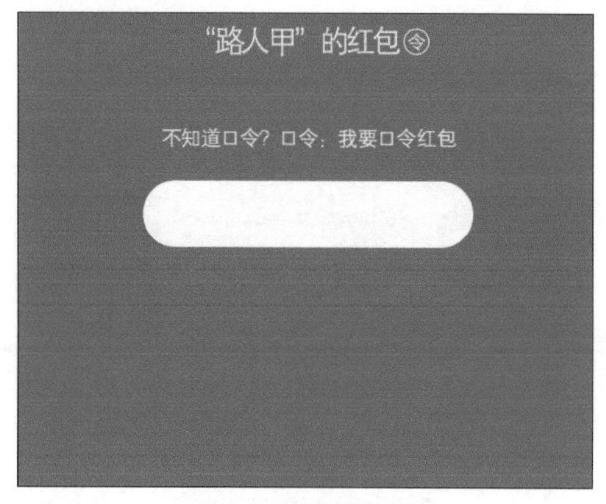

图6-111 绘制圆角矩形

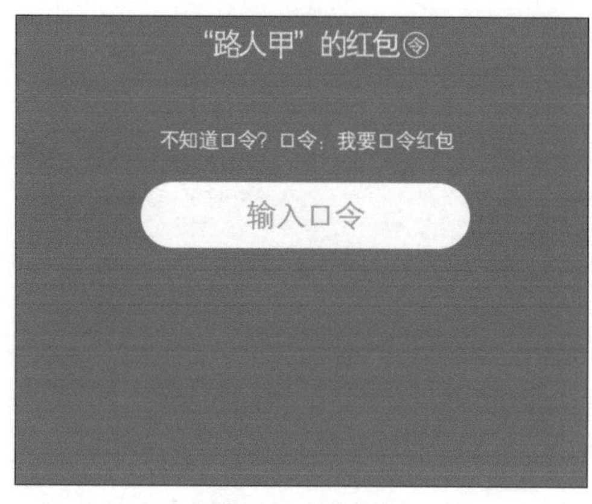

图6-112 输入文字

步骤 07 按【Ctrl+O】组合键，打开“按钮.psd”素材图像，运用移动工具将素材图像拖曳至背景图像编辑窗口中，适当调整图像的位置，效果如图6-113所示。

步骤 08 选取工具箱中的直线工具，在工具属性栏中设置“选择工具模式”为“形状”、“填充”为暗红色（RGB参数值分别为148、61、42）、“粗细”为5像素，在图像的左上角绘制一个直线形状，效果如图6-114所示。

图6-113 拖曳图像

图6-114 绘制直线

步骤 09 复制“形状1”图层，得到“形状1拷贝”图层，按【Ctrl+T】组合键，调出变换控制框，在控制框中单击鼠标右键，在弹出的快捷菜单中选择“水平翻转”选项，如图6-115所示。

步骤 10 执行上述操作后，即可水平翻转图像，按【Enter】键确认变换，效果如图6-116所示。

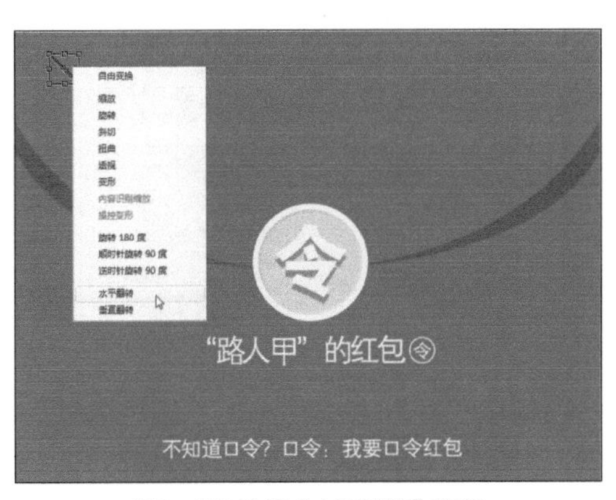

图6-115 选择“水平翻转”选项

图6-116 确认变换

6.4.3 制作口令红包界面效果

下面详细介绍制作口令红包界面效果的方法。

步骤 01 删除“背景”图层右侧的锁图标，选中所有图层，按【Ctrl+G】组合键，为图层编组，得到“组1”图层组，如图6-117所示。

步骤 02 按【Ctrl+O】组合键，打开“手机界面.jpg”素材图像，如图6-118所示。

图6-117 得到“组1”图层组

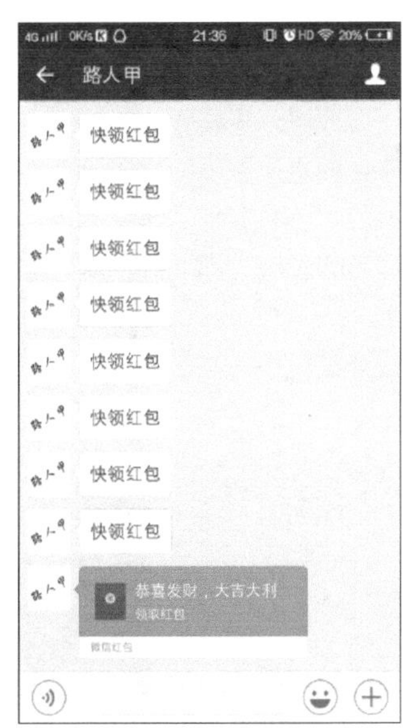

图6-118 素材图像

步骤 03 新建一个图层，运用矩形选框工具绘制一个矩形选框，并填充黑色，设置图层的“不透明度”为50%，取消选区，效果如图6-119所示。

步骤 04 运用移动工具将图层组的图像拖曳至“手机界面”图像编辑窗口中，适当调整图像的位置，效果如图6-120所示。

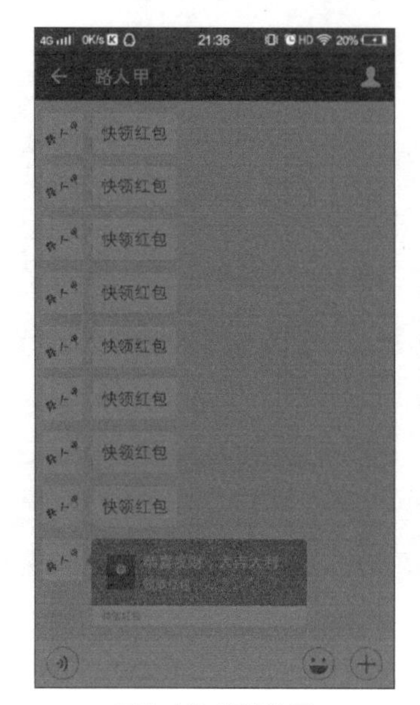

图6-119 取消选区

图6-120 拖曳图像

6.5 实战——企业邀请函H5页面设计

在制作企业邀请函H5页面设计时，运用矩形选框工具和“自由变换”命令制作出背景，再绘制出邀请函的边框，拖入文字素材并添加“渐变叠加”图层样式，最后再添加适当的装饰，即可完成H5页面设计。

本实例最终效果如图6-121所示。

图6-121 实例效果

扫码看视频	
素材文件	素材\第6章\边框.psd、标志2.psd、金币.psd、文字3.psd、标志3.jpg、花纹.psd
效果文件	效果\第6章\企业邀请函H5页面设计.psd、企业邀请函H5页面设计.jpg
视频文件	视频\第6章\6.5 实战——企业邀请函H5页面设计.mp4

6.5.1 制作欧式边框背景效果

下面详细介绍制作欧式边框背景效果的方法。

步骤 01 单击“文件”|“新建”命令，弹出“新建”对话框，设置“名称”为“企业邀请函H5页面设计”、“宽度”为1080像素、“高度”为1920像素、“分辨率”为300像素/英寸、“颜色模式”为“RGB颜色”、“背景内容”为“白色”，如图6-122所示。单击“创建”按钮，新建一个空白图像。

步骤 02 展开“图层”面板，新建“图层1”图层，设置前景色为黑色（RGB参数值均为0），为“图层1”图层填充黑色，如图6-123所示。

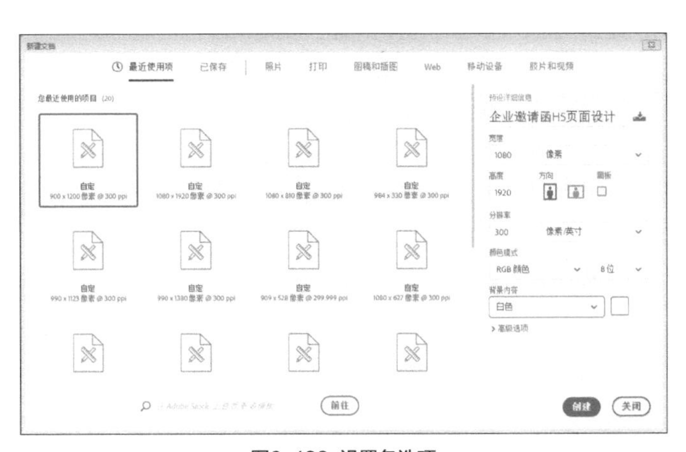

图6-122 设置各选项

图6-123 填充颜色

步骤 03 按【Ctrl+O】组合键，打开“边框.psd”素材图像，运用移动工具将素材图像拖曳至背景图像编辑窗口中，适当调整图像的位置，效果如图6-124所示。

步骤 04 复制“边框”图层，得到“边框 拷贝”图层，垂直翻转拷贝的图像，并移动至合适位置，效果如图6-125所示。

图6-124 拖曳图像

图6-125 移动图像

步骤05 选中“边框”图层，选取工具箱中的矩形选框工具，在图像编辑窗口中绘制一个矩形选框，效果如图6-126所示。

步骤06 按【Ctrl+T】组合键，调出变换控制框，适当调整选区内图像的大小，效果如图6-127所示。

图6-126 绘制矩形选框

图6-127 调整选区内图像大小

步骤07 在变换控制框内双击鼠标左键，即可确认变换，按【Ctrl+D】组合键，取消选区，效果如图6-128所示。

步骤08 用与上面同样的方法制作出另一侧的边框，效果如图6-129所示。

图6-128 取消选区

图6-129 图像效果

步骤09 选中“边框 拷贝”图层，运用橡皮擦工具擦去底部中间的装饰图案，效果如图6-130所示。

步骤 10 运用矩形选框工具和“自由变换”调整图像，效果如图6-131所示。

图6-130 擦除图像

图6-131 调整图像

6.5.2 制作标志与邀请信息效果

下面详细介绍制作标志与邀请信息效果的方法。

步骤 01 单击“文件”|“打开”命令，打开“标志2.psd”素材图像，运用移动工具将素材图像拖曳至背景图像编辑窗口中，适当调整图像的位置，效果如图6-132所示。

步骤 02 选取工具箱中的渐变工具，打开“渐变编辑器”对话框，在渐变条上设置暗黄、金色、浅黄、金色、暗黄的渐变（RGB参数值分别为153、81、35；236、198、43；247、240、181），并单击“新建”按钮，新建渐变预设，如图6-133所示。

图6-132 拖曳图像

图6-133 新建渐变预设

步骤 03 选取工具箱中的矩形工具，在工具属性栏中设置“填充”为无、“描边”为渐变，在“渐变”选项区中选择新建的暗黄、金色、浅黄、金色、暗黄的渐变色，设置“旋转渐变”为51，如图6-134所示。

步骤 04 继续设置“描边宽度”为4像素，并在图像编辑窗口中绘制一个矩形，效果如图6-135所示。

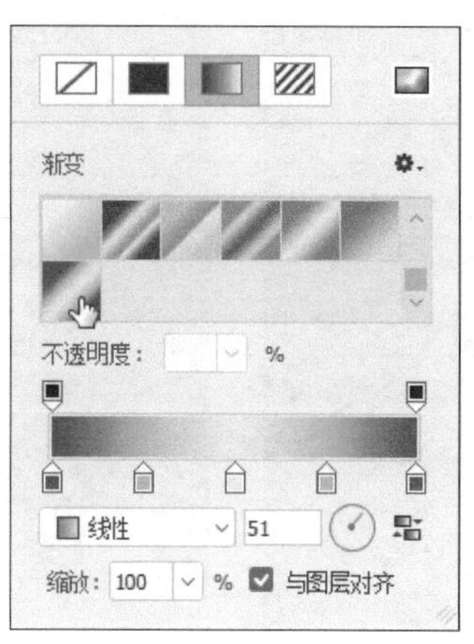

图6-134 选择相应渐变色

图6-135 绘制矩形

步骤 05 复制“矩形1”图层，按【Ctrl+T】组合键，调出变换控制框，按住【Shift+Alt】组合键的同时，从中心缩小图像，并按【Enter】键确认变换，效果如图6-136所示。

步骤 06 选取工具箱中的矩形工具，在工具属性栏中设置“填充”为渐变，在“渐变”选项区中选择新建的暗黄、金色、浅黄、金色、暗黄的渐变色，设置“旋转渐变”为0、“描边”为无，在图像编辑窗口中绘制一个矩形，效果如图6-137所示。

图6-136 缩小图像

图6-137 绘制矩形

步骤 07 复制“矩形2”图层，并适当调整拷贝图像的位置，效果如图6-138所示。

步骤08 按【Ctrl+O】组合键，打开“金币.psd”素材图像，运用移动工具将素材图像拖曳至背景图像编辑窗口中，适当调整图像的位置，效果如图6-139所示。

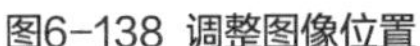
图6-138 调整图像位置

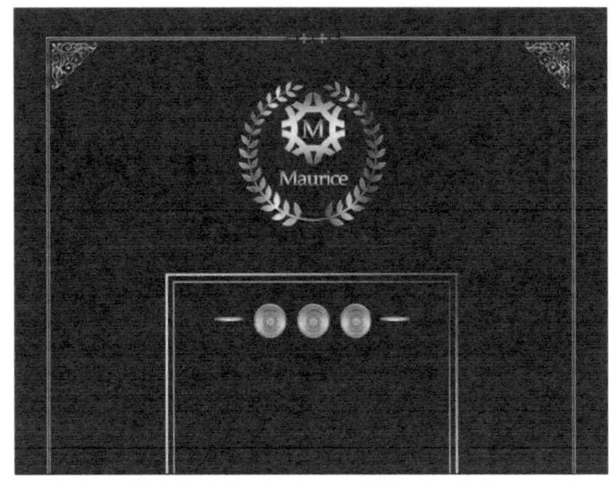

图6-139 拖曳图像

步骤09 按【Ctrl+O】组合键，打开“文字3.psd”素材图像，运用移动工具将素材图像拖曳至背景图像编辑窗口中，适当调整图像的位置，效果如图6-140所示。

步骤10 双击“文字”图层组，弹出“图层样式”对话框，选中“渐变叠加”复选框，选择新建的暗黄、金色、浅黄、金色、暗黄的渐变色，并设置“角度”为0度，单击“确定”按钮，效果如图6-141所示。

图6-140 拖曳图像

图6-141 添加图层样式

6.5.3 制作底部装饰效果

下面详细介绍制作底部装饰效果的方法。

步骤01 选取工具箱中的矩形选框工具，在图像编辑窗口中绘制一个矩形选框，如图6-142所示。

步骤02 选取工具箱中的渐变工具，打开“渐变编辑器”对话框，在渐变条上设置金色、黄色、暗黄、黄色、金色的渐变（RGB参数值分别为201、151、15；225、220、59；147、106、16），如图6-143所示。

图6-142 绘制矩形选框

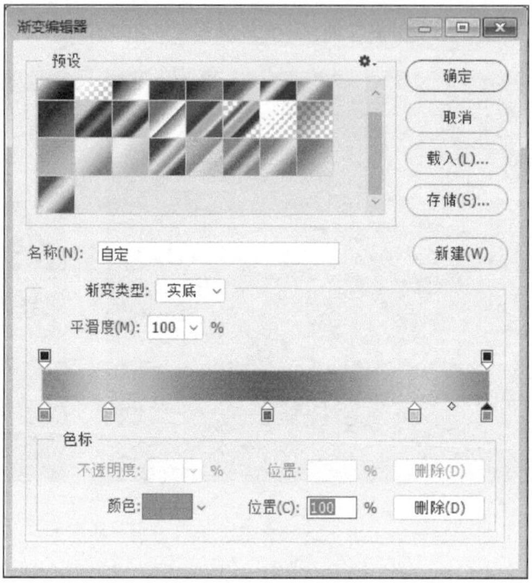

图6-143 设置渐变色

步骤03 单击“确定”按钮，新建图层，在选区内从左至右填充线性渐变色，并取消选区，效果如图6-144所示。

步骤04 按【Ctrl+O】组合键，打开“标志3.jpg”素材图像，按【Ctrl+J】组合键，复制“背景”图层，得到“图层1”图层，并隐藏“背景”图层，如图6-145所示。

图6-144 取消选区

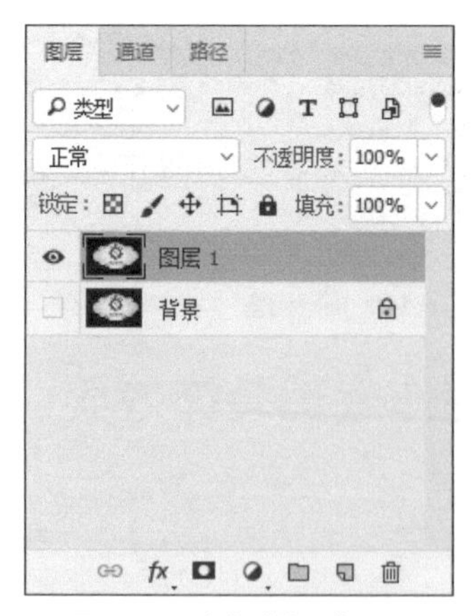

图6-145 隐藏“背景”图层

步骤05 选取工具箱中的魔棒工具，在工具属性栏中设置“容差”为30，在图像编辑窗口中的背景区域单击鼠标左键，创建选区，按【Delete】键，删除选区内的图像，效果如图6-146所示。

步骤 06 按【Ctrl+D】组合键，取消选区，运用移动工具将素材图像拖曳至背景图像编辑窗口中，适当调整图像的位置，效果如图6-147所示。

图6-146 删除选区内的图像

图6-147 拖曳图像

步骤 07 按【Ctrl+O】组合键，打开“花纹.psd”素材图像，运用移动工具将素材图像拖曳至背景图像编辑窗口中，并在“图层”面板中，将图层调整至“文字”图层组的上方，效果如图6-148所示。

步骤 08 双击图层，为图层添加暗黄、金色、浅黄、金色、暗黄的渐变叠加图层样式，效果如图6-149所示。

图6-148 调整图层顺序

图6-149 添加图层样式

第7章

微商店铺界面设计

学习提示

以前，消费者只能在网络上选购个人商店贩卖的商品；现在，微店率先打破这种单一渠道，开创了移动商超购物这样一种全新购物模式！可以更方便、更准确地将产品信息发送到消费者手上，实现一对一精准营销！现在微店已成为非常热门的购物平台。

本章重点导航

- 实战——店招设计
- 实战——店铺公告设计
- 实战——商品简介区设计
- 实战——店铺收藏设计
- 实战——美妆微店界面设计

7.1 实战——店招设计

在进行店招设计时，使用多种滤镜制作出扁平化风格的背景图像，加上适当的文字，使整个画面显得简洁清爽。

本实例最终效果如图7-1所示。

图7-1 实例效果

扫码看视频

素材文件	素材\第7章\店招背景.jpg、标志按钮素材.psd、微店界面1.jpg
效果文件	效果\第7章\店招设计.psd、店招设计.jpg
视频文件	视频\第7章\7.1 实战——店招设计.mp4

7.1.1 制作扁平化风格背景效果

下面详细介绍制作扁平化风格背景效果的方法。

步骤01 按【Ctrl+N】组合键，弹出“新建”对话框，设置“名称”为“店招设计”、“宽度”为1080像素、“高度”为1400像素、“分辨率”为300像素/英寸、“颜色模式”为“RGB颜色”、“背景内容”为“白色”，如图7-2所示。单击“创建”按钮，新建一个空白图像。

步骤02 按【Ctrl+O】组合键，打开“店招背景.jpg”素材图像，如图7-3所示。

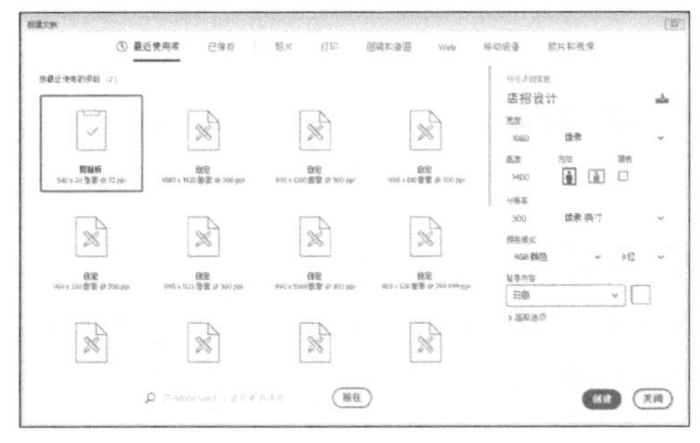

图7-2 设置各选项

图7-3 素材图像

步骤 03 按【Ctrl+J】组合键，复制“背景”图层，得到“图层1”图层，如图7-4所示。

步骤 04 执行“滤镜”|“像素化”|“彩块化”命令，将图像转化为小的彩块，效果如图7-5所示。

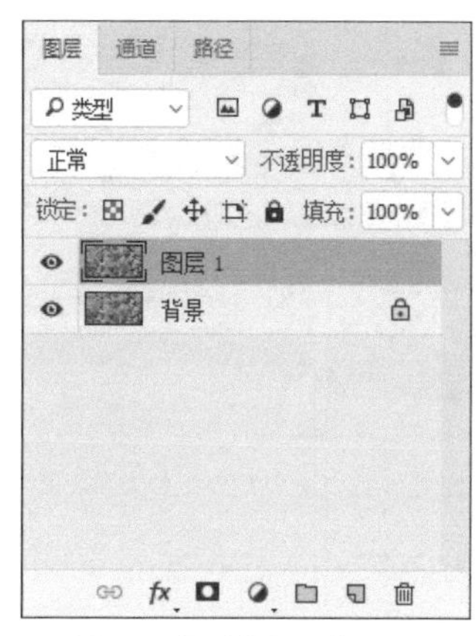

图7-4 得到“图层1”图层

图7-5 图像效果

步骤 05 设置背景色为白色，单击“滤镜”|“像素化”|“点状化”命令，打开“点状化”对话框，设置“单元格大小”为5，单击“确定”按钮，效果如图7-6所示。

步骤 06 单击“滤镜”|“滤镜库”命令，打开滤镜库，选择“海绵”滤镜效果，设置“画笔大小”为2、“清晰度”为12、“平滑度”为5，单击“确定”按钮，效果如图7-7所示。

图7-6 图像效果

图7-7 图像效果

步骤 07 单击“窗口”|“调整”命令，打开“调整”面板，在“调整”面板中单击“自然饱和度”按钮，如图7-8所示。

步骤 08 新建“自然饱和度1”调整图层，在“属性”面板中，设置“自然饱和度”为40，效果如图7-9所示。

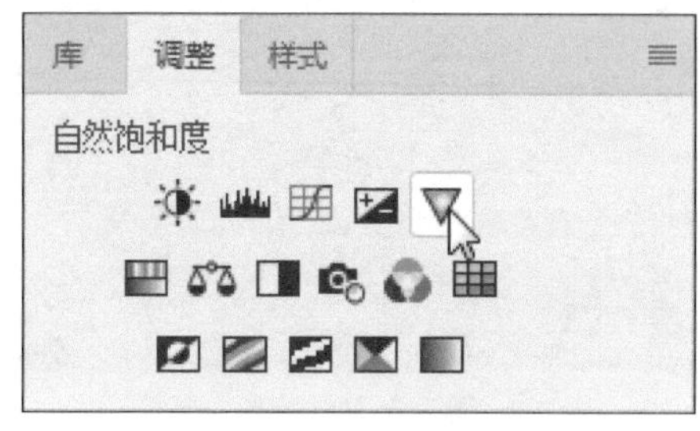

图7-8 单击“自然饱和度”按钮

图7-9 图像效果

步骤 09 在“调整”面板中单击“色阶”按钮，新建“色阶1”调整图层，在“属性”面板中设置“输入色阶”各参数值分别为33、1.00、255，效果如图7-10所示。

步骤 10 按【Shift＋Ctrl＋Alt＋E】组合键，盖印可见图层，得到“图层2”图层，单击“滤镜”|“滤镜库”命令，打开滤镜库，选择“木刻”滤镜效果，设置“色阶数”为8、“边缘简化程度”为6、“边缘逼真程度”为3，单击“确定”按钮，效果如图7-11所示。

图7-10 图像效果

图7-11 图像效果

步骤 11 单击“图像”|“调整”|“曲线”命令，弹出“曲线”对话框，在曲线上单击鼠标左键新建一个控制点，在下方设置“输入”为111、“输出”为151，单击“确定”按钮，效果如图7-12所示。

步骤 12 运用移动工具将素材图像拖曳至背景图像编辑窗口中，适当调整图像的大小和位置，效果如图7-13所示。

图7-12 图像效果

图7-13 拖曳并调整图像

7.1.2 制作文字与标志效果

下面详细介绍制作文字与标志效果的方法。

步骤 01 选取工具箱中的横排文字工具，单击“窗口”|“字符”命令，在弹出的“字符”面板中，设置“字体系列”为“创意繁隶书”、“字体大小”为28点、“设置所选字符的字距调整”为-100、“颜色”为白色（RGB参数值均为255），并激活仿粗体图标，

如图7-14所示。

步骤 02 输入相应文本，并调整至合适位置，效果如图7-15所示。

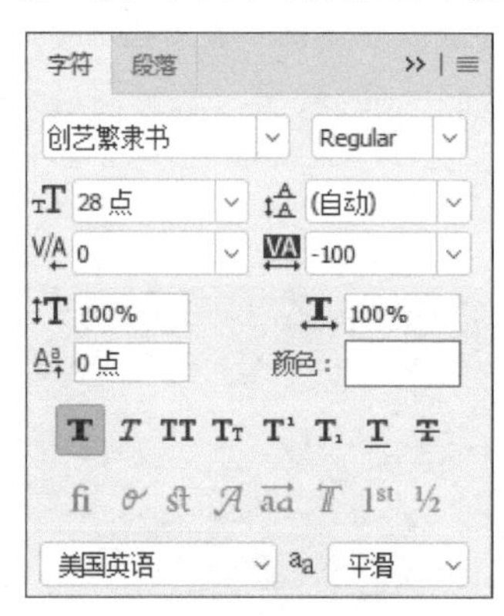

图7-14 设置“字符”参数

图7-15 输入文本

步骤 03 单击“图层”|“图层样式”|“投影”命令，打开“图层样式”对话框，设置“不透明度”为72%、“角度”为90、“距离”为10像素、“扩展”为5%、“大小”为6像素，单击“确定”按钮，即可为文字添加投影图层样式，效果如图7-16所示。

步骤 04 选取工具箱中的矩形工具，在工具属性栏中设置“选择工具模式”为“形状”、“填充”为白色（RGB参数值均为255）、“描边”为绿色（RGB参数值分别为40、128、52）、“描边宽度”为1像素，在图像编辑窗口中的适当位置绘制一个矩形形状，效果如图7-17所示。

图7-16 添加图层样式

图7-17 绘制矩形

步骤 05 按【Ctrl+O】组合键，打开“标志按钮素材.psd”素材图像，运用移动工具将素材图像拖曳至背景图像编辑窗口中，适当调整图像的位置，效果如图7-18所示。

步骤 06 选取工具箱中的横排文字工具，在“字符”面板中设置“字体系列”为“方正细黑一简体”、“字体大小”为15点、“设置所选字符的字距调整”为-50、“颜色”为深灰色（RGB参数值均为30），在图像编辑窗口中输入文字，效果如图7-19所示。

图7-18 拖曳图像

图7-19 输入文字

步骤 07 复制刚刚输入的文字，并移动至合适位置，在“字符”面板中设置“字体大小”为11点、“设置所选字符的字距调整”为-100、“颜色”为灰色（RGB参数值均为153），运用横排文字工具修改文本内容，效果如图7-20所示。

步骤 08 选取工具箱中的横排文字工具，在“字符”面板中设置“字体系列”为“方正细黑一简体”、“字体大小”为10点、“行距”为11点、“设置所选字符的字距调整”为-100、“颜色”为灰色（RGB参数值均为100），在图像编辑窗口中输入文字，效果如图7-21所示。

图7-20 修改文本内容

图7-21 输入文字

7.1.3 制作微店店招界面效果

下面详细介绍制作微店店招界面效果的方法。

步骤 01 选中除“背景”图层外的所有图层，按【Ctrl+G】组合键，为图层编组，得到“组1”图层组，如图7-22所示。

步骤 02 按【Ctrl+O】组合键，打开“微店界面1.jpg”素材图像，运用移动工具将图层组的图像拖曳至刚打开的图像编辑窗口中，适当调整图像的位置，效果如图7-23所示。

专家指点

创建图层组的方式还有以下两种。

按钮：单击“图层”面板底部的“创建新组”按钮，即可新建一个图层组。

命令：如果在创建图层组时，需要设置组的名称、颜色、混合模式、不透明度等属性，可以单击“图层”|“新建”|“组”命令，在弹出的“新建组”对话框中设置。

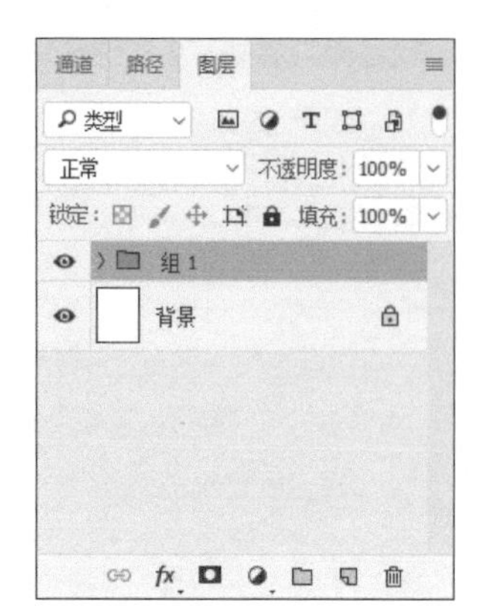

图7-22 得到“组1”图层组

图7-23 图像效果

7.2 实战——店铺公告设计

店铺公告设计采用了一张星空的背景，适当裁剪并调整图像的色彩，再输入相应的文字，即可完成设计。

本实例最终效果如图7-24所示。

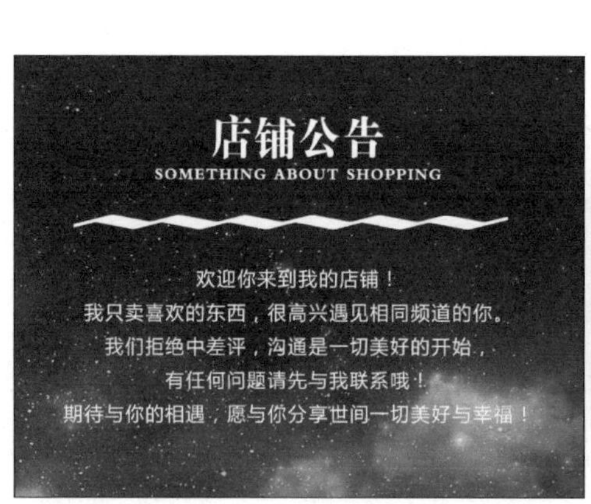

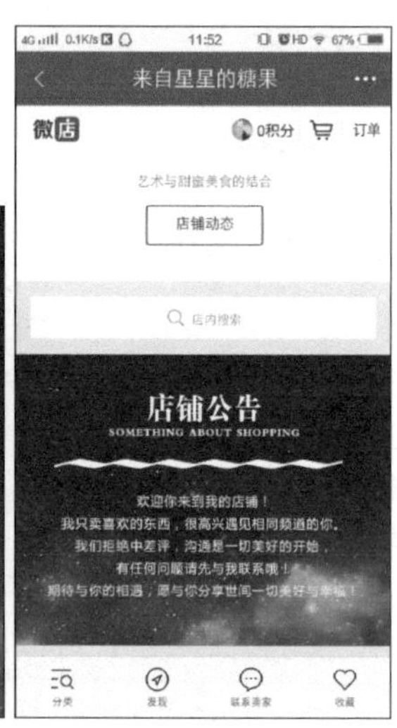

图7-24 实例效果

扫码看视频	
素材文件	素材\第7章\公告栏背景.jpg、微店界面2.jpg
效果文件	效果\第7章\店铺公告设计.psd、店铺公告设计.jpg
视频文件	视频\第7章\7.2 实战——店铺公告设计.mp4

7.2.1 制作纯净蓝色星空背景效果

下面详细介绍制作纯净蓝色星空背景效果的方法。

步骤 01 单击“文件”|“新建”命令，弹出“新建”对话框，设置“名称”为“店铺公告设计”、“宽度”为1080像素、“高度”为810像素、“分辨率”为300像素/英寸、“颜色模式”为“RGB颜色”、“背景内容”为“白色”，如图7-25所示。单击“创建”按钮，新建一个空白图像。

步骤 02 按【Ctrl+O】组合键，打开“公告栏背景.jpg”素材图像，如图7-26所示。

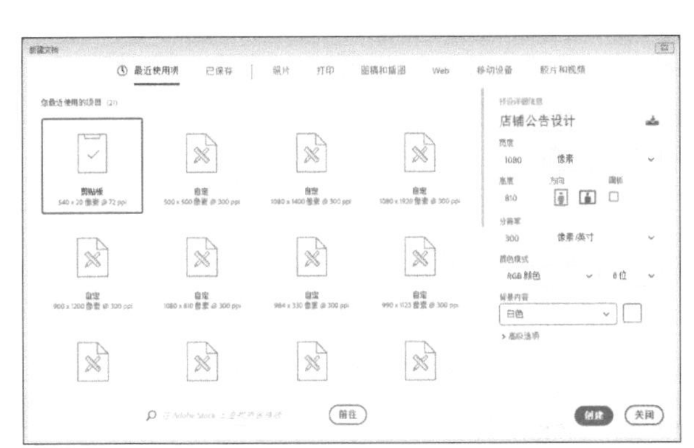

图7-25 设置各选项

图7-26 素材图像

步骤 03 选取工具箱中的裁剪工具，在工具属性栏中设置“裁剪框的长宽比”为1080与810，移动裁剪框至合适位置，如图7-27所示。

步骤 04 在裁剪框中双击鼠标左键，即可确认裁剪，效果如图7-28所示。

图7-27 移动裁剪框

图7-28 确认裁剪

步骤 05 单击“图像”|“调整”|“自然饱和度”命令，弹出“自然饱和度”对话框，设置

“自然饱和度”为100、“饱和度”为33，单击“确定”按钮，效果如图7-29所示。

步骤06 单击“图像”|“调整”|“曲线”命令，弹出“曲线”对话框，在曲线上单击鼠标左键新建一个控制点，在下方设置“输入”为106、“输出”为142，如图7-30所示。

图7-29 图像效果

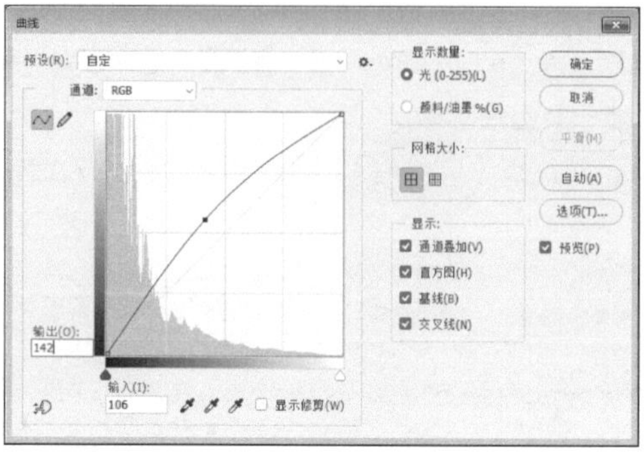

图7-30 图像效果

步骤07 单击“确定”按钮，即可调整图像整体的亮度，效果如图7-31所示。

步骤08 运用移动工具将素材图像拖曳至背景图像编辑窗口中，适当调整图像的位置，效果如图7-32所示。

图7-31 图像效果

图7-32 拖曳图像

7.2.2 制作公告信息效果

下面详细介绍制作公告信息效果的方法。

步骤01 选取工具箱中的横排文字工具，在“字符”面板中，设置“字体系列”为“方正大标宋简体”、“字体大小”为20点、“颜色”为白色（RGB参数值均为255），在图像编辑窗口中输入相应文本，并调整至合适位置，效果如图7-33所示。

步骤02 复制刚刚输入的文字，并将其移动至合适位置，在“字符”面板中设置“字体大小”为7点、“设置所选字符的字距调整”为100，运用横排文字工具修改文本内容，效果如图7-34所示。

图7-33 输入文本

图7-34 修改文本内容

步骤 03 选取工具箱中的自定形状工具，在工具属性栏中设置“填充”为白色（RGB参数值均为255）、“描边”为无、“形状”为“水波”，在图像编辑窗口中的适当位置绘制一个形状，效果如图7-35所示。

步骤 04 选取工具箱中的横排文字工具，在“字符”面板中设置“字体系列”为“微软雅黑”、“字体大小”为8.5点、“设置所选字符的字距调整”为100、“颜色”为白色（RGB参数值均为255），在图像编辑窗口中绘制一个文本框，并输入文字，效果如图7-36所示。

图7-35 绘制形状

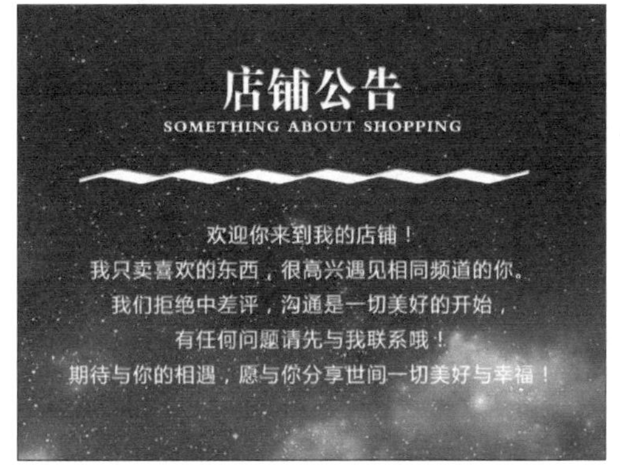

图7-36 输入文字

7.2.3 制作微店公告栏界面效果

下面详细介绍制作微店公告栏界面效果的方法。

步骤 01 选中除“背景”图层外的所有图层，按【Ctrl+G】组合键，为图层编组，得到“组1”图层组，如图7-37所示。

步骤 02 按【Ctrl+O】组合键，打开“微店界面2.jpg”素材图像，运用移动工具将图层组的图像拖曳至刚打开的图像编辑窗口中，适当调整图像的位置，效果如图7-38所示。

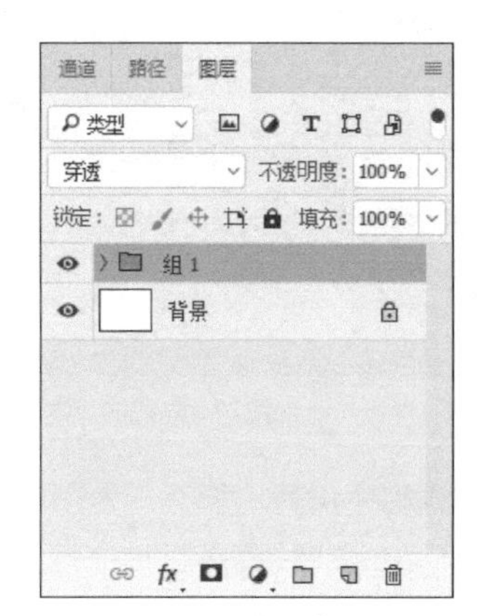

图7-37 得到“组1”图层组

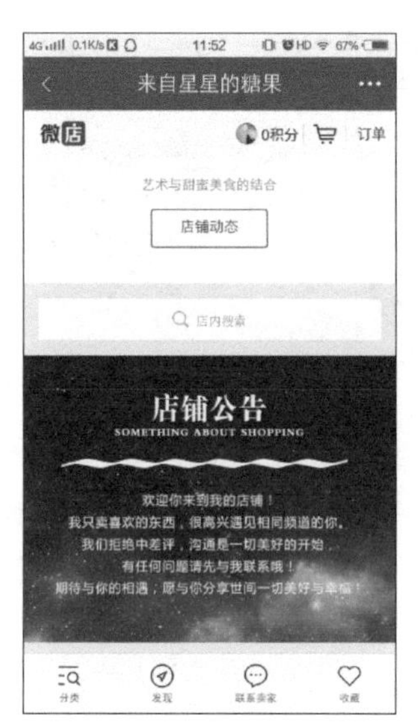

图7-38 图像效果

7.3 实战——商品简介区设计

在制作商品简介设计时，运用带有趣味性的字体制作出顶部的广告区，再用多张精美的图片制作出展示区，并添上说明性文字，即可完成设计。

本实例最终效果如图7-39所示。

图7-39 实例效果

扫码看视频

素材文件	素材\第7章\商品简介背景.jpg、食品1.jpg、食品2.jpg、微店界面3.jpg
效果文件	效果\第7章\商品简介区设计.psd、商品简介区设计.jpg
视频文件	视频\第7章\7.3 实战——商品简介区设计.mp4

7.3.1 制作趣味顶部广告效果

下面详细介绍制作趣味顶部广告效果的方法。

步骤 01 单击“文件”|“新建”命令，弹出“新建”对话框，设置“名称”为“商品简介区设计”、“宽度”为1080像素、“高度”为1000像素、“分辨率”为300像素/英寸、“颜色模式”为“RGB颜色”、“背景内容”为“白色”，如图7-40所示。单击“创建”按钮，新建一个空白图像。

步骤 02 按【Ctrl+O】组合键，打开“商品简介背景.jpg”素材图像，运用移动工具将素材图像拖曳至背景图像编辑窗口中，适当调整图像的位置，效果如图7-41所示。

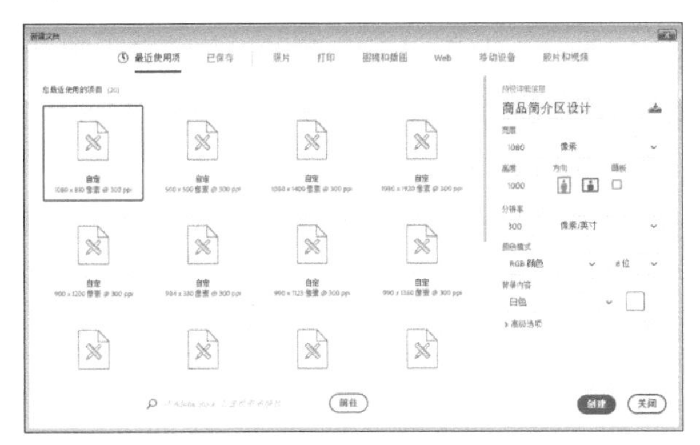

图7-40 设置各选项

图7-41 拖曳图像

步骤 03 选取工具箱中的横排文字工具，在“字符”面板中设置“字体系列”为“方正静蕾简体”、“字体大小”为19点、“设置所选字符的字距调整”为-100、“颜色”为灰色（RGB参数值均为100），并激活仿粗体图标，在图像编辑窗口中输入文字，效果如图7-42所示。

步骤 04 复制刚刚输入的文字，并将其移动至合适位置，在“字符”面板中设置“字体系列”为“文鼎中特广告体”、“字体大小”为8点，运用横排文字工具修改文本内容，效果如图7-43所示。

图7-42 输入文字

图7-43 修改文本内容

步骤 05 在“图层1”图层上方新建一个图层，选取工具箱中的椭圆选框工具，在工具属性栏中设置“羽化”为5像素，在图像编辑窗口中绘制一个椭圆选框，效果如图7-44所示。

步骤 06 设置前景色为黄色（RGB参数值分别为255、215、0），为选区填充前景色并取消选区，效果如图7-45所示。

图7-44 绘制椭圆选框

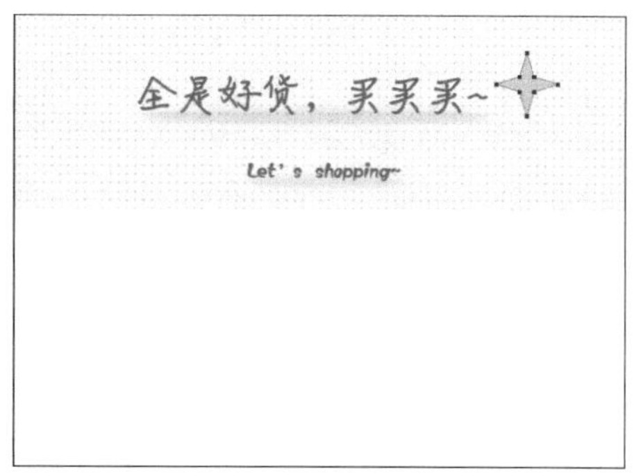

图7-45 取消选区

步骤 07 用与上面同样的方法绘制出另一段文字的投影，效果如图7-46所示。

步骤 08 选取工具箱中的多边形工具，在工具属性栏中设置“填充”为黄色（RGB参数值分别为255、215、0）、“描边”为无，选中“星形”复选框，设置“缩进边依据”为53%、“边”为4，在图像编辑窗口中绘制一个星形，效果如图7-47所示。

图7-46 绘制另一个投影

图7-47 绘制星形

步骤 09 选取工具箱中的直接选择工具，适当调整星形上下两个角的长度，效果如图7-48所示。

步骤 10 适当旋转星形，并移动至合适位置，效果如图7-49所示。

图7-48 调整星形角的长度

图7-49 旋转并调整星形位置

步骤 11 复制绘制的星形，适当调整其大小和位置，效果如图7-50所示。

步骤 12 新建图层，选取工具箱中的矩形选框工具，在图像编辑窗口中绘制一个矩形选框，填充灰色（RGB参数值均为226）并取消选区，效果如图7-51所示。

图7-50 调整星形的大小和位置

图7-51 填充并取消选区

7.3.2 制作食品展示区效果

下面详细介绍制作食品展示区效果的方法。

步骤 01 按【Ctrl+O】组合键，打开“食品1.jpg”素材图像，运用移动工具将素材图像拖曳至背景图像编辑窗口中，适当调整图像的位置，效果如图7-52所示。

步骤 02 选取工具箱中的横排文字工具，在“字符”面板中设置“字体系列”为“微软雅黑”、“字体大小”为5.5点、“颜色”为灰色（RGB参数值均为42），在图像编辑窗口中输入文字，效果如图7-53所示。

图7-52 拖曳图像

图7-53 输入文本

步骤 03 选取工具箱中的横排文字工具，在“字符”面板中设置“字体系列”为“微软雅黑”、“字体大小”为6.5点、“颜色”为红色（RGB参数值分别为211、30、37），在图像编辑窗口中输入文字，效果如图7-54所示。

步骤 04 选取工具箱中的椭圆工具，在工具属性栏中“填充”为无、“描边”为浅灰色（RGB参数值均为220）、“描边宽度”为1像素，在图像编辑窗口中的适当位置绘制一个椭圆形状，效果如图7-55所示。

图7-54 输入文字

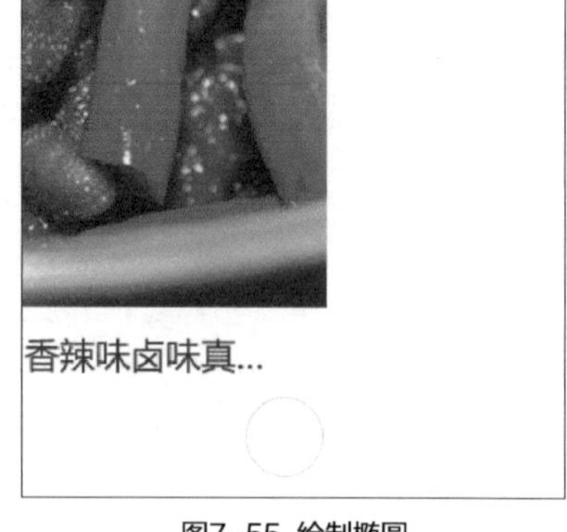

图7-55 绘制椭圆

步骤 05 选取工具箱中的直线工具，在工具属性栏中设置“填充”为红色（RGB参数值分别为211、30、37）、“粗细”为4像素，绘制一个直线形状，效果如图7-56所示。

步骤 06 复制“形状1”图层，得到“形状1拷贝”图层，按【Ctrl+T】组合键，调出变换控制框，在工具属性栏中设置“旋转”为90度，按【Enter】键确认变换，效果如图7-57所示。

图7-56 绘制直线

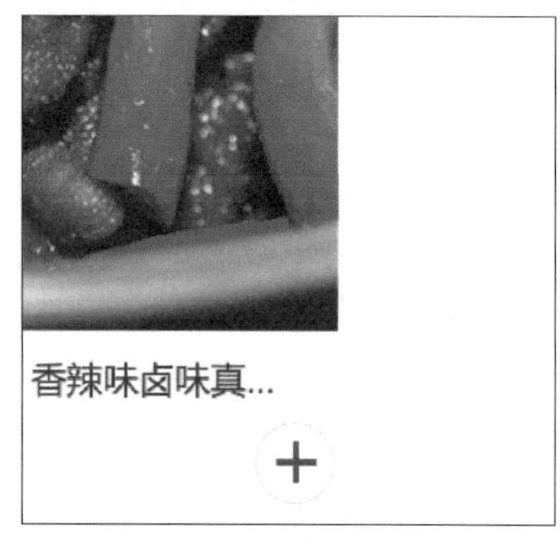

图7-57 确认变换

步骤 07 展开“图层”面板，选中相应图层，如图7-58所示。

步骤 08 按【Ctrl+G】组合键，为图层编组，并重命名为“商品信息1”，如图7-59所示。

图7-58 选中相应图层

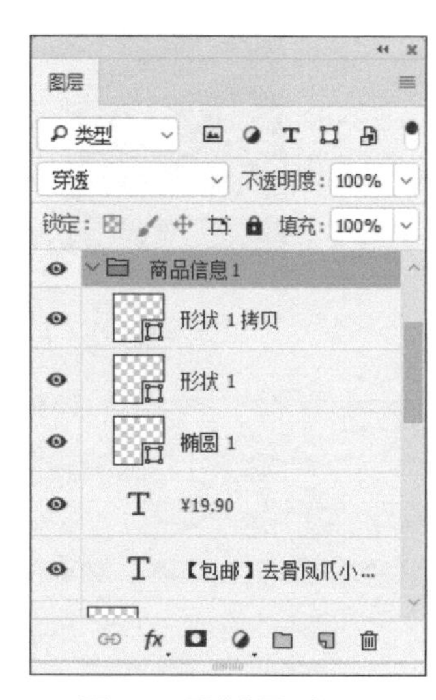

图7-59 重命名图层组

步骤 09 按【Ctrl+O】组合键，打开“食品2.jpg”素材图像，运用移动工具将素材图像拖曳至背景图像编辑窗口中，适当调整图像的位置，效果如图7-60所示。

步骤 10 复制“商品信息1”图层组，得到“商品信息1拷贝”图层组，将图像移动至合适位置，效果如图7-61所示。

图7-60 拖曳图像

图7-61 移动图像

步骤 11 选取工具箱中的横排文字工具，修改相应文本内容，效果如图7-62所示。

步骤 12 选取工具箱中的直线工具，在工具属性栏中设置“填充”为灰色（RGB参数值均为226）、“粗细”为2像素，在商品图片中间绘制一个直线形状，效果如图7-63所示。

图7-62 修改相应文本内容

图7-63 绘制直线

7.3.3 制作微店展示区界面效果

下面详细介绍制作微店展示区界面效果的方法。

步骤 01 选中除“背景”图层外的所有图层，按【Ctrl+G】组合键，为图层编组，得到“组1”图层组，如图7-64所示。

步骤 02 按【Ctrl+O】组合键，打开“微店界面3.jpg”素材图像，运用移动工具将图层组的图像拖曳至刚打开的图像编辑窗口中，适当调整图像的位置，效果如图7-65所示。

图7-64 得到“组1”图层组

图7-65 图像效果

7.4 实战——店铺收藏设计

制作店铺收藏页面，应先调整背景图像的色彩，输入相应文字，再添加适当的图层样式，即可完成设计。

本实例最终效果如图7-66所示。

图7-66 实例效果

扫码看视频

素材文件	素材\第7章\店铺收藏背景.jpg、微店界面4.jpg
效果文件	效果\第7章\店铺收藏设计.psd、店铺收藏设计.jpg
视频文件	视频\第7章\7.4 实战——店铺收藏设计.mp4

7.4.1 制作梦幻紫色背景效果

下面详细介绍制作梦幻紫色背景效果的方法。

步骤 01 按【Ctrl+O】组合键，打开“店铺收藏背景.jpg”素材图像，如图7-67所示。

步骤 02 单击“图像”|“调整”|“亮度/对比度”命令，弹出“亮度/对比度”对话框，设置“亮度”为33，单击“确定”按钮，效果如图7-68所示。

图7-67 素材图像

图7-68 图像效果

步骤 03 单击“图像”|“调整”|“自然饱和度”命令，弹出“自然饱和度”对话框，设置“自然饱和度”为46，单击“确定”按钮，效果如图7-69所示。

步骤 04 单击“滤镜”|“锐化”|“USM锐化”命令，打开“USM锐化”对话框，设置“数量”为60%、“半径”为2.5像素、“阈值”为15，单击“确定”按钮，效果如图7-70所示。

图7-69 图像效果

图7-70 图像效果

7.4.2 制作主题文字效果

下面详细介绍制作主题文字效果的方法。

步骤 01 选取工具箱中的矩形工具，在工具属性栏中设置“填充”为红色（RGB参数值分别为183、24、18）、“描边”为无，在图像编辑窗口中的适当位置绘制一个矩形形状，效果如图7-71所示。

步骤 02 选取工具箱中的横排文字工具，在“字符”面板中设置“字体系列”为“方正大黑简体”、“字体大小”为10点、“设置所选字符的字距调整”为25、“颜色”为白色（RGB参数值均为255），并激活仿粗体图标，在图像编辑窗口中输入文字，效果如图7-72所示。

图7-71 绘制矩形

图7-72 输入文本

步骤 03 选取工具箱中的横排文字工具，在“字符”面板中设置“字体系列”为“方正大黑简体”、“字体大小”为48点、“设置所选字符的字距调整”为-25、“颜色”为白色（RGB参数值均为255），并激活仿粗体图标，在图像编辑窗口中输入文字，效果如图7-73所示。

步骤 04 单击“图层”|“图层样式”|“投影”命令，打开“图层样式”对话框，设置“不透明度”为72%、“角度”为90、“距离”为15像素、“扩展”为0%、“大小”为3像素，单击“确定”按钮，即可为文字添加投影图层样式，效果如图7-74所示。

图7-73 输入文字

图7-74 添加投影图层样式

步骤 05 复制刚刚输入的文字，并将其移动至合适位置，在“字符”面板中设置“字体大小”为23点、“颜色”为黑色（RGB参数值均为0），运用横排文字工具修改文本内容，效果如图7-75所示。

步骤 06 双击文字图层，打开“图层样式”对话框，选中“描边”复选框，设置“大小”为4像素、“颜色”为白色（RGB参数值均为255），单击“确定”按钮，即可为文字添加描边图层样式，效果如图7-76所示。

图7-75 修改文本内容

图7-76 添加描边图层样式

专家指点

运用矩形工具可以绘制矩形与正方形。
选择该工具后，单击并拖动鼠标即可创建矩形。按住【Shift】键拖动可以创建正方形，按住【Alt】键拖动会以单击点为中心向外创建矩形，按住【Shift+Alt】组合键拖动则会以单击点为中心向外创建正方形。

7.4.3 制作界面效果

下面详细介绍制作界面效果的方法。

步骤 01 按【Shift+Ctrl+Alt+E】组合键，盖印可见图层，得到“图层1”图层，如图7-77所示。

步骤 02 按【Ctrl+O】组合键，打开“微店界面4.jpg”素材图像，运用移动工具将盖印的图像拖曳至刚打开的图像编辑窗口中，适当调整图像的位置，效果如图7-78所示。

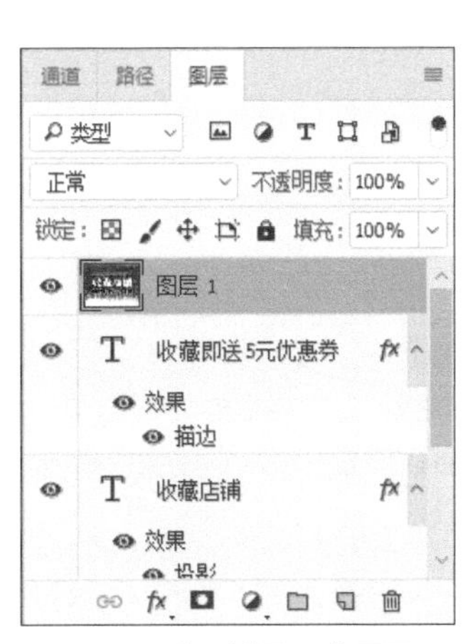

图7-77 得到“图层1”图层

图7-78 图像效果

7.5 实战——美妆微店界面设计

在进行美妆微店界面设计时，使用了淡粉色作为背景色调，并搭配紫色来营造出一种淡雅、舒适的视觉效果。

本实例最终效果如图7-79所示。

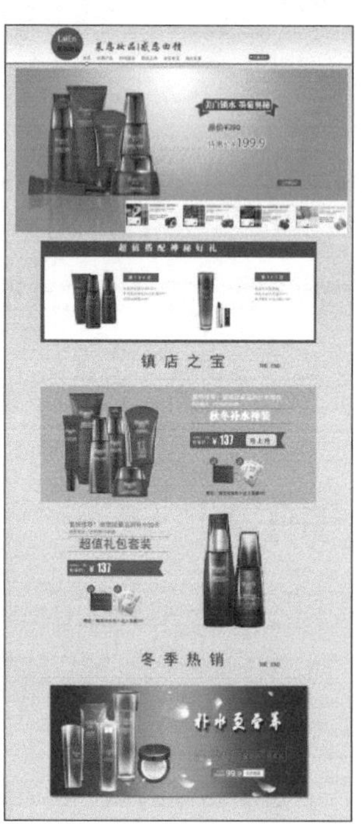

图7-79 实例效果

扫码看视频		
	素材文件	素材\第7章\ LOGO.psd、按钮.psd、商品图片1.psd、首页链接.psd、商品图片2.psd、文字1.psd、展示区1.psd、展示区2.psd、背景.psd、文字2.psd
	效果文件	效果\第7章\美妆微店界面设计.psd、美妆微店界面设计.jpg
	视频文件	视频\第7章\7.5 实战——美妆微店界面设计.mp4

7.5.1 制作店招与首页效果

下面详细介绍制作店招与首页效果的方法。

步骤 01 按【Ctrl+N】组合键，弹出“新建”对话框，设置“名称”为“美妆微店界面设计”、“宽度”为1440像素、“高度”为3200像素、“分辨率”为300像素/英寸、“颜色模式”为“RGB颜色”、“背景内容”为“白色”，如图7-80所示。单击“创建”按钮，新建一个空白图像。

步骤 02 设置前景色为淡粉色（RGB参数值分别为255、221、255），如图7-81所示。按【Alt+Delete】组合键，为“背景”图层填充前景色。

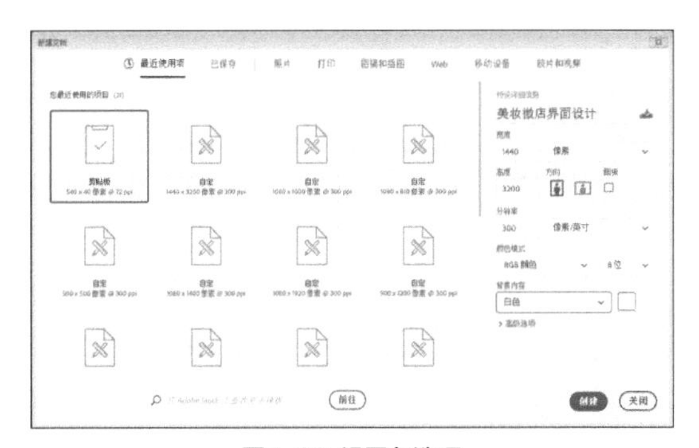

图7-80 设置各选项

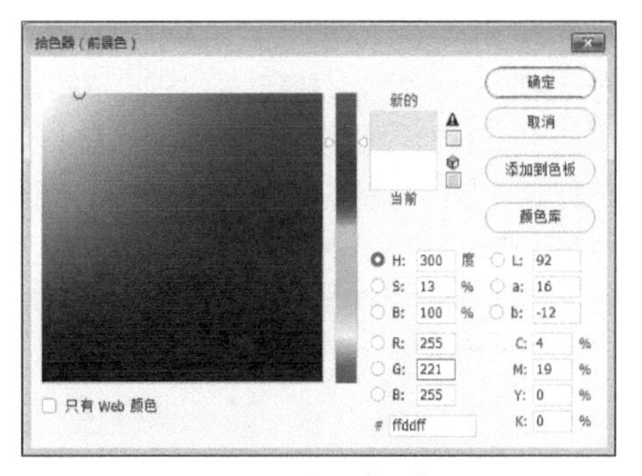

图7-81 设置前景色

步骤 03 新建“图层1”图层，运用矩形选框工具创建一个矩形选区，如图7-82所示。

步骤 04 运用渐变工具为选区填充前景色到白色的线性渐变，并取消选区，效果如图7-83所示。

图7-82 创建矩形选区　　图7-83 取消选区

步骤 05 打开“LOGO.psd”素材图像，运用移动工具将素材图像拖曳至背景图像编辑窗口中的合适位置处，效果如图7-84所示。

步骤 06 选取工具箱中的直线工具，设置填充颜色为红色（RGB参数值分别为195、54、93）、“粗细”为5像素，在图像中绘制一条直线，如图7-85所示。

图7-84 拖曳图像

图7-85 绘制直线

步骤 07 栅格化形状图层，运用椭圆选框工具在直线上创建一个椭圆选区，并按【Delete】键删除选区内的图像，新建“图层2”图层，为选区添加描边，设置“宽度”为2像素、“颜色”红色（RGB参数值分别为241、46、114），并取消选区，效果如图7-86所示。

步骤 08 打开“按钮.psd”素材图像，运用移动工具将素材图像拖曳至背景图像编辑窗口中的合适位置处，效果如图7-87所示。

图7-86 取消选区

图7-87 拖曳图像

步骤 09 新建“图层4”图层，运用矩形选框工具绘制一个矩形选区，如图7-88所示。

步骤 10 选取工具箱中的渐变工具，设置渐变色为白色到紫色（RGB参数值分别为170、159、255），如图7-89所示。

图7-88 绘制矩形选区

图7-89 设置渐变色

步骤 11 在工具属性栏中单击“径向渐变”按钮，在选区内单击并拖曳鼠标填充渐变色，按【Ctrl+D】组合键，取消选区，效果如图7-90所示。

步骤 12 打开“商品图片1.psd”素材图像，运用移动工具将素材图像拖曳至背景图像编辑窗口中的合适位置处，效果如图7-91所示。

图7-90 取消选区

图7-91 拖曳图像

步骤 13 复制商品图层，将其进行垂直翻转并调整至合适位置处，为拷贝的图层添加图层蒙版，并填充黑色到白色的线性渐变，设置图层的“不透明度”为30%，并将图层调至“图层5”图层下方，效果如图7-92所示。

步骤 14 打开“首页链接.psd”素材图像，运用移动工具将素材图像拖曳至背景图像编辑窗口中的合适位置处，效果如图7-93所示。

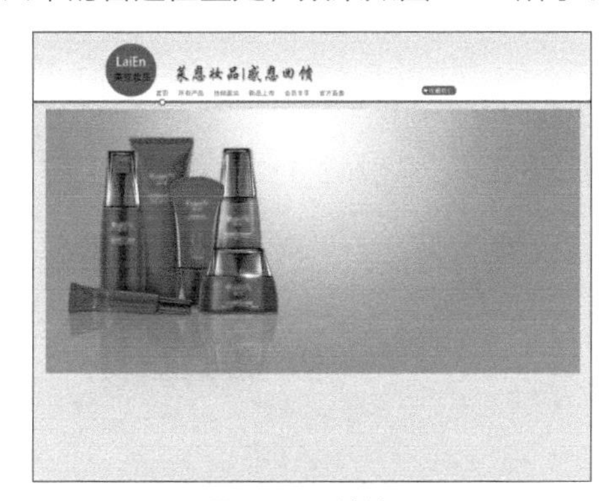

图7-92 取消选区

图7-93 拖曳图像

7.5.2 制作促销方案效果

下面详细介绍制作促销方案效果的方法。

步骤 01 运用矩形工具在欢迎模块下方绘制一个红色的矩形（RGB参数值分别为177、3、11）形状，如图7-94所示。

步骤 02 用同样的方法绘制一个白色的矩形形状，并适当调整其位置，如图7-95所示。

图7-94 绘制红色的矩形

图7-95 绘制白色的矩形

步骤 03 打开“商品图片2.psd”素材图像，运用移动工具将素材图像拖曳至背景图像编辑窗口中的合适位置处，效果如图7-96所示。

步骤 04 选取横排文字工具，设置“字体系列”为“方正粗宋简体”、“字体大小”为8点、“所选字符的字距调整”为600、“颜色”为白色，在图像上输入相应文字，效果如图7-97所示。

图7-96 拖曳图像

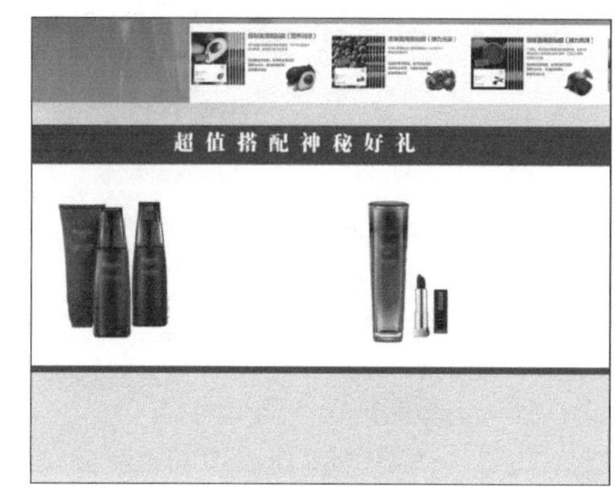

图7-97 输入文字

步骤 05 运用矩形工具在欢迎模块下方绘制的红色（RGB参数值分别为250、14、76）的矩形形状，在“字符”面板中设置“字体系列”为“黑体”、“字体大小”为4点、“所选字符的字距调整”为500、“颜色”为白色，激活“仿粗体”图标，运用横排文字工具在图像上输入相应文字，效果如图7-98所示。

步骤 06 打开“文字1.psd”素材图像，运用移动工具将素材图像拖曳至背景图像编辑窗口中的合适位置处，效果如图7-99所示。

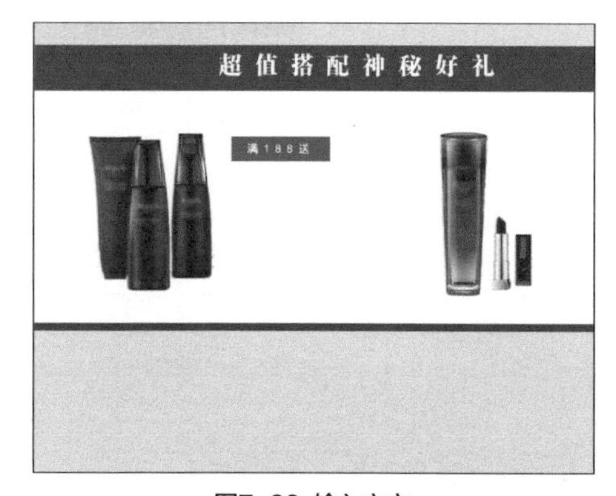

图7-98 输入文字

图7-99 拖曳图像

7.5.3 制作商品展示区效果

下面详细介绍制作商品展示区效果的方法。

步骤 01 选取横排文字工具，设置“字体系列”为“黑体”、“字体大小”为15点、“颜色”为红色（RGB参数值分别为177、3、11），在图像上输入相应文字，效果如图7-100所示。

步骤 02 选取工具箱中的直线工具，设置“填充”为灰色（RGB参数值均为215）、“粗细”

为2像素，在图像中绘制一条直线，效果如图7-101所示。

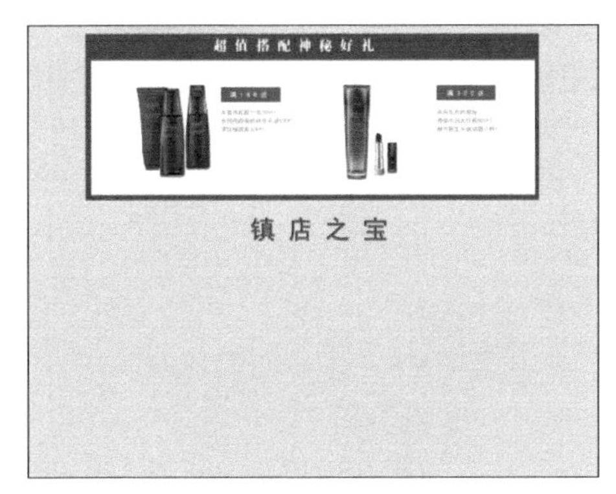

图7-100 输入文字

图7-101 绘制直线

步骤 03 选取横排文字工具，设置“字体系列”为“黑体”、“字体大小”为6点、“颜色”为黑色，输入相应文字，效果如图7-102所示。

步骤 04 复制“矩形1图层”，得到“矩形1拷贝”图层，修改颜色为紫色（RGB参数值分别为197、190、255），并适当调整其大小和位置，效果如图7-103所示。

图7-102 输入文字

图7-103 调整大小和位置

步骤 05 打开“展示区1.psd”素材图像，运用移动工具将素材图像拖曳至背景图像编辑窗口中，并调整其大小和位置，效果如图7-104所示。

步骤 06 选取横排文字工具，设置“字体系列”为“方正粗宋简体”、“字体大小”为10点、“颜色”为白色，在图像上输入相应文字，效果如图7-105所示。

图7-104 拖曳图像

图7-105 输入文字

步骤 07 设置前景色为淡黄色（RBG参数值分别为255、232、126），运用圆角矩形工具绘制一个“半径”为10像素的圆角矩形形状；选取横排文字工具，设置“字体系列”为“黑体”、“字体大小”为6点、“所选字符的字距调整”为200、“颜色”为红色（RGB参数值分别为177、3、11），在图像上输入相应文字，效果如图7-106所示。

步骤 08 打开“展示区2.psd”素材图像，运用移动工具将素材图像拖曳至背景图像编辑窗口中的合适位置处，效果如图7-107所示。

图7-106 输入文字

图7-107 拖曳图像

步骤 09 创建“标题栏”图层组，将前面制作的标题栏相关图层移动到其中，并复制该图层组，将复制后的图像移动至合适位置处，运用横排文字工具修改相应的文字内容，效果如图7-108所示。

步骤 10 打开“背景.psd”素材图像，运用移动工具将素材图像拖曳至背景图像编辑窗口中的合适位置处，效果如图7-109所示。

图7-108 修改相应的文字内容

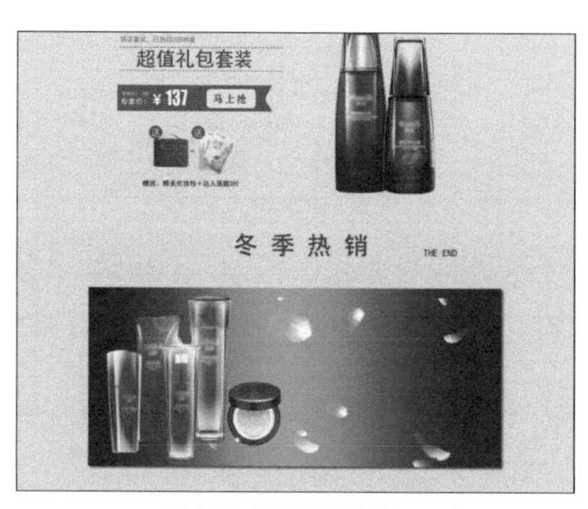

图7-109 拖曳图像

步骤 11 单击“滤镜”|“渲染”|“镜头光晕”命令，弹出“镜头光晕”对话框，设置“镜头类型”为“50~300毫米变焦”，单击“确定”按钮应用滤镜，效果如图7-110所示。

步骤 12 选取横排文字工具，设置“字体系列”为“迷你简黄草”、“字体大小”为18点、“颜色”为白色，激活仿粗体图标，在图像上输入相应文字，效果如图7-111所示。

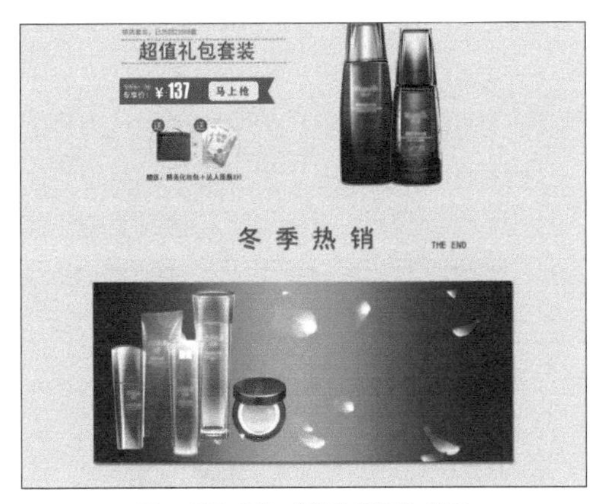

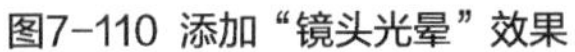
图7-110 添加“镜头光晕”效果

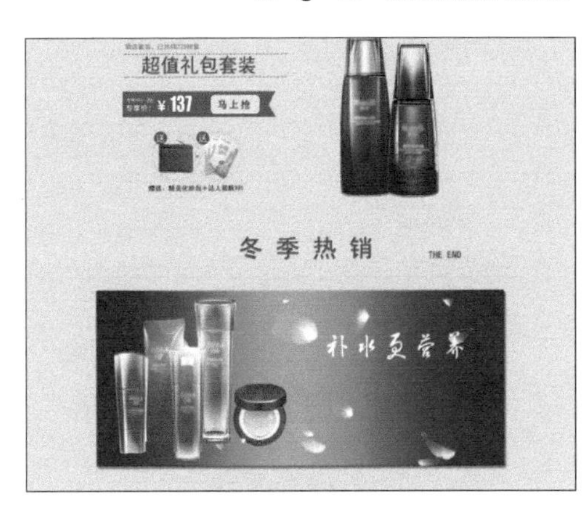

图7-111 输入文字

步骤 13 为文字图层添加“描边”图层样式，设置“大小”为2像素、“颜色”为白色；添加“投影”图层样式，设置“不透明度”为75%、“角度”为120度、“距离”为13像素、“扩展”为20%、“大小”为8像素，效果如图7-112所示。

步骤 14 打开“文字2.psd”素材图像，运用移动工具将素材图像拖曳至背景图像编辑窗口中的合适位置处，效果如图7-113所示。

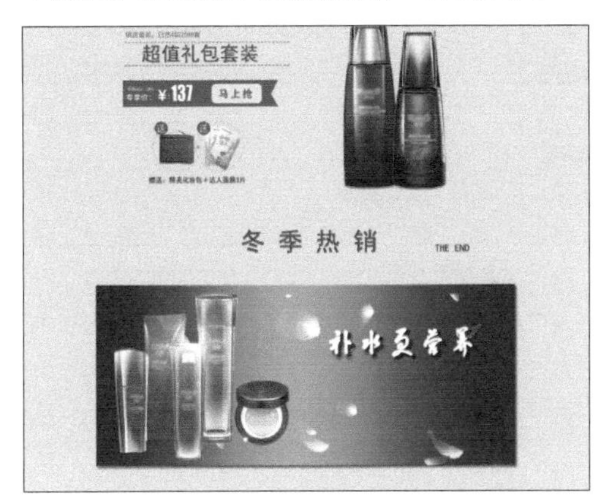

图7-112 添加图层样式

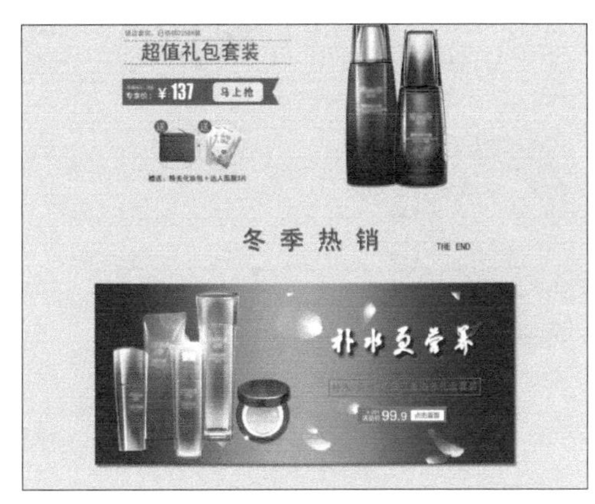

图7-113 拖曳图像

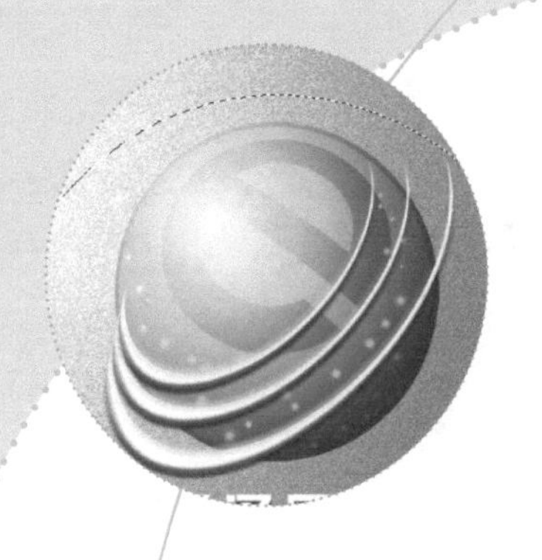

第8章

微博新媒体界面设计

学习提示

新浪微博是由新浪网推出、提供微型博客服务类的社交网站。用户可以将看到的、听到的、想到的事情写成一句话，或发一张图片，通过电脑或者手机随时随地分享给朋友，一起分享、讨论；还可以关注朋友，即时看到朋友们发布的信息。新浪微博现已成为热门的社交平台。

本章重点导航

- 实战——微博LOGO设计
- 实战——微博背景设计
- 实战——微博主图设计
- 实战——主图水印设计
- 实战——微博广告设计

8.1 实战——微博LOGO设计

在制作微博LOGO时，先运用渐变工具绘制出背景和标志主体，使用画笔工具添加适当光点，再添加环形素材与文字，最后放入界面中，即可完成制作。

本实例最终效果如图8-1所示。

图8-1 实例效果

扫码看视频	素材文件	素材\第8章\装饰.psd、字母.psd、微博界面1.jpg
	效果文件	效果\第8章\微博LOGO设计.psd、微博LOGO设计.jpg
	视频文件	视频\第8章\8.1 实战——微博LOGO设计.mp4

8.1.1 制作蓝色球形标志

下面详细介绍制作蓝色球形标志的方法。

步骤 01 单击“文件”|“新建”命令，弹出“新建”对话框，设置“名称”为“微博LOGO设计”、“宽度”为1000像素、“高度”为750像素、“分辨率”为300像素/英寸、“颜色模式”为“RGB颜色”、“背景内容”为“白色”，如图8-2所示。单击“创建”按钮，新建一个空白图像。

步骤 02 展开“图层”面板，新建“图层1”图层，如图8-3所示。

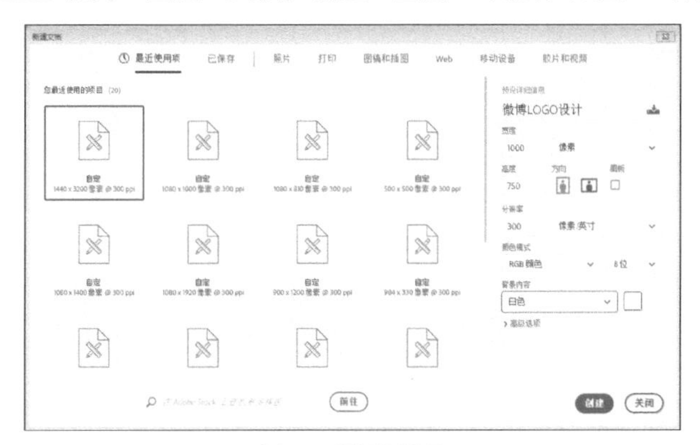

图8-2 设置各选项

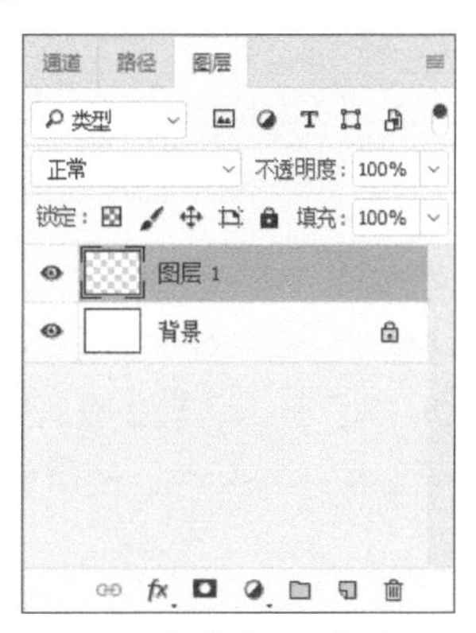

图8-3 新建“图层1”图层

步骤 03 选取工具箱中的渐变工具，为图层填充白色、普蓝（RGB参数值为18、52、123）的径向渐变色，效果如图8-4所示。

步骤 04 单击“滤镜”|“杂色”|“添加杂色”命令，弹出“添加杂色”对话框，设置“数量”为12，选中“平均分布”单选按钮和“单色”复选框，单击“确定”按钮，为图像添加杂色滤镜，效果如图8-5所示。

图8-4 填充渐变色

图8-5 添加杂色滤镜

步骤 05 选取椭圆选框工具，按住【Shift+Alt】组合键的同时，在图像编辑窗口中创建一个正圆形选区，效果如图8-6所示。

步骤 06 新建“图层2”图层，运用渐变工具为图层填充RGB参数值分别为255、255、255；165、226、255；28、141、255；1、29、118的径向渐变色，再按【Ctrl+D】组合键取消选区，效果如图8-7所示。

图8-6 创建圆形选区

图8-7 取消选区

步骤 07 复制“图层2”图层，得到“图层2拷贝”图层，按【Ctrl+T】组合键，调出变换控制框，按住【Shift+Alt】组合键的同时，等比例从中心点缩小图像，效果如图8-8所示。

步骤 08 按【Enter】键确认变换，再设置“图层2拷贝”图层的混合模式为“滤色”、“不透明度”为45%，效果如图8-9所示。

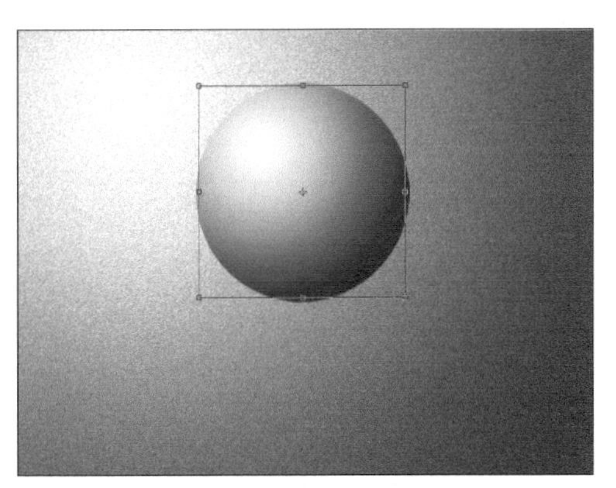

图8-8 等比例从中心缩小图像

图8-9 设置各选项

步骤 09 选取画笔工具，展开“画笔”面板，选择“画笔笔尖形状”选项，设置“大小”为15像素、“硬度”为0%、“间距”为250%，如图8-10所示。

步骤 10 选中“形状动态”复选框，设置“大小抖动”为75%，而其他参数均设置为0%，此时，面板下方的预览框中即可显示调整后的画笔状态，如图8-11所示。

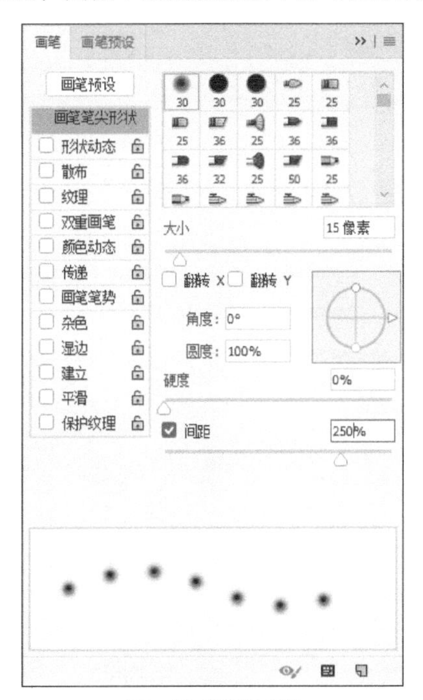

图8-10 设置各参数

图8-11 显示调整后的画笔状态

步骤 11 选中“散布”复选框，设置“散布”为1000%、“数量”为1、“数量抖动”为0%，此时，在面板下方的预览框中可显示调整后的画笔状态，如图8-12所示。

步骤 12 新建“图层3”图层，设置前景色为白色，在蓝色球体上绘制散布的星点，效果如图8-13所示。

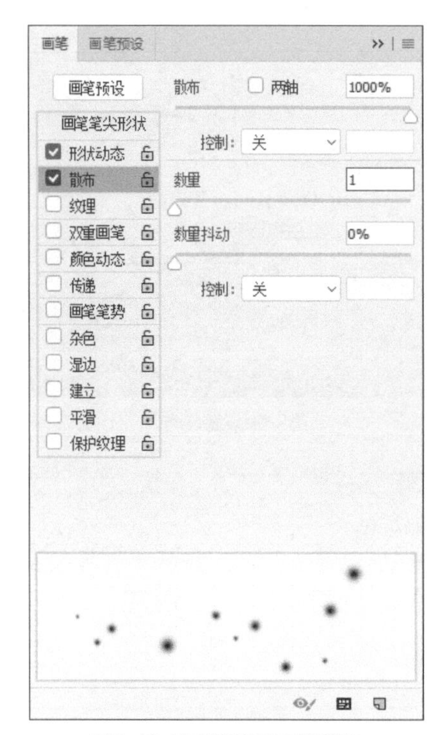

图8-12 显示调整后的画笔状态

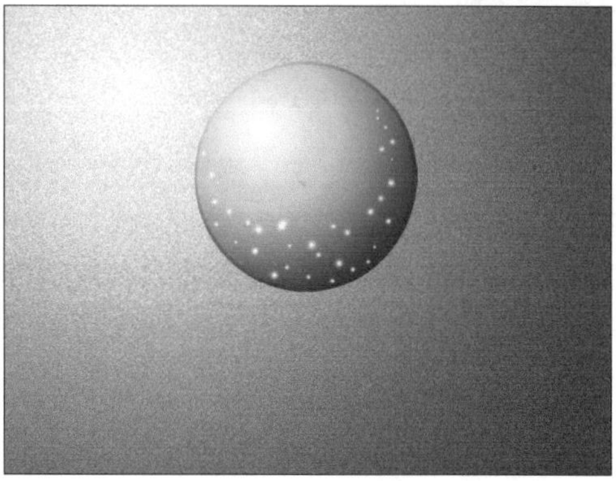

图8-13 绘制星点

步骤 13 设置“图层3”图层的混合模式为“叠加”、“不透明度”为90%，效果如图8-14所示。

步骤 14 按【Ctrl+O】组合键，打开“字母.psd”素材图像，运用移动工具将素材图像拖曳至背景图像编辑窗口中，适当调整图像的位置，效果如图8-15所示。

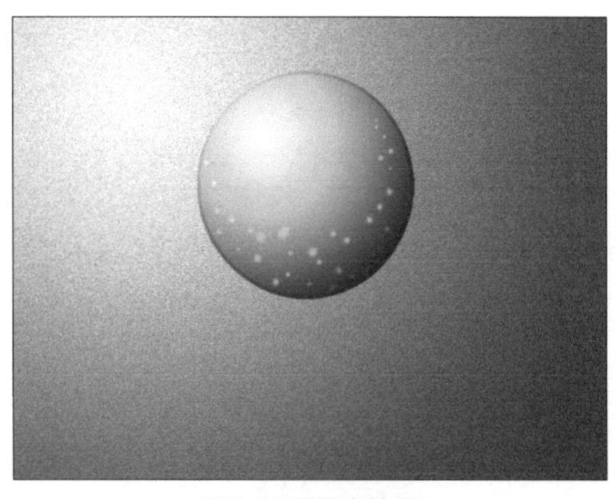

图8-14 设置各选项

图8-15 拖曳图像

步骤 15 设置“e”图层的混合模式为“柔光”、“不透明度”为75%，效果如图8-16所示。

步骤 16 按【Ctrl+O】组合键，打开“装饰.psd”素材图像，运用移动工具将素材图像拖曳至背景图像编辑窗口中，适当调整图像的位置，效果如图8-17所示。

图8-16 设置各选项

图8-17 拖曳图像

步骤 17 双击“图层4”图层，弹出“图层样式”对话框，选中“斜面和浮雕”复选框，设置高亮颜色的RGB参数值为161、227、255，设置阴影颜色的RGB参数值为21、42、135，其他参数设置如图8-18所示。

步骤 18 设置完毕后单击“确定”按钮，即可为图像添加“斜面和浮雕”图层样式，效果如图8-19所示。

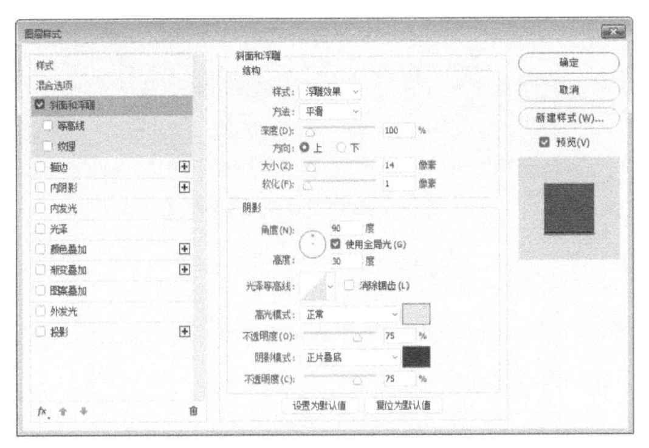

图8-18 设置各选项

图8-19 添加“斜面和浮雕”图层样式

步骤 19 选中“图层4”图层，单击鼠标右键，在弹出的快捷菜单中选择“拷贝图层样式”选项，并粘贴在“图层4拷贝”图层上，效果如图8-20所示。

步骤 20 用与上面同样的方法为“图层4拷贝2”图层添加图层样式，效果如图8-21所示。

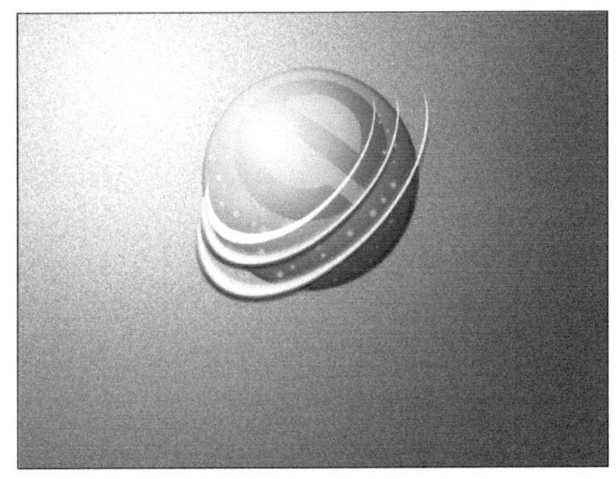

图8-20 粘贴图层样式

图8-21 添加图层样式

8.1.2 制作文字及界面效果

下面详细介绍制作文字及界面效果的方法。

步骤 01 选取工具箱中的横排文字工具，在“字符”面板中设置“字体系列”为“方正综艺简体”、“字体大小”为14点、“设置所选字符的字距调整”为200、“颜色”为白色（RGB参数值均为255），在图像编辑窗口中输入文字，效果如图8-22所示。

步骤 02 双击文字图层，打开“图层样式”对话框，选中“投影”复选框，设置“投影颜色”为深蓝色（RGB参数值分别为0、43、108）、“不透明度”为75%、“角度”为90、“距离”为6像素、“扩展”为0%、“大小”为2像素，单击“确定”按钮，即可为文字添加投影图层样式，效果如图8-23所示。

图8-22 输入文字

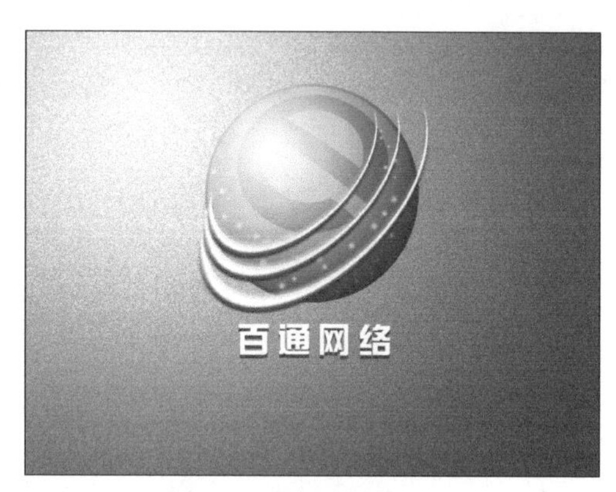

图8-23 添加投影图层样式

步骤 03 选取工具箱中的横排文字工具，设置“字体系列”为“华文中宋”、“字体大小”为9点、“设置所选字符的字距调整”为100、“颜色”为白色（RGB参数值均为255），并激活仿粗体图标，在图像编辑窗口中输入相应文本，效果如图8-24所示。

步骤 04 双击文字图层，打开“图层样式”对话框，选中“投影”复选框，设置“不透明度”为100%、“距离”为4像素、“扩展”为0%、“大小”为2像素，单击“确定”按钮，即可为文字添加投影图层样式，效果如图8-25所示。

图8-24 输入文字

图8-25 添加投影图层样式

步骤 05 按【Shift+Ctrl+Alt+E】组合键，盖印可见图层，得到“图层5”图层，如图8-26所示。

步骤 06 选取工具箱中的椭圆选框工具，在图像编辑窗口中绘制一个椭圆选区，效果如图8-27所示。

图8-26 得到“图层5”图层

图8-27 绘制椭圆选区

步骤 07 按【Ctrl+O】组合键，打开“微博界面1.jpg”素材图像，如图8-28所示。

步骤 08 切换至“微博LOGO设计”图像编辑窗口，选取工具箱中的移动工具，将选区内的图像拖曳至“微博界面1”图像编辑窗口中，适当调整图像的大小和位置，如图8-29所示。

图8-28 素材图像

图8-29 拖曳并调整图像

步骤 09 双击“图层1”图层，打开“图层样式”对话框，选中“描边”复选框，设置“大小”为6像素、“位置”为“外部”、“不透明度”为50%、“颜色”为白色（RGB参数值均为255），如图8-30所示。

步骤 10 选中“投影”复选框，设置“不透明度”为34%、“角度”为90、“距离”为8像素、“扩展”为0%、“大小”为8像素，单击“确定”按钮，即可添加图层样式，效果如图8-31所示。

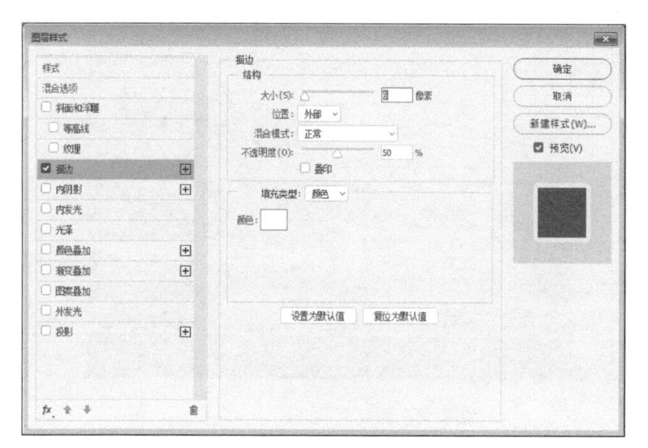

图8-30 设置各参数

图8-31 添加图层样式

8.2 实战——微博背景设计

在制作微博背景时，先运用渐变工具为图像填充紫蓝渐变色，再添加多个装饰图形，运用横排文字工具与自定形状工具制作出标志，最后移动至素材图像中即可完成设计。

本实例最终效果如图8-32所示。

图8-32 实例效果

扫码看视频

素材文件	素材\第8章\装饰2.png、装饰3.png、标题栏.png、信息.png、微博界面2.jpg
效果文件	效果\第8章\微博背景设计.psd、微博背景设计.jpg
视频文件	视频\第8章\8.2 实战——微博背景设计.mp4

8.2.1 制作缤纷渐变紫色背景效果

下面详细介绍制作缤纷渐变紫色背景效果的方法。

步骤 01 单击“文件”|“新建”命令，弹出“新建”对话框，设置“名称”为“微博背景设计”、“宽度”为1080像素、“高度”为618像素、“分辨率”为300像素/英寸、“颜色模式”为“RGB颜色”、“背景内容”为“白色”，如图8-33所示。单击“创建”按钮，新建一个空白图像。

步骤 02 展开“图层”面板，新建“图层1”图层，如图8-34所示。

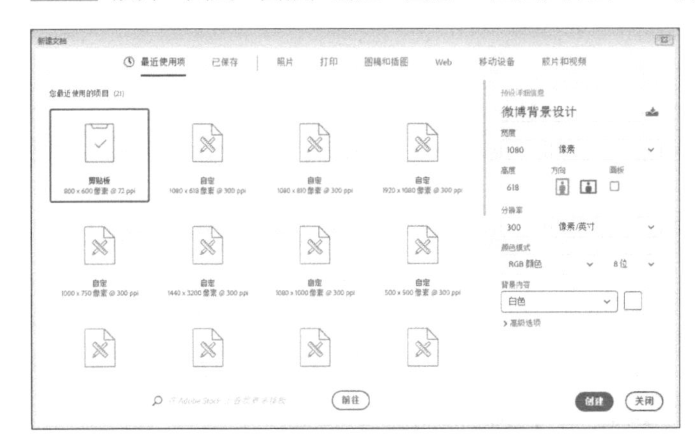

图8-33 设置各选项

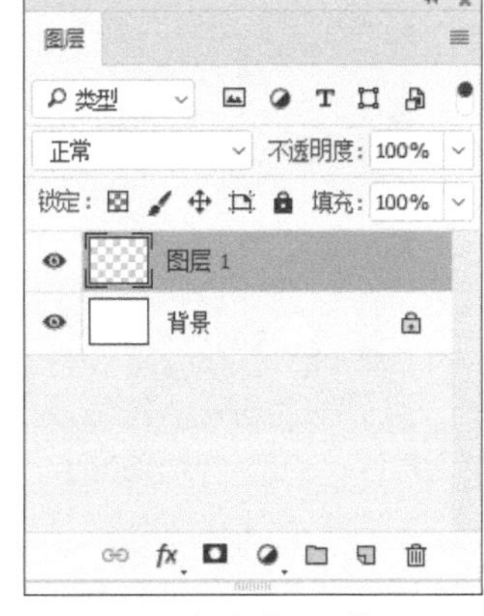

图8-34 新建“图层1”图层

步骤 03 选取工具箱中的渐变工具，设置渐变色为紫色（RGB参数值分别为37、19、71）到暗蓝色（RGB参数值分别为0、5、36），如图8-35所示。

步骤 04 在工具属性栏中单击“径向渐变”按钮，在图像编辑窗口中单击鼠标左键并拖曳填充渐变色，效果如图8-36所示。

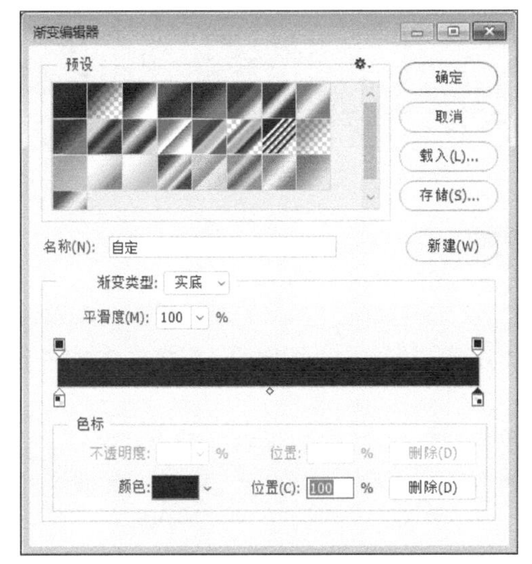

图8-35 设置各参数

图8-36 填充渐变色

步骤 05 按【Ctrl+O】组合键，打开“装饰2.png”素材图像，运用移动工具将素材图像拖曳至背景图像编辑窗口中，适当调整图像的位置，效果如图8-37所示。

步骤 06 在“图层”面板中，设置“图层2”图层的“混合模式”为“柔光”、“不透明度”为49%，效果如图8-38所示。

图8-37 拖曳图像

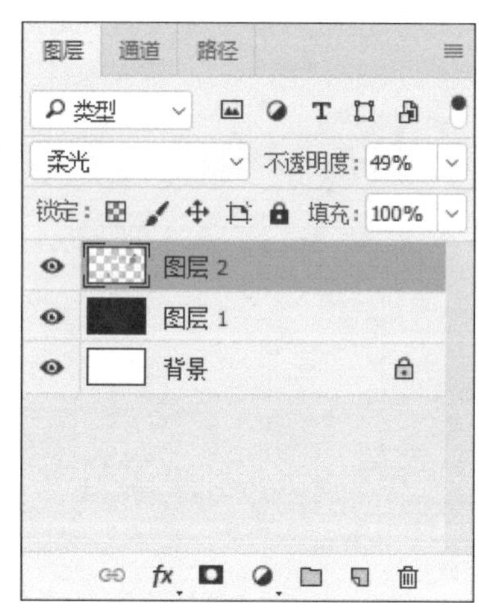

图8-38 设置各选项

步骤 07 此时图像编辑窗口中的效果随之改变，效果如图8-39所示。

步骤 08 按【Ctrl+O】组合键，打开“装饰3.png”素材图像，运用移动工具将素材图像拖曳至背景图像编辑窗口中，适当调整图像的位置，效果如图8-40所示。

图8-39 图像效果

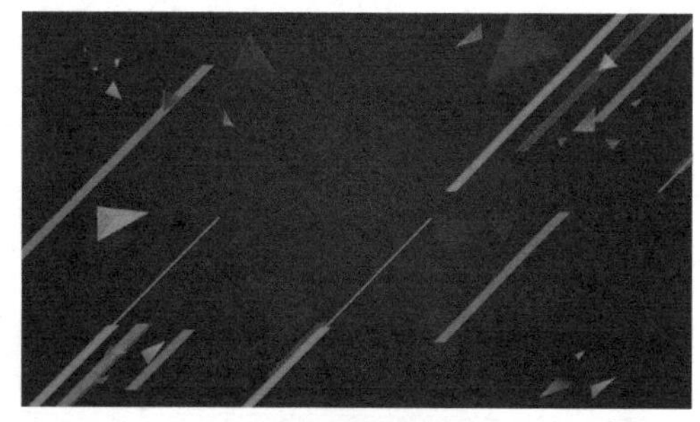

图8-40 拖曳图像

8.2.2 制作花形标志及文字效果

下面详细介绍制作花形标志及文字效果的方法。

步骤 01 按【Ctrl+O】组合键，打开“标题栏.png”素材图像，运用移动工具将素材图像拖曳至背景图像编辑窗口中，适当调整图像的位置，效果如图8-41所示。

步骤 02 选取工具箱中的横排文字工具，在“字符”面板中，设置“字体系列”为“Academy Engraved LET”、“字体大小”为72点、“颜色”为白色（RGB参数值均为255），并激活仿粗体图标，如图8-42所示。

图8-41 拖曳图像

图8-42 设置各选项

步骤03 输入相应文本，并调整至合适位置，效果如图8-43所示。

步骤04 选取工具箱中的椭圆选框工具，沿字母“O”绘制一个正圆选区，效果如图8-44所示。

图8-43 输入相应文本

图8-44 绘制正圆选区

步骤05 新建图层，设置前景色为蓝色（RGB参数值分别为38、175、222），按【Alt+Delete】组合键为选区填充前景色，并取消选区，效果如图8-45所示。

步骤06 双击“图层5”图层，打开“图层样式”对话框，选中“描边”复选框，设置“大小”为6像素、“不透明度”为50%、“颜色”为白色；选中“投影”复选框，设置“不透明度”为34%、“角度”为90、“距离”为8像素、“扩展”为0%、“大小”为8像素，单击“确定”按钮，即可添加图层样式，效果如图8-46所示。

图8-45 取消选区

图8-46 添加图层样式

步骤 07 选取工具箱中的自定形状工具，在工具属性栏中设置“选择工具模式”为“形状”、“填充”为白色、“描边”为无、“形状”为“花1”，绘制一个形状，效果如图8-47所示。

步骤 08 按【Ctrl+O】组合键，打开“信息.png”素材图像，运用移动工具将素材图像拖曳至背景图像编辑窗口中，适当调整图像的位置，效果如图8-48所示。

图8-47 绘制形状

图8-48 拖曳图像

8.2.3 制作微博背景界面效果

下面详细介绍制作微博背景界面效果的方法。

步骤 01 选中除“背景”图层外的所有图层，按【Ctrl+G】组合键，为图层编组，得到“组1”图层组，如图8-49所示。

步骤 02 按【Ctrl+O】组合键，打开“微博界面2.jpg”素材图像，切换至背景图像编辑窗口，运用移动工具将图层组的图像拖曳至“微博界面2”图像编辑窗口中，适当调整图像的位置，效果如图8-50所示。

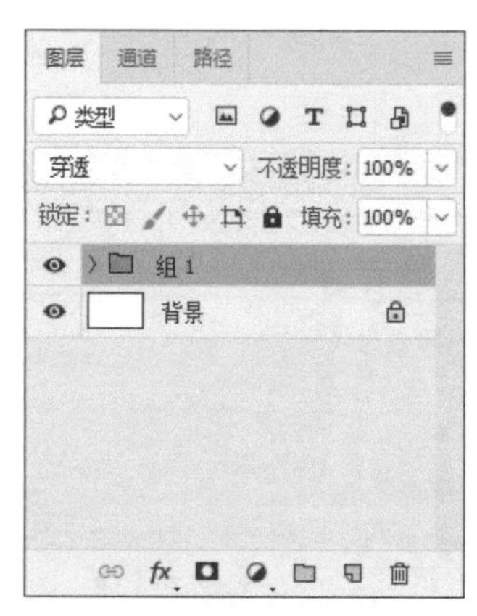

图8-49 得到“组1”图层组

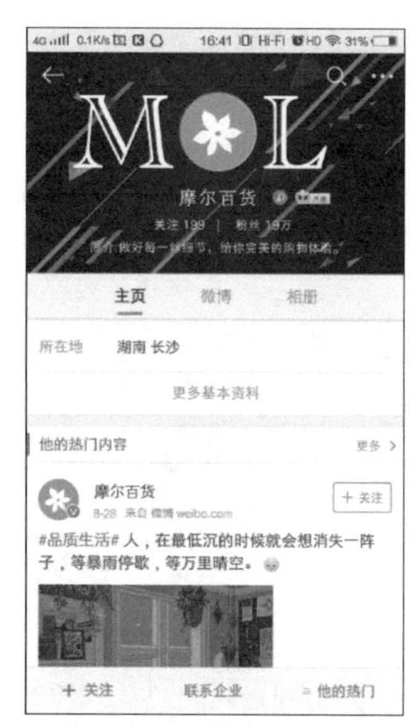

图8-50 拖曳图像

8.3 实战——微博主图设计

在制作微博主图时，先为背景填充纯色，在运用多边形套索工具绘制选区填充手机屏幕，并抠取图像，再输入相应信息，最后将图像拖曳之微博界面即可完成设计。

本实例最终效果如图8-51所示。

图8-51 实例效果

扫码看视频

素材文件	素材\第8章\手机.jpg、微博界面3.jpg
效果文件	效果\第8章\微博主图设计.psd、微博主图设计.jpg
视频文件	视频\第8章\8.3 实战——微博主图设计.mp4

8.3.1 制作新款手机主图

下面详细介绍制作新款手机主图的方法。

步骤 01 单击“文件”|“新建”命令，弹出“新建”对话框，设置“名称”为“微博主图设计”、“宽度”为500像素、“高度”为500像素、“分辨率”为300像素/英寸、“颜色模式”为“RGB颜色”、“背景内容”为“白色”，如图8-52所示。单击“创建”按钮，新建一个空白图像。

步骤 02 展开“图层”面板，新建“图层1”图层，设置前景色为淡青色（RGB参数值分别为204、228、228），为“图层1”图层填充前景色，效果如图8-53所示。

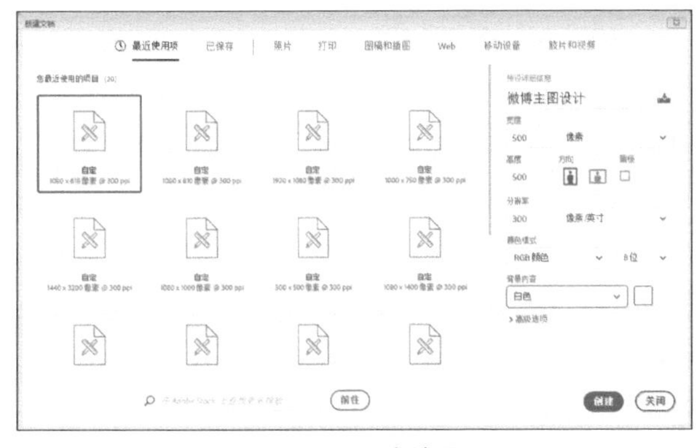

图8-52 设置各选项

图8-53 填充前景色

步骤 03 按【Ctrl+O】组合键，打开“手机.jpg”素材图像，如图8-54所示。

步骤 04 选取工具箱中的多边形套索工具，沿手机屏幕创建一个选区，如图8-55所示。

图8-54 素材图像

图8-55 创建选区

步骤 05 设置前景色为黑色，为选区填充前景色并取消选区，效果如图8-56所示。

步骤 06 按【Ctrl+J】组合键，复制“背景”图层，得到“图层1”图层，并隐藏“背景”图层，如图8-57所示。

图8-56 取消选区

图8-57 隐藏“背景”图层

步骤 07 选取工具箱中的魔棒工具，在工具属性栏中设置“容差”为10，在图像的背景区域单击鼠标左键，创建选区，如图8-58所示。

步骤 08 按【Delete】键，删除选区内的图像，并取消选区，效果如图8-59所示。

图8-58 创建选区

图8-59 取消选区

步骤 09 运用移动工具将素材图像拖曳至背景图像编辑窗口中，适当调整图像的大小和位置，效果如图8-60所示。

步骤 10 选取工具箱中的横排文字工具，在“字符”面板中设置“字体系列”为“方正细圆简体”、“字体大小”为5点、“设置所选字符的字距调整”为100、“颜色”为灰色（RGB参数值均为94），并激活仿粗体图标，在图像编辑窗口中输入文字，效果如图8-61所示。

图8-60 拖曳图像

图8-61 输入文字

步骤 11 选取工具箱中的横排文字工具，在“字符”面板中设置“字体系列”为“微软雅黑”、“字体大小”为9.5点、“设置所选字符的字距调整”为100、“颜色”为橙色（RGB参数值分别为249、55、0），在图像编辑窗口中输入文字，效果如图8-62所示。

步骤 12 选中“¥”符号，在“字符”面板中激活上标图标，如图8-63所示。

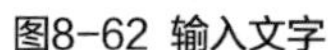
图8-62 输入文字

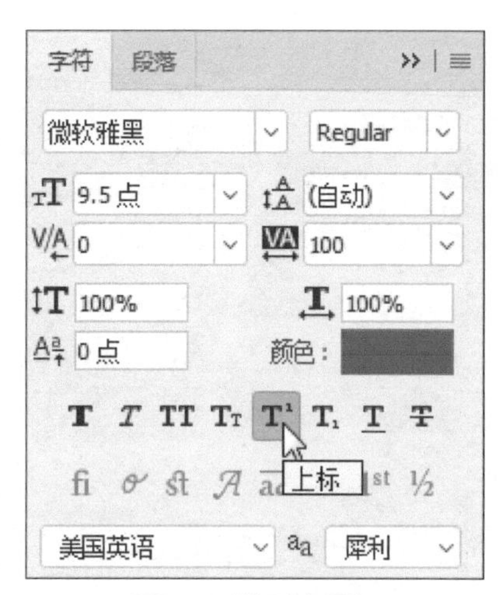

图8-63 激活上标图标

步骤13 选中“起”文字，设置“字体大小”为5点，效果如图8-64所示。

步骤14 选取工具箱中的横排文字工具，在“字符”面板中设置“字体系列”为“方正兰亭超细黑简体”、“字体大小”为4点、“设置所选字符的字距调整”为150、“颜色”为黑色（RGB参数值均为0），并激活仿粗体图标，在图像编辑窗口中输入文字，效果如图8-65所示。

图8-64 设置“字体大小”参数

图8-65 输入文字

8.3.2 制作微博主图界面效果

下面详细介绍制作微博主图界面效果的方法。

步骤01 选中除“背景”图层外的所有图层，按【Ctrl+G】组合键，为图层编组，得到“组1”图层组，如图8-66所示。

步骤02 按【Ctrl+O】组合键，打开“微博界面3.jpg”素材图像，切换至背景图像编辑窗口，运用移动工具将图层组的图像拖曳至“微博界面3”图像编辑窗口中，适当调整图像的大小和位置，效果如图8-67所示。

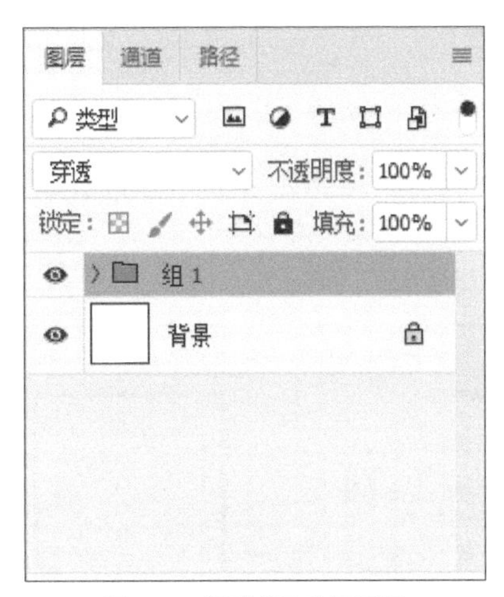

图8-66 得到“组1”图层组

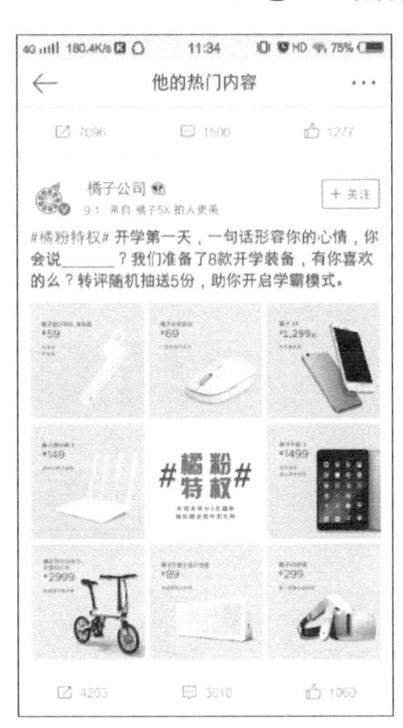

图8-67 拖曳图像

8.4 实战——主图水印设计

在制作主图水印时，先绘制出矩形并栅格化，运用矩形选框工具剪切矩形的边角，进行相应的变换操作，添加装饰图形并输入文字，将图形拖曳至素材图像中即可完成设计。

本实例最终效果如图8-68所示。

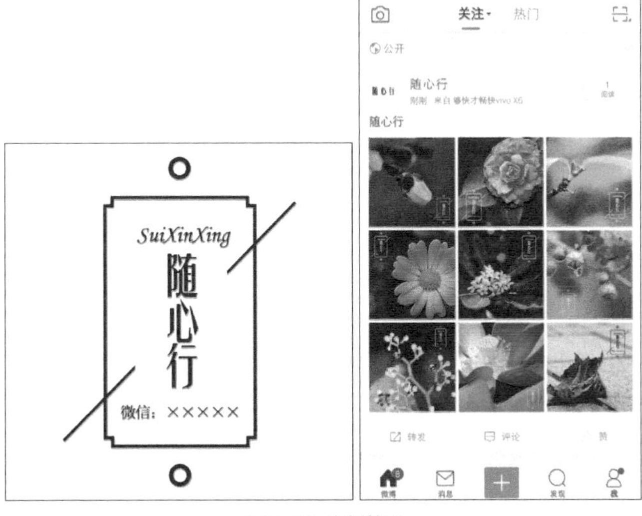

图8-68 实例效果

扫码看视频

素材文件	素材\第8章\文字.psd、照片.jpg、微博界面4.jpg
效果文件	效果\第8章\主图水印设计.psd、主图水印设计.jpg
视频文件	视频\第8章\8.4 实战——主图水印设计.mp4

8.4.1 制作简约水印效果

下面详细介绍制作简约水印效果的方法。

步骤 01 单击“文件”|“新建”命令，弹出“新建”对话框，设置“名称”为“主图水印设计”、“宽度”为450像素、“高度”为450像素、“分辨率”为300像素/英寸、“颜色模式”为“RGB颜色”、“背景内容”为“白色”，如图8-69所示，单击“创建”按钮，新建一个空白图像。

步骤 02 选取工具箱中的矩形工具，在工具属性栏中设置“选择工具模式”为“形状”、“填充”为无、“描边”为黑色（RGB参数值均为0）、“描边宽度”为4.5像素，在图像编辑窗口中的适当位置绘制一个矩形形状，效果如图8-70所示。

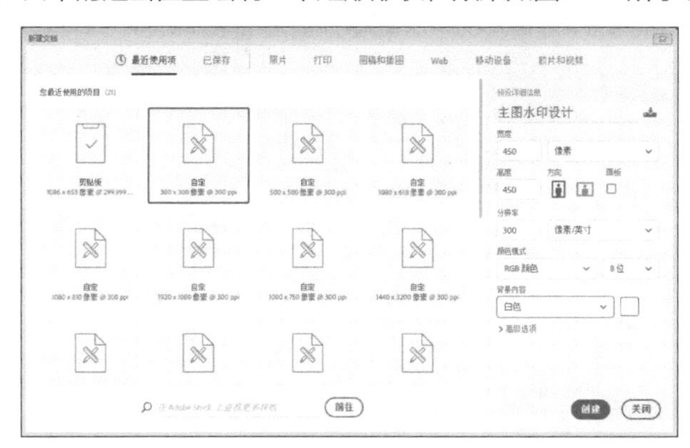

图8-69 设置各选项

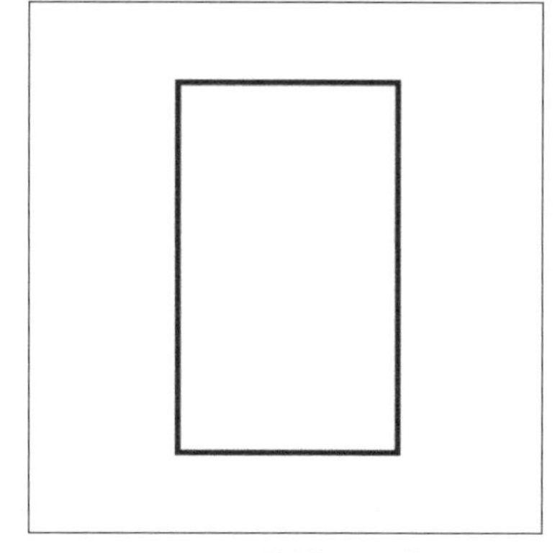

图8-70 绘制矩形形状

步骤 03 在“图层”面板中选中“矩形1”形状图层，单击鼠标右键，在弹出的快捷菜单中选择“栅格化图层”选项，即可栅格化形状，如图8-71所示。

步骤 04 选取工具箱中的矩形选框工具，在图像编辑窗口中的适当位置绘制一个矩形选框，如图8-72所示。

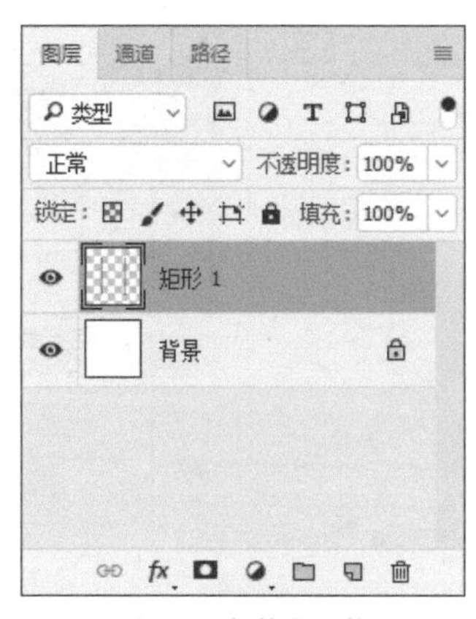

图8-71 栅格化形状

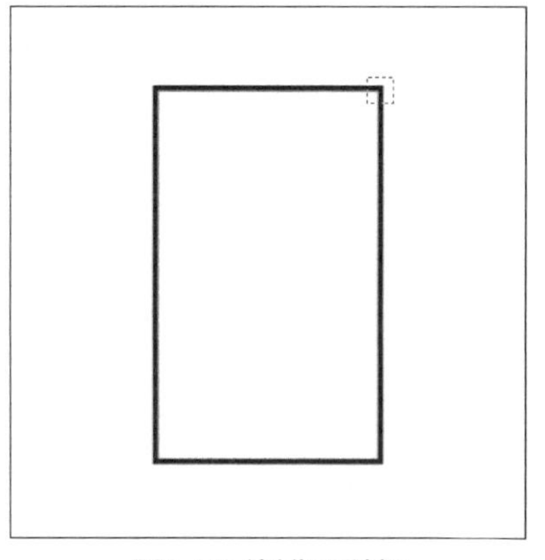

图8-72 绘制矩形选框

步骤 05 在选区内单击鼠标右键，在弹出的快捷菜单中选择“通过剪切的图层”选项，如图

8-73所示。

步骤 06 执行上述操作后，即可剪切选区内的图像为一个新图层，如图8-74所示。

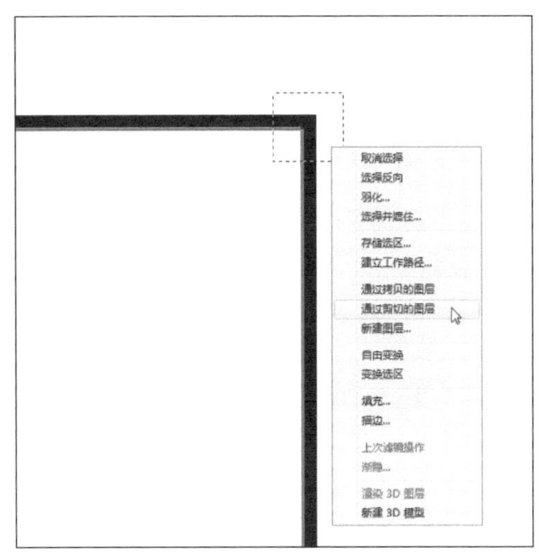

图8-73 选择“通过剪切的图层”选项

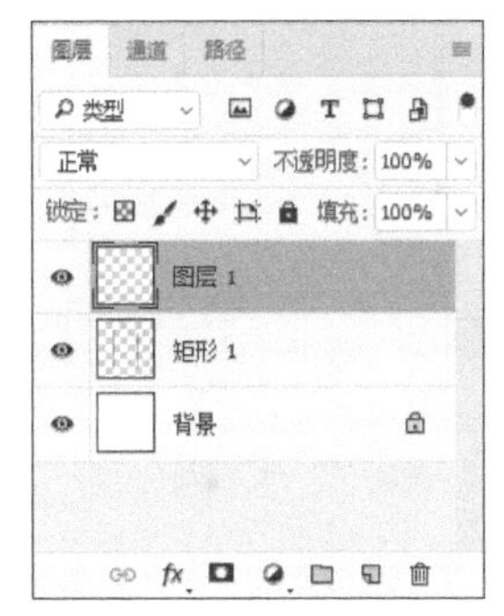

图8-74 剪切图像为新图层

步骤 07 按【Ctrl+T】组合键，调出变换控制框，在控制框中单击鼠标右键，在弹出的快捷菜单中选择“水平翻转”选项，水平翻转图像，如图8-75所示。

步骤 08 再次在控制框中单击鼠标右键，在弹出的快捷菜单中选择“垂直翻转”选项，垂直翻转图像，并按【Enter】键确认变换，效果如图8-76所示。

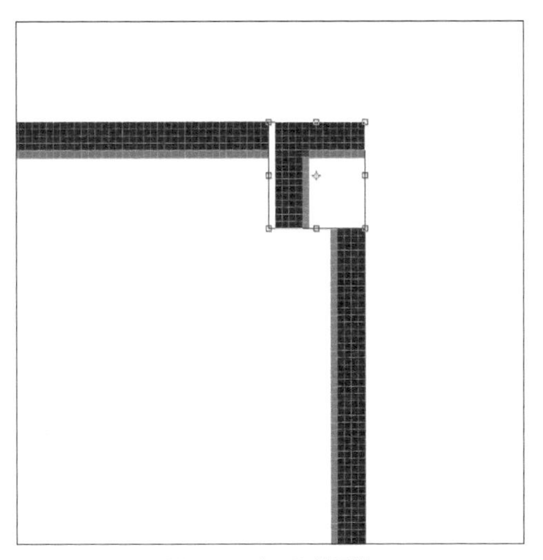

图8-75 水平翻转图像

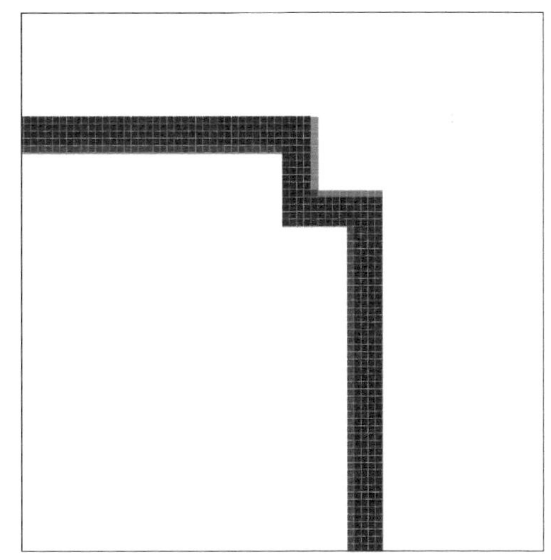

图8-76 确认变换

步骤 09 按【Ctrl+J】组合键，复制“图层1”图层，得到“图层1拷贝”图层，运用移动工具将复制后的图像拖曳至合适位置，并水平翻转图像，效果如图8-77所示。

步骤 10 运用以上同样的方法，制作出另外两个边角，效果如图8-78所示。

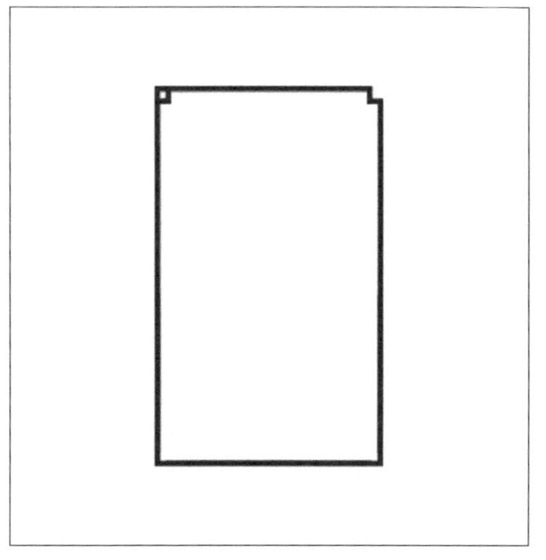

图8-77 水平翻转图像

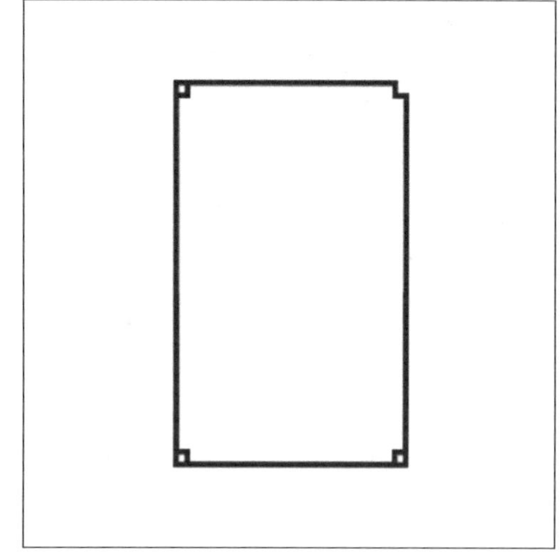

图8-78 制作另外两个边角

步骤 11 选取工具箱中的矩形选框工具，在“工具属性栏中”单击“添加到选区”按钮，在图像中绘制多个选区，如图8-79所示。

步骤 12 选中“矩形1”图层，按【Delete】键，删除选区内的图像，按【Ctrl+D】组合键，取消选区，效果如图8-80所示。

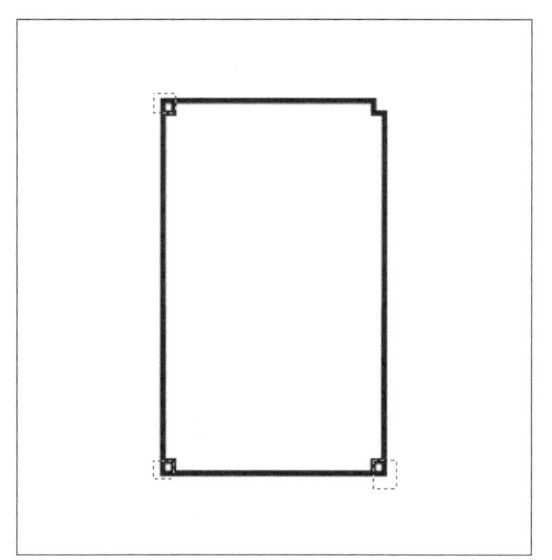

图8-79 绘制选区

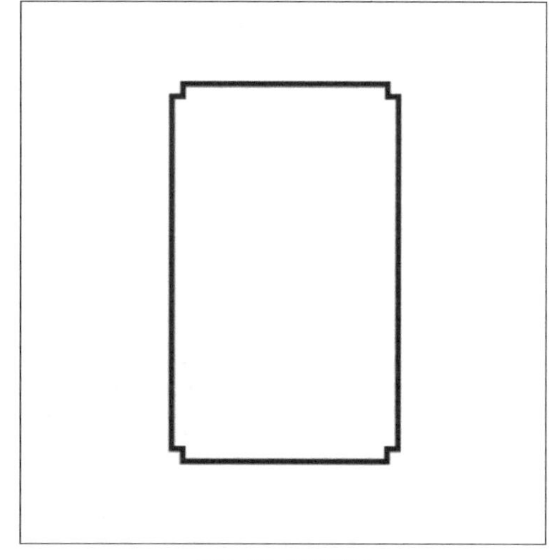

图8-80 取消选区

步骤 13 选取工具箱中的直线工具，在工具属性栏中设置“填充”为黑色、“粗细”为4像素，绘制一个直线形状，效果如图8-81所示。

步骤 14 栅格化“形状1”图层，运用矩形选框工具选中相应部分，并按【Delete】键删除选区内的部分，如图8-82所示，并取消选区。

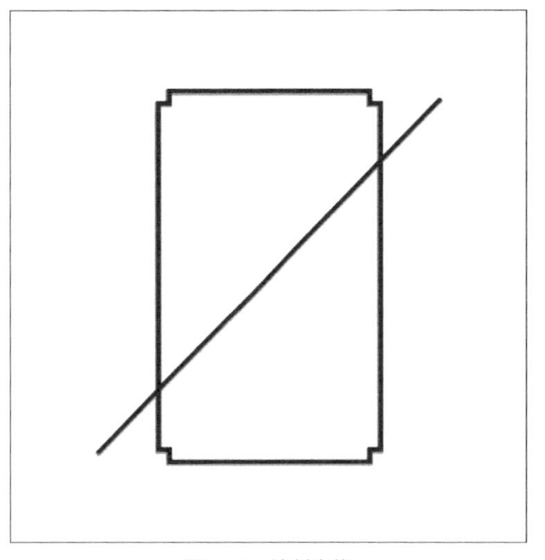

图8-81 绘制直线

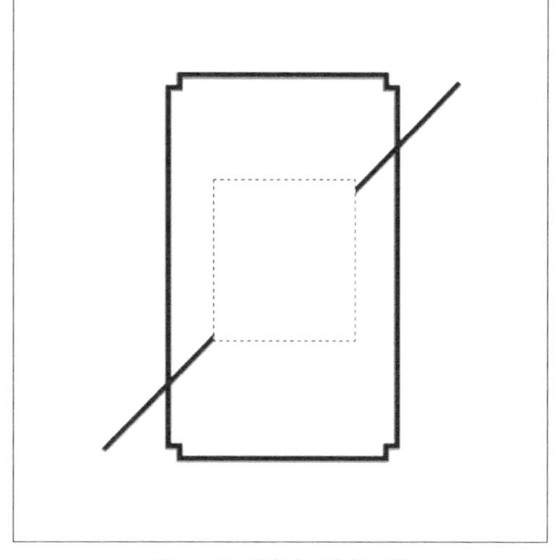

图8-82 删除选区内的图像

步骤 15 选取工具箱中的椭圆工具，在工具属性栏中设置“填充”为无、“描边”为黑色、“描边宽度”为6像素，在图像编辑窗口中绘制一个椭圆，效果如图8-83所示。

步骤 16 复制“椭圆1”图层，按住【Shift】键的同时将复制后的图像移动至合适位置，效果如图8-84所示。

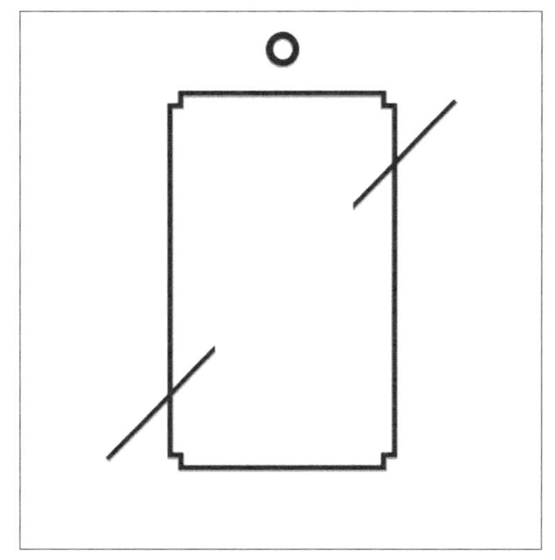

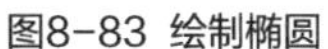

图8-83 绘制椭圆

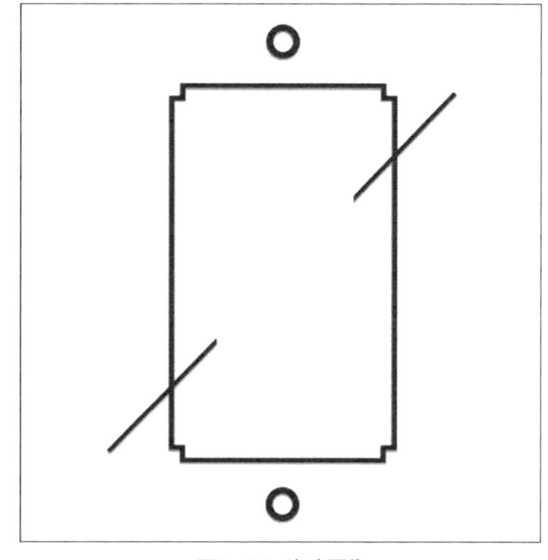

图8-84 移动图像

步骤 17 选取工具箱中的直排文字工具，在“字符”面板中设置“字体系列”为“方正姚体”、“字体大小”为14点、“设置所选字符的字距调整”为-25、“颜色”为黑色（RGB参数值均为0），并激活仿粗体图标，在图像编辑窗口中输入文字，效果如图8-85所示。

步骤 18 按【Ctrl+O】组合键，打开“文字.psd”素材图像，运用移动工具将素材图像拖曳至背景图像编辑窗口中，适当调整图像的位置，效果如图8-86所示。

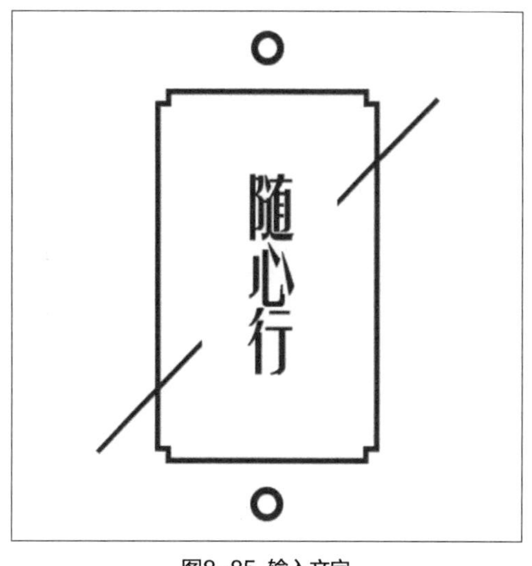

图8-85 输入文字

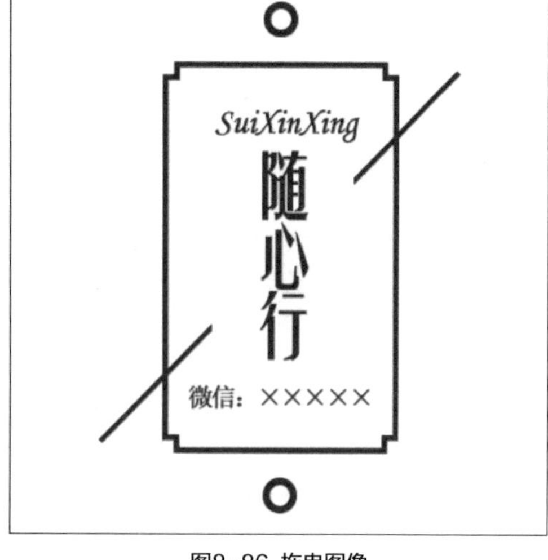

图8-86 拖曳图像

8.4.2 应用水印制作界面效果

下面详细介绍应用水印制作界面效果的方法。

步骤 01 隐藏“背景”图层，按【Shift＋Ctrl＋Alt＋E】组合键，盖印可见图层，得到“图层2”图层，如图8-87所示。

步骤 02 按【Ctrl＋O】组合键，打开“照片.jpg”素材图像，切换至背景图像编辑窗口，运用移动工具将盖印的图像拖曳至“照片”图像编辑窗口中，适当调整图像的大小和位置，效果如图8-88所示。

图8-87 得到“图层2”图层

图8-88 拖曳图像

步骤 03 在“调整”面板中单击“色相/饱和度”按钮，新建“色相/饱和度1”调整图层，在弹出的“属性”面板中设置“明度”为100，并单击“此调整剪切到此图层”按钮，如图8-89

所示。

步骤 04 选中所有图层，按【Ctrl+E】组合键，合并所有图层，效果如图8-90所示。

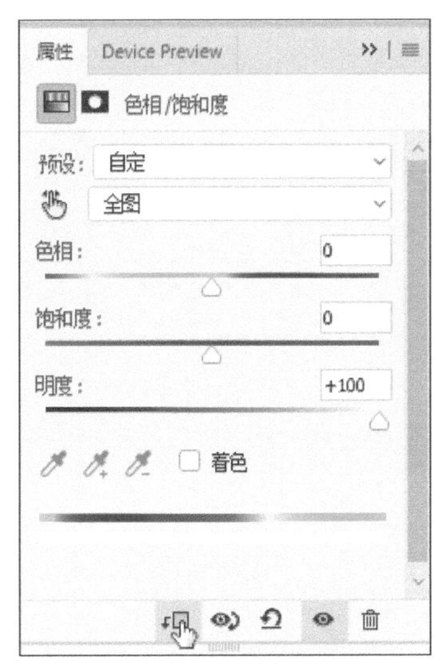

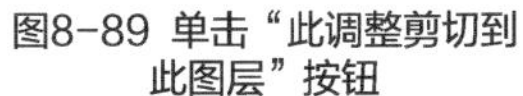

图8-89 单击“此调整剪切到此图层”按钮

图8-90 图像效果

步骤 05 按【Ctrl+O】组合键，打开“微博界面4.jpg”素材图像，如图8-91所示。

步骤 06 切换至“照片”图像编辑窗口，运用移动工具将合并的图像拖曳至“微博界面4”图像编辑窗口中，适当调整图像的大小和位置，效果如图8-92所示。

图8-91 素材图像

图8-92 拖曳图像

8.5 实战——微博广告设计

在制作微博广告时，先打开并拖曳素材图像，调整图像的亮度，输入相应的商品信息，最后再将图像拖曳至微博界面中，即可完成设计。

本实例最终效果如图8-93所示。

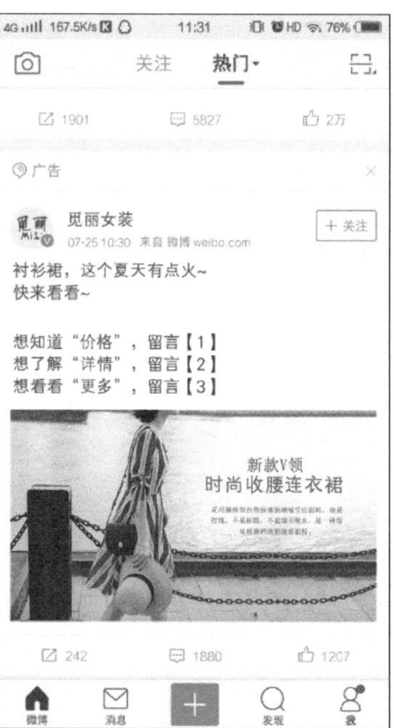

图8-93 实例效果

扫码看视频

素材文件	素材\第8章\广告背景.jpg、微博界面5.jpg
效果文件	效果\第8章\微博广告设计.psd、微博广告设计.jpg
视频文件	视频\第8章\8.5 实战——微博广告设计.mp4

8.5.1 制作连衣裙广告效果

下面详细介绍制作连衣裙广告效果的方法。

步骤 01 单击“文件”|“新建”命令，弹出“新建”对话框，设置“名称”为“微博广告设计”、“宽度”为1008像素、“高度”为567像素、“分辨率”为300像素/英寸、“颜色模式”为“RGB颜色”、“背景内容”为“白色”，如图8-94所示。单击“创建”按钮，新建一个空白图像。

步骤 02 按【Ctrl＋O】组合键，打开“广告背景.jpg”素材图像，运用移动工具将素材图像拖曳至背景图像编辑窗口中，适当调整图像的位置，效果如图8-95所示。

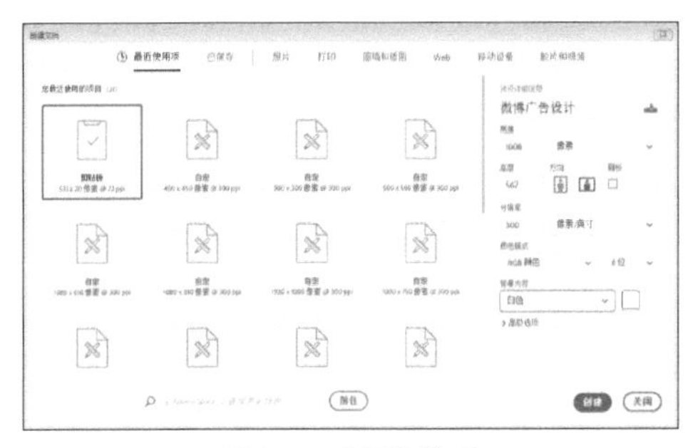

图8-94 设置各选项

图8-95 拖曳图像

步骤 03 单击“图像”|“调整”|“亮度/对比度”命令，弹出“亮度/对比度”对话框，设置“亮度”为50，单击“确定”按钮，效果如图8-96所示。

步骤 04 选取工具箱中的横排文字工具，在“字符”面板中设置“字体系列”为“宋体”、“字体大小”为10.5点、“颜色”为红色（RGB参数值分别为255、0、0），并激活仿粗体图标，在图像编辑窗口中输入文字，效果如图8-97所示。

图8-96 图像效果

图8-97 输入文字

步骤 05 选取工具箱中的横排文字工具，在“字符”面板中设置“字体系列”为“方正细黑一简体”、“字体大小”为13点、“颜色”为红色（RGB参数值分别为255、0、0），并激活仿粗体图标，在图像编辑窗口中输入文字，效果如图8-98所示。

步骤 06 选取工具箱中的横排文字工具，在“字符”面板中设置“字体系列”为“宋体”、“字体大小”为4.5点、“行距”为7点、“颜色”为灰色（RGB参数值均为83），并激活仿粗体图标，在图像编辑窗口中绘制一个文本框，并输入文字，效果如图8-99所示。

图8-98 输入文字

图8-99 输入文字

8.5.2 制作微博广告界面效果

下面详细介绍制作微博广告界面效果的方法。

步骤 01 选中除“背景”图层外的所有图层，按【Ctrl+G】组合键，为图层编组，得到“组1”图层组，如图8-100所示。

步骤 02 按【Ctrl+O】组合键，打开“微博界面5.jpg”素材图像，切换至背景图像编辑窗口，运用移动工具将图层组的图像拖曳至“微博界面5”图像编辑窗口中，适当调整图像的位置，效果如图8-101所示。

图8-100 得到“组1”图层组

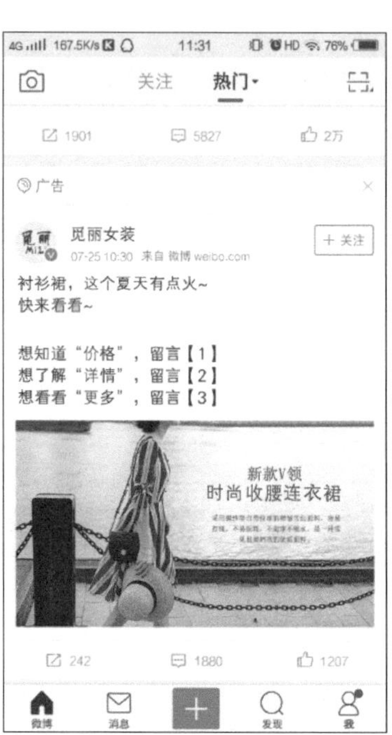

图8-101 拖曳图像

第9章 直播新媒体界面设计

学习提示

网络直播可以简单定义为：在现场随着事件的发生、发展进程同步制作和发布信息，具有双向流通性的信息网络发布方式。随着互联网络技术的发展，直播的概念有了新的演绎和发展，网络视频直播特别受关注。

本章重点导航

- 实战——主播招募令设计
- 实战——直播宣传长页设计
- 实战——主播推荐海报设计
- 实战——主播顶部展示设计
- 实战——游戏直播间设计

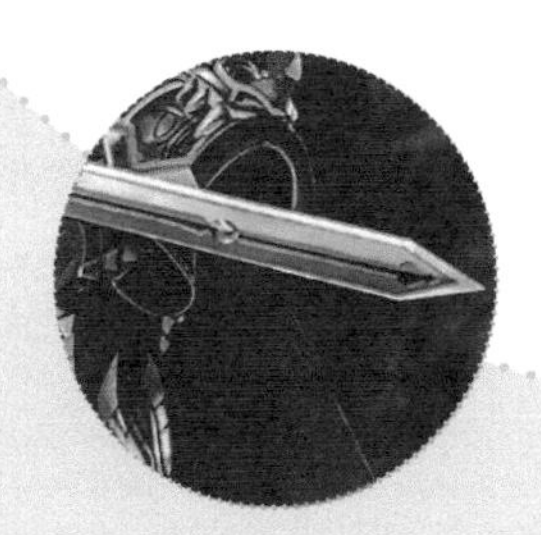

9.1 实战——主播招募令设计

在制作主播招募令时，采用黑白装饰与明亮的黄色矩形形成鲜明对比，使观看者更好的注意到画面中的人物，再加入适当的招募信息，即可完成设计。

本实例最终效果如图9-1所示。

图9-1 实例效果

扫码看视频 	素材文件	素材\第9章\招募令背景.jpg、树叶1.png、树叶2.png、发光圆点.psd、人物1.psd、文字1.psd、文字2.psd
	效果文件	效果\第9章\主播招募令设计.psd、主播招募令设计.jpg
	视频文件	视频\第9章\9.1 实战——主播招募令设计.mp4

9.1.1 制作背景效果

下面详细介绍制作背景效果的方法。

步骤 01 单击“文件”|“打开”命令，打开“招募令背景.jpg”素材图像，如图9-2所示。

步骤 02 选取工具箱中的矩形工具，在工具属性栏中设置“选择工具模式”为“形状”、“填充”为黄色（RGB参数值分别为245、203、31）、“描边”为无，在图像编辑窗口中的适当位置绘制一个矩形形状，效果如图9-3所示。

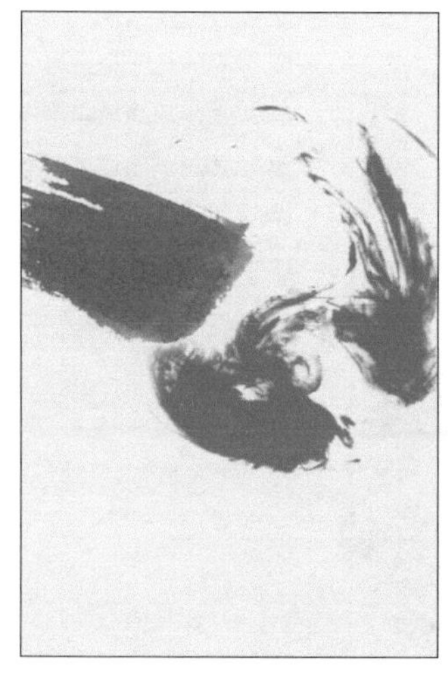

图9-2 素材图像

图9-3 绘制矩形

步骤 03 打开“树叶1.png”素材，将其拖曳至背景图像编辑窗口中的合适位置处，如图9-4所示。

步骤 04 单击“图像”|“调整”|“黑白”命令，弹出“黑白”对话框，保持默认设置，单击“确定”按钮，效果如图9-5所示。

图9-4 拖曳图像

图9-5 图像效果

专家指点

在打开“黑白”对话框时，如果要对图像中的某种颜色进行细致的调整，可以将光标定位在该颜色区域的上方，单击并拖动鼠标可以使该颜色变亮或变暗。同时，“黑白”对话框中相应的颜色滑块也会自动移动位置。

步骤 05 按【Ctrl+O】组合键，打开“树叶2.png”素材图像，运用移动工具将素材图像拖曳至背景图像编辑窗口中，适当调整图像的位置，效果如图9-6所示。

步骤 06 按【Ctrl+O】组合键，打开“发光圆点.psd”素材图像，运用移动工具将素材图像拖曳至背景图像编辑窗口中，适当调整图像的位置，效果如图9-7所示。

图9-6 拖曳图像

图9-7 拖曳图像

9.1.2 制作人物与标题文字效果

下面详细介绍制作人物与标题文字效果的方法。

步骤 01 单击“文件”|“打开”命令，打开“人物1.psd”素材图像，运用移动工具将素材图像拖曳至背景图像编辑窗口中，适当调整图像的位置，效果如图9-8所示。

步骤 02 选取工具箱中的直线工具，在工具属性栏中设置“填充”为蓝色（RGB参数值分别为14、49、155）、“粗细”为4像素，绘制一个直线形状，效果如图9-9所示。

图9-8 拖曳图像

图9-9 绘制直线

步骤 03 选取工具箱中的直排文字工具，在“字符”面板中设置“字体系列”为“黑体”、“字体大小”为14点、“颜色”为蓝色（RGB参数值分别为14、49、155），在图像编辑窗口中输入文字，效果如图9-10所示。

步骤 04 选取工具箱中的矩形工具，在工具属性栏中设置“填充”为蓝色（RGB参数值分别为14、49、155）、“描边”为无，在图像编辑窗口中的适当位置绘制一个矩形形状，效果如图9-11所示。

图9-10 输入文字

图9-11 绘制矩形

步骤 05 选取工具箱中的横排文字工具，在“字符”面板中设置“字体系列”为“Arial”、“字体大小”为6点、“设置所选字符的字距调整”为900、“颜色”为白色（RGB参数值均为255），并激活仿粗体图标，在图像编辑窗口中输入文字，效果如图9-12所示。

步骤 06 按【Ctrl+T】组合键，调出变换控制框，适当旋转文字，并调整位置，按【Enter】键确认变换，效果如图9-13所示。

图9-12 输入文字

图9-13 确认变换

步骤 07 选取工具箱中的横排文字工具，在“字符”面板中设置“字体系列”为“Curlz MT”、“字体大小”为30点、“颜色”为红色（RGB参数值分别为255、36、37），并激活仿粗体图标，在图像编辑窗口中另一位置输入文字，效果如图9-14所示。

步骤 08 单击“编辑”|“变换”|“斜切”命令，调出变换控制框，将光标移至变换控制框边缘，当光标呈形状时，向上拖曳调整文字形状，效果如图9-15所示。按【Enter】键确认变换。

图9-14 输入文字

图9-15 调整文字形状

步骤 09 选取工具箱中的横排文字工具，在“字符”面板中设置“字体系列”为“方正姚体”、“字体大小”为75点、“设置所选字符的字距调整”为-250、“颜色”为深蓝色（RGB参数值分别为27、46、105），如图9-16所示。

步骤 10 在图像编辑窗口中输入文字，运用移动工具将其移至合适位置处，效果如图9-17

所示。

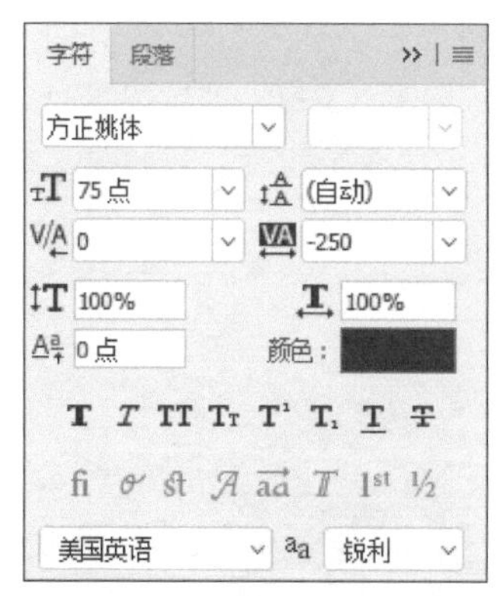

图9-16 设置各选项　　图9-17 输入文字

步骤 11 单击“图层”|“图层样式”|“描边”命令，弹出“图层样式”对话框，设置“大小”为3、“颜色”为深蓝色（RGB参数值分别为0、10、36），单击“确定”按钮应用图层样式，效果如图9-18所示。

步骤 12 按【Ctrl+O】组合键，打开“文字1.psd”素材图像，运用移动工具将素材图像拖曳至背景图像编辑窗口中，适当调整图像的位置，效果如图9-19所示。

图9-18 应用图层样式　　图9-19 拖曳图像

9.1.3 制作招募信息效果

下面详细介绍制作招募信息效果的方法。

步骤 01 切换至“路径”面板，选中“路径1”路径，按【Ctrl+Enter】组合键将路径转换为选区，效果如图9-20所示。

步骤 02 切换至“图层”面板，新建一个图层，设置前景色为暗蓝色（RGB参数值分别为32、33、64），为选区填充前景色，并取消选区，效果如图9-21所示。

图9-20 将路径转换为选区

图9-21 取消选区

步骤 03 选取工具箱中的矩形工具，在工具属性栏中设置“填充”为无、“描边”为黄色（RGB参数值分别为255、255、16）、“描边宽度”为8像素，在图像编辑窗口中的适当位置绘制一个矩形形状，效果如图9-22所示。

步骤 04 在“图层”面板中，将“矩形3”形状图层栅格化，运用矩形选框工具在图像中绘制一个矩形选框，效果如图9-23所示。

图9-22 绘制矩形

图9-23 绘制矩形选框

步骤 05 按【Delete】键，删除选区内的图像，按【Ctrl+D】组合键，取消选区，效果如图9-24所示。

步骤 06 选取工具箱中的横排文字工具，在“字符”面板中设置“字体系列”为“方正细黑一简体”、“字体大小”为16点、“设置所选字符的字距调整”为-50、“颜色”为白色（RGB参数值均为255），并激活仿粗体图标，在图像编辑窗口中输入文字，效果如图9-25所示。

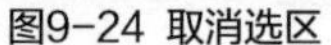

图9-24 取消选区　　　　图9-25 输入文字

步骤 07 选取工具箱中的矩形工具，在工具属性栏中设置“填充”为白色、“描边”为无，在图像编辑窗口中的适当位置绘制一个矩形形状，效果如图9-26所示。

步骤 08 选取工具箱中的横排文字工具，在“字符”面板中设置“字体系列”为“方正细黑一简体”、“字体大小”为6点、“设置所选字符的字距调整”为1800、“颜色”为暗蓝色（RGB参数值分别为32、33、64），并激活仿粗体图标，如图9-27所示。

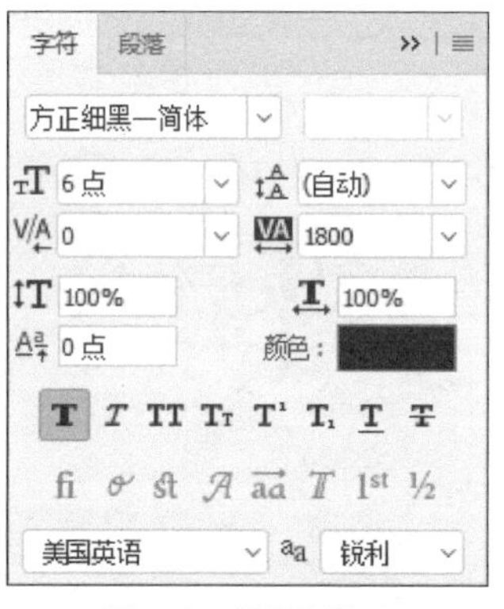

图9-26 绘制矩形　　　　图9-27 设置各选项

步骤 09 切换至“段落”面板，单击“居中对齐文本”按钮，在图像编辑窗口中输入文字，运用移动工具将其移至合适的位置，效果如图9-28所示。

步骤 10 按【Ctrl+O】组合键，打开“文字2.psd”素材图像，运用移动工具将素材图像拖曳至背景图像编辑窗口中，适当调整图像的位置，效果如图9-29所示。

图9-28 输入文字　　　　图9-29 拖曳图像

9.2 实战——直播宣传长页设计

在制作直播宣传长页时，运用矩形框将不同内容分成几个区域，使信息更加清晰明了，采用蓝色为辅助色，让整个画面清爽简洁。

本实例最终效果如图9-30所示。

图9-30 实例效果

扫码看视频	
素材文件	素材\第9章\人物2.jpg、讲师简介.psd、讲师作品.psd、书籍1.jpg、书籍2.psd
效果文件	效果\第9章\直播宣传长页设计.psd、直播宣传长页设计.jpg
视频文件	视频\第9章\9.2 实战——直播宣传长页设计.mp4

9.2.1 制作直播讲师信息效果

下面详细介绍制作直播讲师信息效果的方法。

步骤 01 单击“文件”|“新建”命令，弹出“新建”对话框，设置“名称”为“直播宣传长页设计”、“宽度”为800像素、“高度”为5920像素、“分辨率”为300像素/英寸、“颜色模式”为“RGB颜色”、“背景内容”为“白色”，如图9-31所示。单击“创建”按钮，新建一个空白图像。

步骤 02 选取工具箱中的矩形选框工具，在图像编辑窗口中绘制一个矩形选区，如图9-32所示。

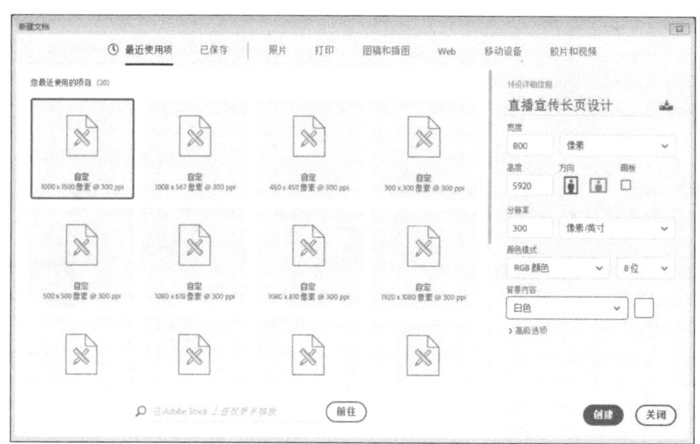

图9-31 设置各选项

图9-32 绘制矩形选区

步骤 03 设置前景色为蓝色（RGB参数值分别为169、194、225），新建一个图层并填充前景色，按【Ctrl+D】组合键，取消选区，效果如图9-33所示。

步骤 04 选取工具箱中的横排文字工具，在“字符”面板中设置“字体系列”为“方正小标宋简体”、“字体大小”为7点、“颜色”为深蓝色（RGB参数值分别为20、49、79），并激活仿粗体图标，在图像编辑窗口中输入文字，效果如图9-34所示。

图9-33 取消选区

图9-34 输入文字

专家指点

在创建选区时，若选区的位置不合适，可以适当移动选区。
使用矩形选框、椭圆选框工具创建选区时，在放开鼠标按键前，按住空格键拖动鼠标，即可移动选区。

步骤 05 选取工具箱中的横排文字工具，在“字符”面板中设置“字体系列”为“方正小标宋简体”、“字体大小”为12.5点、“行距”为17点、“设置所选字符的字距调整”为-100、“颜色”为白色（RGB参数值均为255），并激活仿粗体图标，在图像编辑窗口中输入文字，效果如图9-35所示。

步骤 06 按【Ctrl+O】组合键，打开“人物2.jpg”素材图像，运用椭圆选框工具在图像编辑窗口中绘制一个正圆选区，如图9-36所示。

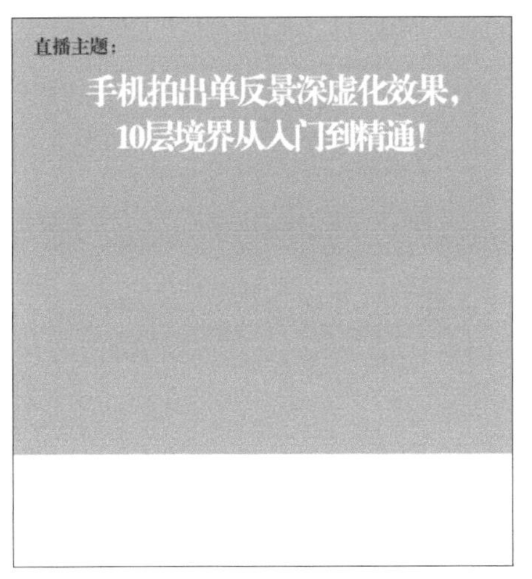

图9-35 输入文字

图9-36 绘制正圆选区

步骤 07 选取工具箱中的移动工具，将选区内的图像拖曳至背景图像编辑窗口中，适当调整图像的位置，效果如图9-37所示。

步骤 08 在“图层”面板中设置“图层2”图层的“混合模式”为“正片叠底”，效果如图9-38所示。

图9-37 拖曳图像

图9-38 设置图层的混合模式

步骤 09 选取工具箱中的横排文字工具，在“字符”面板中设置“字体系列”为“方正小标宋简体”、“字体大小”为6点、“颜色”为深蓝色（RGB参数值分别为20、49、79），并激活仿粗体图标，在图像编辑窗口中输入文字，效果如图9-39所示。

步骤 10 复制刚刚输入的文字图层，运用移动工具将其移动至合适位置，并运用横排文字工具修改文本内容，效果如图9-40所示。

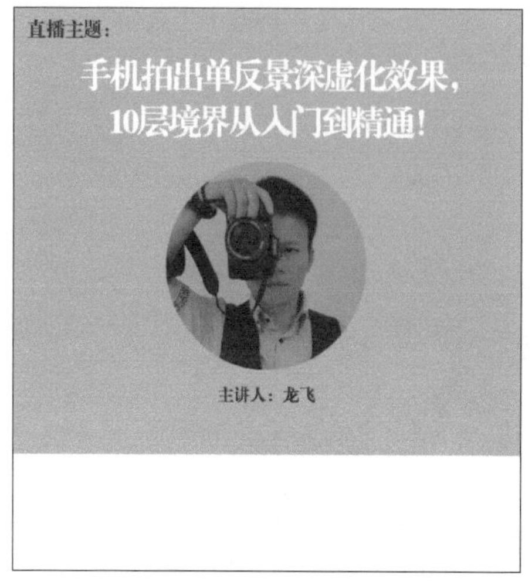

图9-39 输入文字

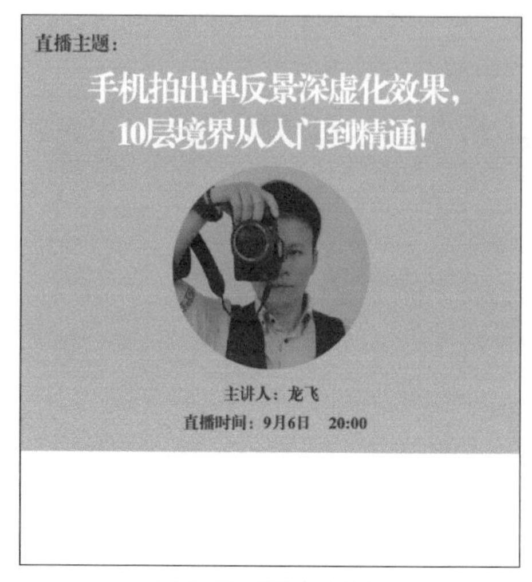

图9-40 修改文本内容

9.2.2 制作讲师简介与课程大纲效果

下面详细介绍制作讲师简介与课程大纲效果的方法。

步骤 01 按【Ctrl＋O】组合键，打开“讲师简介.psd”素材图像，运用移动工具将素材图像拖曳至背景图像编辑窗口中，适当调整图像的位置，效果如图3-41所示。

步骤 02 选中“图层”面板中的“1”图层组，复制该图层组，得到“1拷贝”图层组，重命名为“2”，并将图层组移至图层最上方，如图9-42所示。

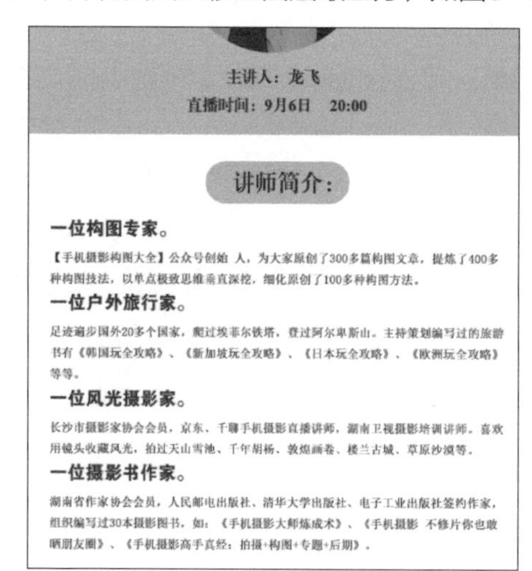

图9-41 拖曳图像

图9-42 调整图层组顺序

步骤 03 在图像编辑窗口中将“2”图层组的图像移动至合适位置，如图9-43所示。

步骤 04 选取工具箱中的横排文字工具，修改相应文本内容，如图9-44所示。

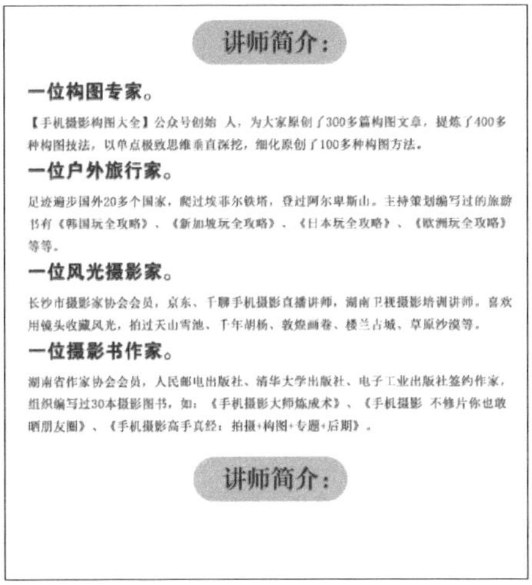

图9-43 移动图像

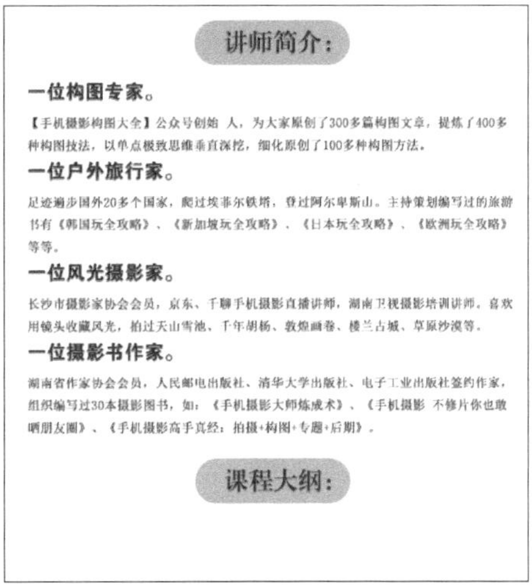

图9-44 修改相应文本内容

步骤 05 选取工具箱中的横排文字工具，在“字符”面板中设置“字体系列”为“方正小标宋简体”、“字体大小”为7点、“颜色”为深蓝色（RGB参数值分别为20、49、79），如图9-45所示。

步骤 06 在图像编辑窗口中输入文字，并移动至合适位置，效果如图9-46所示。

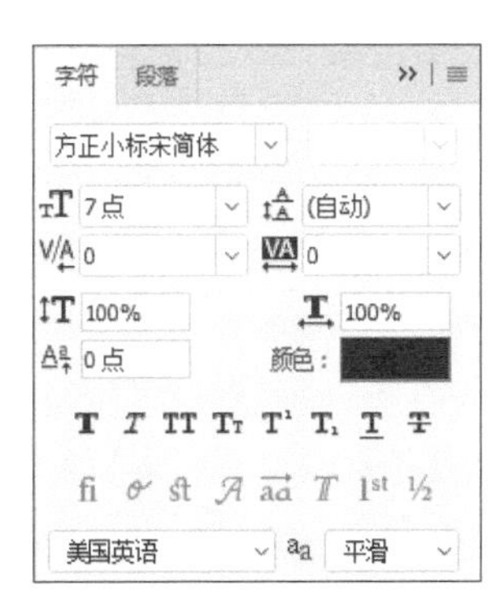

图9-45 设置各选项

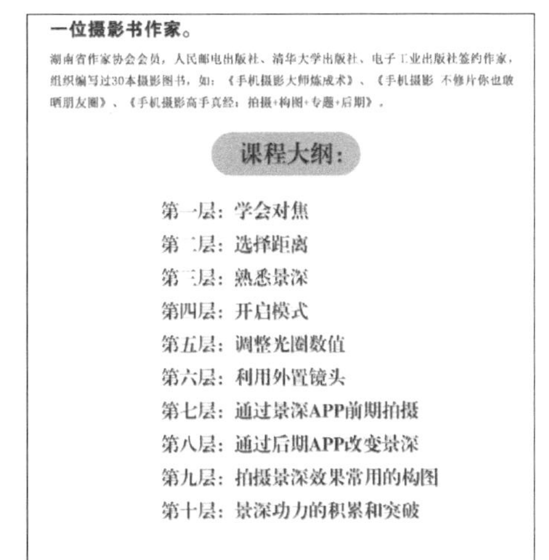

图9-46 输入并移动文字

步骤 07 选取工具箱中的矩形工具，在工具属性栏中设置“填充”为无、“描边”为深蓝色（RGB参数值分别为20、49、79）、“描边宽度”为4像素，在图像编辑窗口中的适当位置绘制一个矩形形状，效果如图9-47所示。

步骤 08 在“图层”面板中，将“矩形1”图层调整至“2”图层组的下方，效果如图9-48所示。

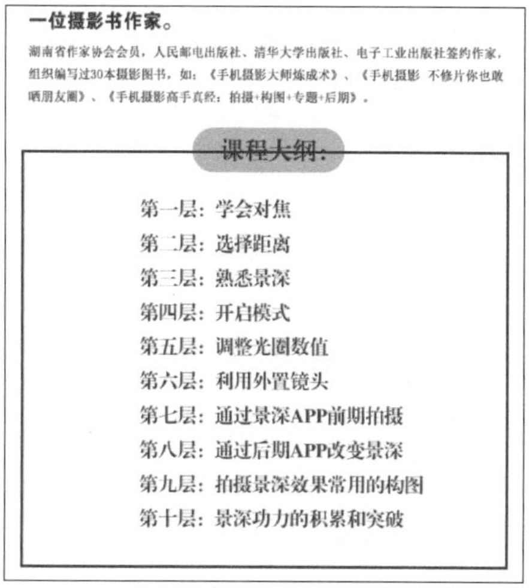

图9-47 绘制矩形 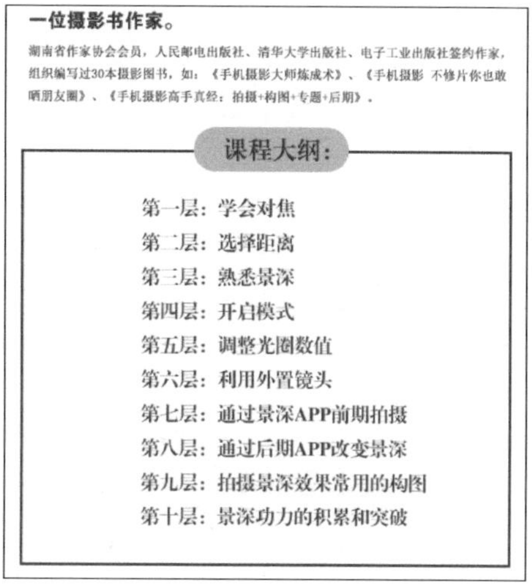　　　　图9-48 调整图层顺序

9.2.3 制作图书推荐与求关注效果

下面详细介绍制作图书推荐与求关注效果的方法。

步骤 01 按【Ctrl+O】组合键，打开“讲师作品.psd”素材图像，运用移动工具将素材图像拖曳至背景图像编辑窗口中，适当调整图像的位置，效果如图3-49所示。

步骤 02 复制“2”图层组与“矩形1”图层，将复制后的图像移动至合适位置，效果如图9-50所示。

图9-49 拖曳图像

图9-50 移动图像

步骤 03 选中“矩形1拷贝”图层，按【Ctrl+T】组合键，调出变换控制框，适当调整图像的大小，并按【Enter】键确认变换，效果如图9-51所示。

步骤 04 选取工具箱中的横排文字工具，修改相应文本内容，如图9-52所示。

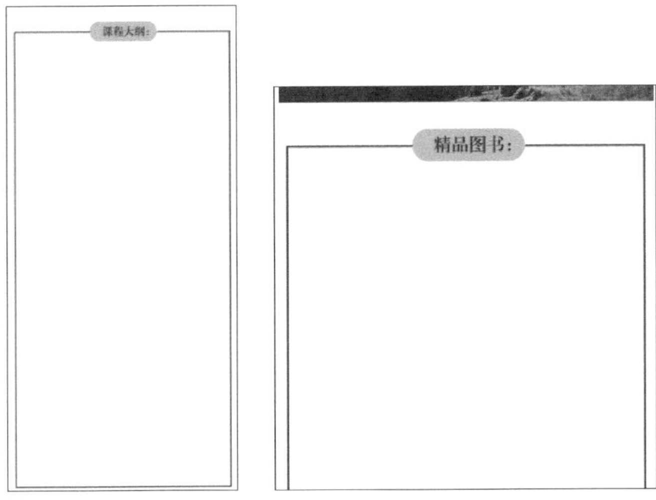

图9-51 确认变换　　图9-52 修改相应文本内容

步骤 05 按【Ctrl+O】组合键，打开“书籍1.jpg”素材图像，运用多边形套索工具沿书籍边缘创建选区，如图9-53所示。

步骤 06 运用移动工具将选区内的图像拖曳至背景图像编辑窗口中，适当调整图像的大小和位置，效果如图9-54所示。

图9-53 创建选区

图9-54 拖曳图像

步骤 07 按【Ctrl+O】组合键，打开“书籍2.psd”素材图像，运用移动工具将素材图像拖曳至背景图像编辑窗口中，适当调整图像的位置，效果如图9-55所示。

步骤 08 选取工具箱中的横排文字工具，在“字符”面板中设置“字体系列”为“方正小标宋简体”、“字体大小”为9点、“颜色”为深蓝色（RGB参数值分别为20、49、79），并激活仿粗体图标，在图像编辑窗口中输入文字，效果如图9-56所示。

图9-55 拖曳图像　　图9-56 输入文字

9.3 实战——主播推荐海报设计

在制作主播推荐海报时，先打开素材图像并进行适当的处理，然后运用笔刷合成金色的主题文字，再运用图层样式制作出主播信息边框，即可完成设计。

本实例最终效果如图9-57所示。

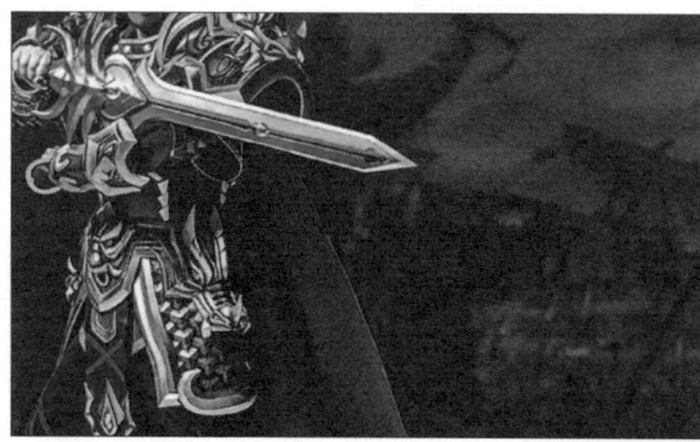

图9-57 实例效果

扫码看视频

素材文件	素材\第9章\主播推荐海报背景.jpg、金色笔刷.jpg、标志.psd
效果文件	效果\第9章\主播推荐海报设计.psd、主播推荐海报设计.jpg
视频文件	视频\第9章\9.3 实战——主播推荐海报设计.mp4

9.3.1 调整主播推荐海报背景颜色

下面详细介绍调整主播推荐海报背景颜色的方法。

步骤 01 单击“文件”|“打开”命令，打开“主播推荐海报背景.jpg”素材图像，如图9-58

所示。

步骤 02 单击“图像”|“调整”|“亮度/对比度”命令，弹出“亮度/对比度”对话框，设置“亮度”为60、“对比度”为20，如图9-59所示。

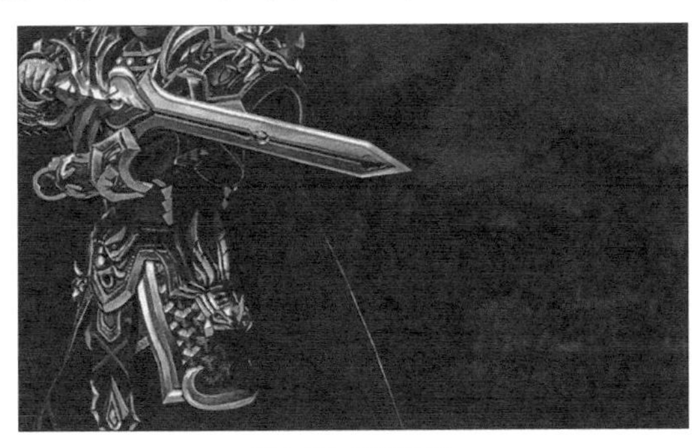

图9-58 素材图像

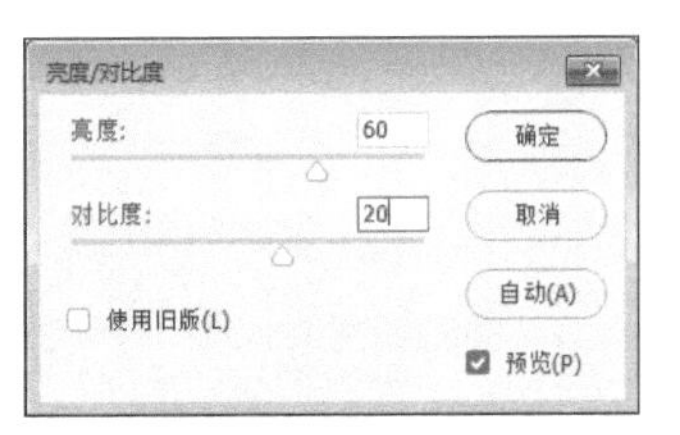

图9-59 设置各选项

步骤 03 单击“确定”按钮，即可应用“亮度/对比度”命令，效果如图9-60所示。

步骤 04 单击“滤镜”|“杂色”|“减少杂色”命令，弹出“减少杂色”对话框，设置“强度”为7、“保留细节”为51%、“减少杂色”为52%、“锐化细节”为0%，如图9-61所示。

图9-60 调整图像亮度

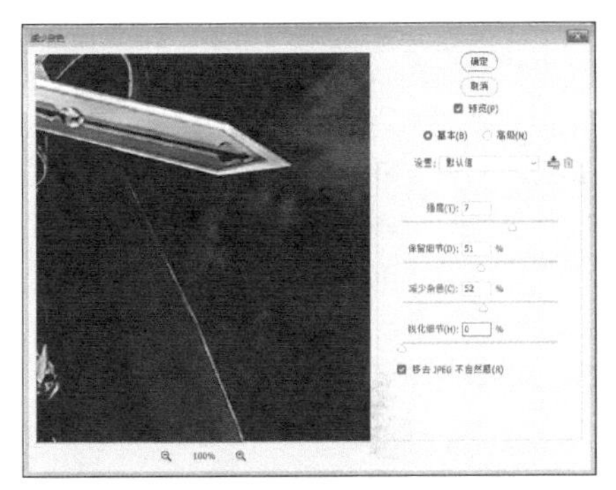

图9-61 设置各参数

步骤 05 单击“确定”按钮，即可应用“减少杂色”滤镜减少图像中的杂色，效果如图9-62所示。

步骤 06 单击“图像”|“调整”|“自然饱和度”命令，弹出“自然饱和度”对话框，设置“自然饱和度”为60、“饱和度”为12，单击“确定”按钮，效果如图9-63所示。

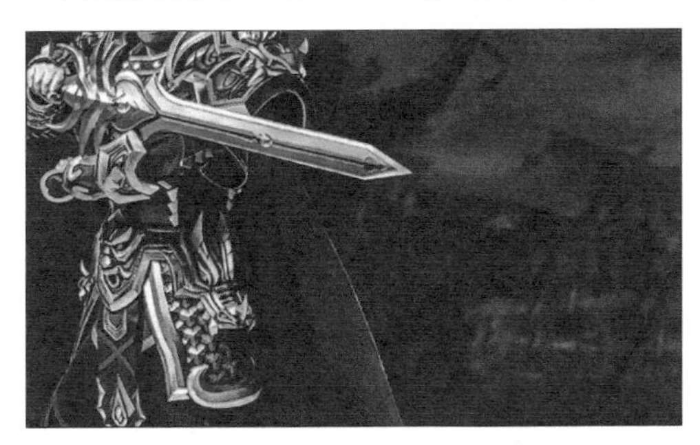

图9-62 应用“减少杂色”滤镜

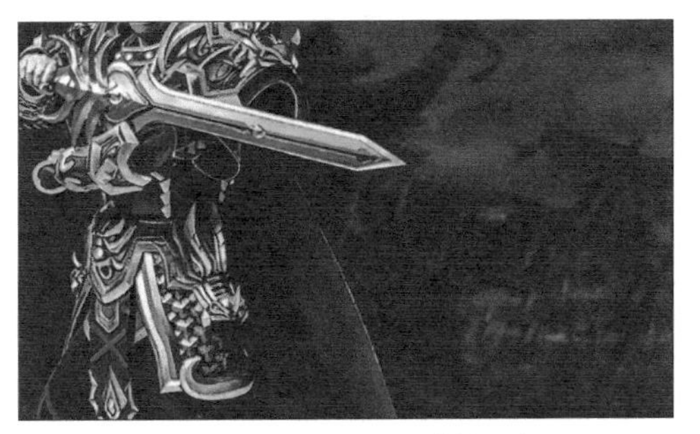

图9-63 调整图像的自然饱和度

9.3.2 制作金色发光标题文字效果

下面详细介绍制作金色发光标题文字效果的方法。

步骤01 选取工具箱中的横排文字工具，在“字符”面板中设置“字体系列”为“段宁毛笔行书”、“字体大小”为52点、“行距”为42点、“设置所选字符的字距调整”为-200、“颜色”为白色（RGB参数值均为255），在图像编辑窗口中输入文字，效果如图9-64所示。

步骤02 双击文字图层，打开“图层样式”对话框，选中“描边”复选框，设置“大小”为8像素、“颜色”为黑色（RGB参数值均为0），如图9-65所示。

图9-64 输入文字

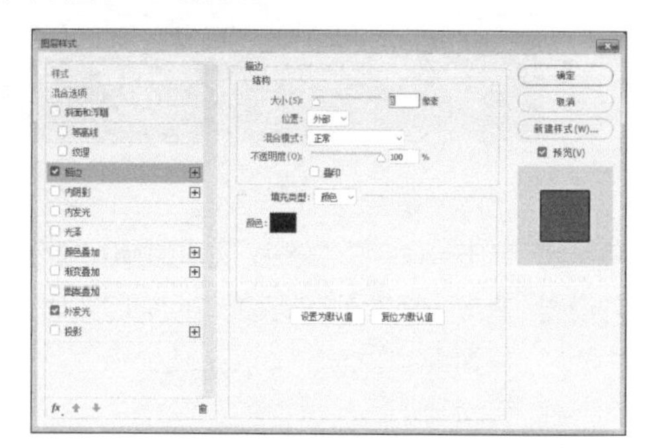

图9-65 设置各选项

步骤03 选中“外发光”复选框，设置“不透明度”为50%、“扩展”为0%、“大小”为62像素，单击“确定”按钮，即可为文字添加相应图层样式，效果如图9-66所示。

步骤04 按【Ctrl+O】组合键，打开“金色笔刷.jpg”素材图像，如图9-67所示。

图9-66 添加图层样式

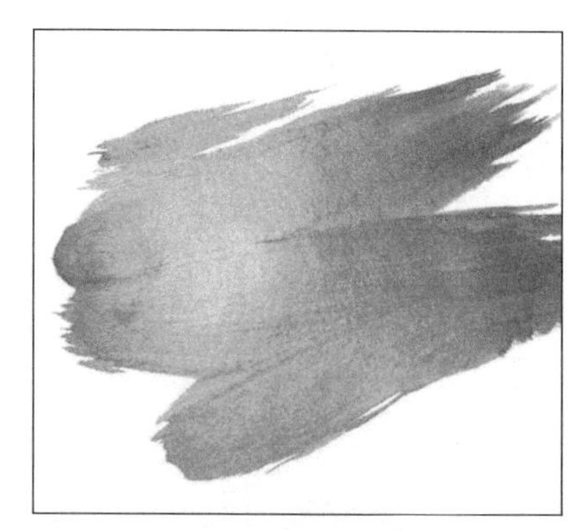

图9-67 素材图像

步骤05 单击“图像”|“调整”|“曲线”命令，弹出“曲线”对话框，在曲线上单击鼠标左键新建一个控制点，在下方设置“输入”为127、“输出”为173，如图9-68所示。单击“确定”按钮。

步骤06 单击“图像”|“调整”|“自然饱和度”命令，弹出“自然饱和度”对话框，设置“自然饱和度”为100、“饱和度”为6，单击“确定”按钮，效果如图9-69所示。

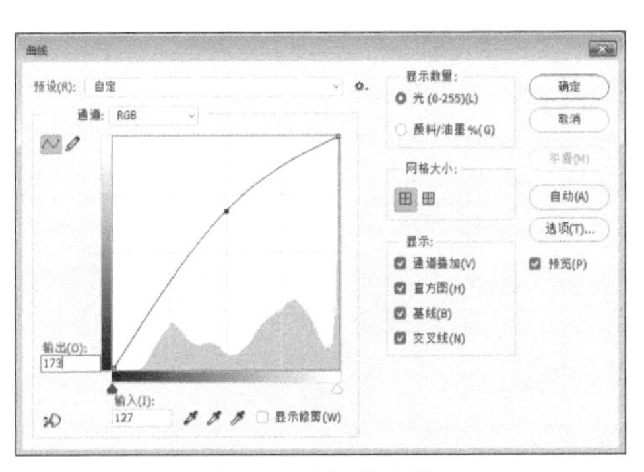

图9-68 设置各参数

图9-69 图像效果

步骤07 运用移动工具将素材图像拖曳至背景图像编辑窗口中，适当调整图像的位置，如图9-70所示。

步骤08 选中“图层1”图层，单击鼠标右键，在弹出的快捷菜单中选择“创建剪切蒙版”选项，即可创建一个剪切蒙版，此时图像编辑窗口中的效果图随之改变，如图9-71所示。

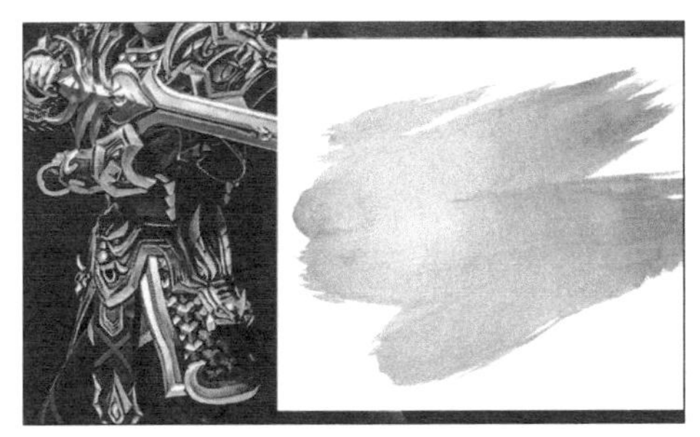

图9-70 拖曳图像

图9-71 图像效果

9.3.3 制作立体按钮与标志效果

下面详细介绍制作立体按钮与标志效果的方法。

步骤01 选取工具箱中的矩形工具，在工具属性栏中设置“填充”为渐变，并设置暗黄（RGB参数值分别为202、128、46）到浅橙色（RGB参数值分别为246、210、139）的线性渐变，如图9-72所示。

步骤02 继续在工具属性栏中设置“描边”为无，在图像编辑窗口中的适当位置绘制一个矩形形状，如图9-73所示。

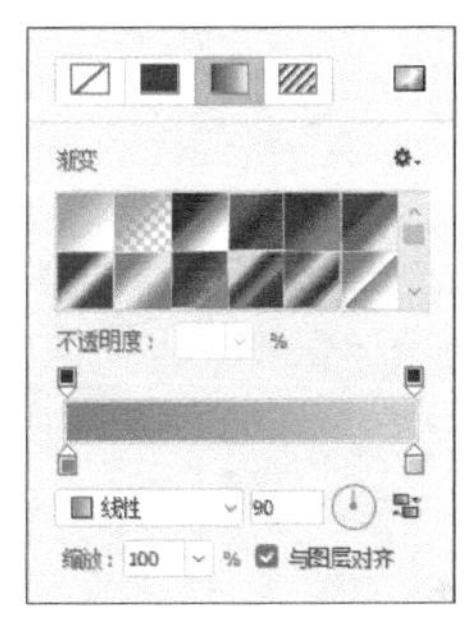

图9-72 设置渐变色

图9-73 绘制矩形

步骤 03 单击“窗口”|“样式”命令，打开“样式”面板，在其中选择“雕刻天空（文字）”样式，如图9-74所示。

步骤 04 执行操作后，即可为“矩形1”图层添加立体效果，如图9-75所示。

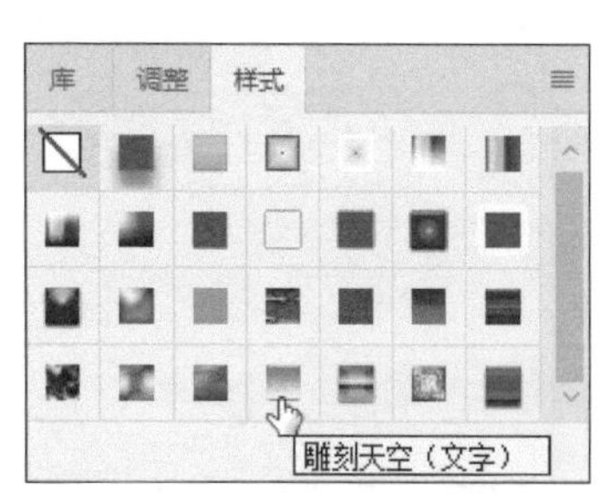

图9-74 选择相应图层样式

图9-75 添加立体效果

步骤 05 双击“矩形1”图层，弹出“图层样式”对话框，单击左下角的fx.按钮，在弹出快捷菜单中选择“显示所有效果”选项，如图9-76所示。

步骤 06 选择“渐变叠加”复选框，单击“点按可编辑渐变”按钮，弹出“渐变编辑器”对话框，设置浅橙色（RGB参数值分别为246、210、139）到暗黄（RGB参数值分别为202、128、46）的渐变色，效果如图9-77所示。

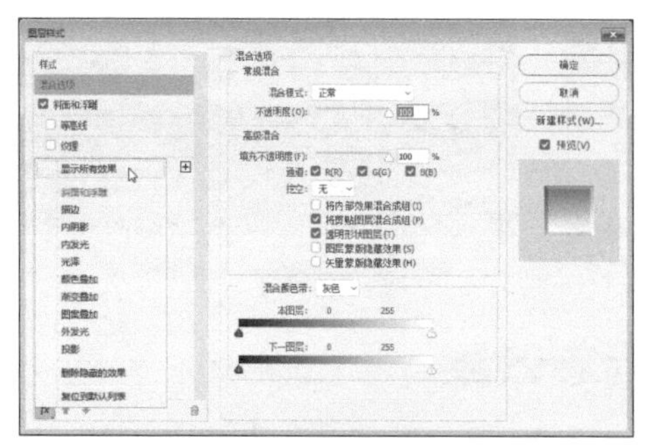

图9-76 选择“显示所有效果”选项

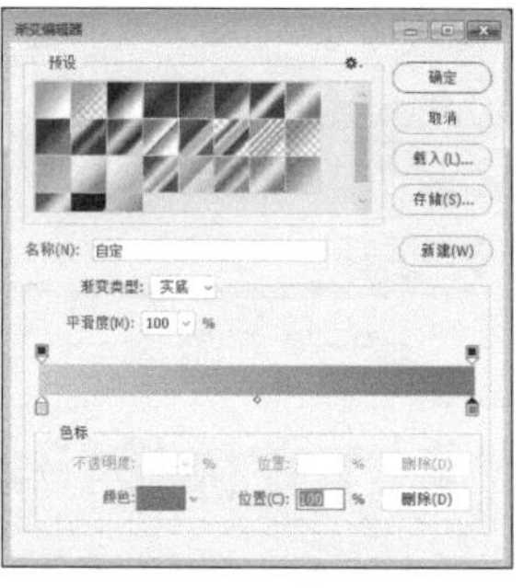

图9-77 图像效果

步骤 07 单击“确定”按钮，返回“图层样式”对话框，选择“斜面和浮雕”选项，设置“大小”为8像素，如图9-78所示。

步骤 08 选中“描边”复选框，设置“大小”为4像素、“颜色”为黑色（RGB参数值均为0），单击“确定”按钮，即可改变图层样式，效果如图9-79所示。

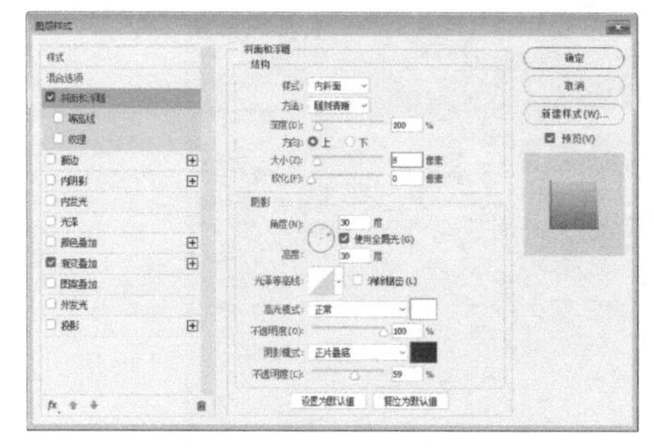

图9-78 设置“大小”参数

图9-79 改变图层样式

步骤 09 选取工具箱中的横排文字工具，在“字符”面板中设置“字体系列”为“胡敬礼毛笔行书简”、“字体大小”为14点、“设置所选字符的字距调整”为-200、“颜色”为白色（RGB参数值均为255），在图像编辑窗口中输入文字，效果如图9-80所示。

步骤 10 双击文字图层，打开“图层样式”对话框，选中“投影”复选框，设置“不透明度”为46%、“角度”为30、“距离”为4像素、“扩展”为27%、“大小”为3像素，单击“确定”按钮，即可为文字添加投影图层样式，效果如图9-81所示。

图9-80 输入文字

图9-81 图像效果

步骤 11 按【Ctrl+O】组合键，打开“标志.psd”素材图像，运用移动工具将素材图像拖曳至背景图像编辑窗口中，如图9-82所示。

步骤 12 按【Ctrl+T】组合键，调出变换控制框，适当调整图像的大小，并按【Enter】键确认变换，效果如图9-83所示。

图9-82 设置“大小”参数

图9-83 确认变换

9.4 实战——主播顶部展示设计

在制作主播顶部展示时，运用重复变换制作出蓝色条纹背景，添加可爱的装饰素材，再增加带有趣味性的文字展示主播的相关信息，即可完成设计。

本实例最终效果如图9-84所示。

图9-84 实例效果

扫码看视频

素材文件	素材\第9章\粉色圆球.psd、鱼儿.png、装饰.png、人物3.psd
效果文件	效果\第9章\主播顶部展示设计.psd、主播顶部展示设计.jpg
视频文件	视频\第9章\9.4 实战——主播顶部展示设计.mp4

9.4.1 制作蓝色条纹背景效果

下面详细介绍制作蓝色条纹背景效果的方法。

步骤 01 单击“文件”|“新建”命令，弹出“新建”对话框，设置“名称”为“主播顶部展示设计”、“宽度”为1080像素、“高度”为338像素、“分辨率”为300像素/英寸、“颜色模式”为“RGB颜色”、“背景内容”为“白色”，如图9-85所示。单击“创建”按钮，新建一个空白图像。

步骤 02 在“图层”面板中新建“图层1”图层，并为图层填充淡青色（RGB参数值分别为221、250、250），效果如图9-86所示。

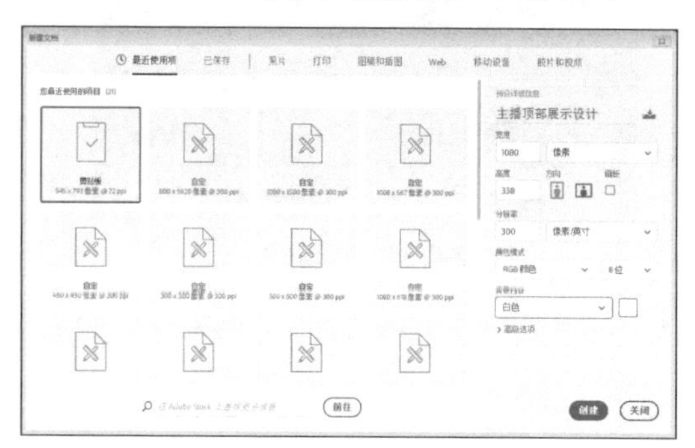

图9-85 素材图像

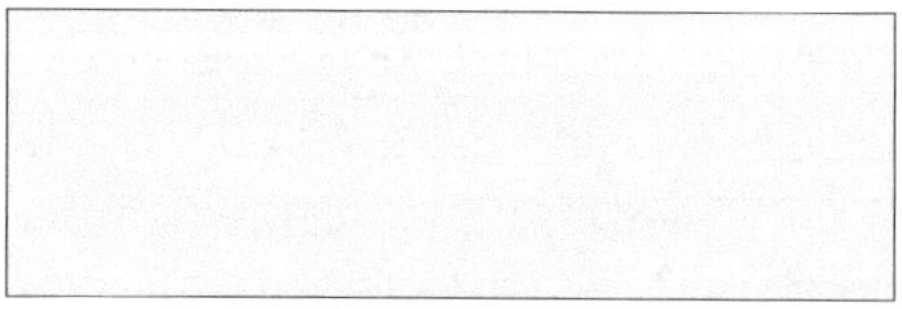

图9-86 填充淡青色

步骤 03 设置前景色为浅青色（RGB参数值分别为185、241、242），如图9-87所示。

步骤 04 新建一个图层，选取工具箱中的矩形工具，在工具属性栏中设置“选择工具模式”为“像素”，在图像编辑窗口中的适当位置绘制一个矩形，如图9-88所示。

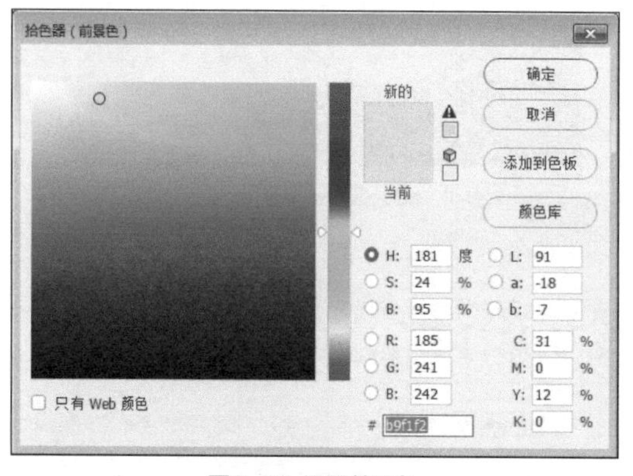

图9-87 设置前景色

图9-88 绘制矩形

步骤 05 按【Ctrl+J】组合键，复制“图层2”图层，得到“图层2拷贝”图层，按【Ctrl+T】组合键，调出变换控制框，适当调整图像的位置，并按【Enter】键确认变换，效果如图9-89所示。

步骤 06 多次按【Shift+Ctrl+Alt+T】组合键，重复变换图像，即可制作出多个条纹，合并变换后的图层，并重命名为“条纹”，效果如图9-90所示。

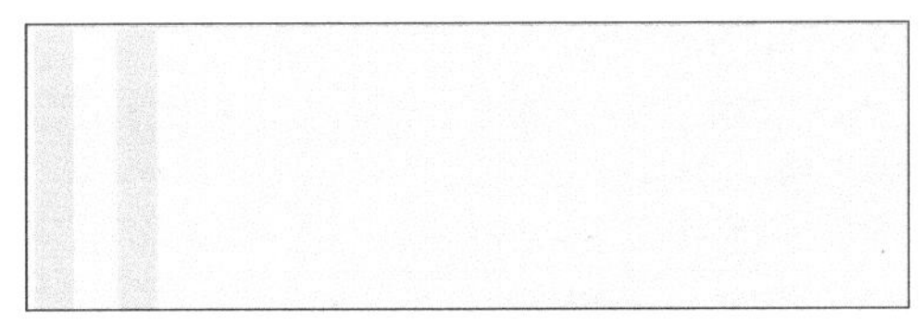
图9-89 确认变换

图9-90 图像效果

9.4.2 制作装饰图案效果

下面详细介绍制作装饰图案效果的方法。

步骤01 按【Ctrl+O】组合键，打开“粉色圆球.psd”素材图像，运用移动工具将素材图像拖曳至背景图像编辑窗口中，如图9-91所示。

步骤02 按【Ctrl+T】组合键，调出变换控制框，适当旋转图像，在控制框中双击鼠标左键即可确认变换，如图9-92所示。

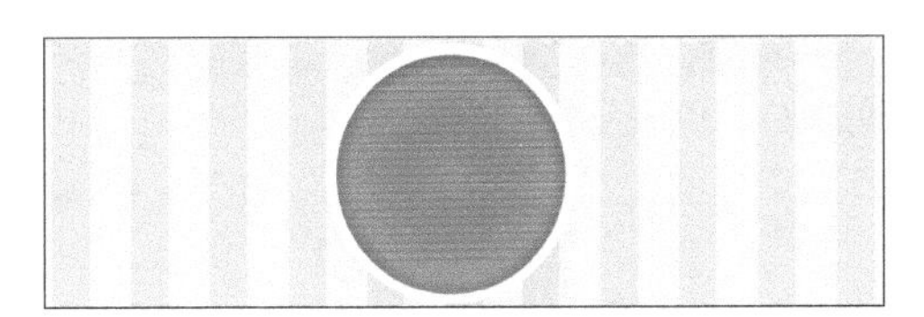
图9-91 拖曳图像

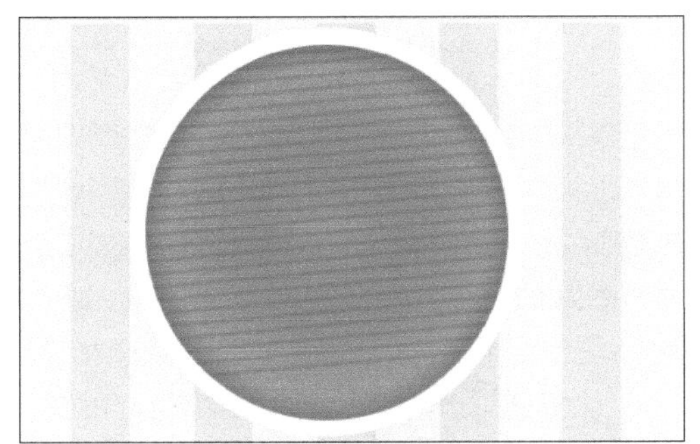
图9-92 确认变换

步骤03 选取工具箱中的椭圆工具，在工具属性栏中设置“选择工具模式”为“形状”、“填充”为青色（RGB参数值分别为115、231、228）、“描边”为无，在图像编辑窗口中绘制一个椭圆形状，效果如图9-93所示。

步骤04 按【Ctrl+J】组合键，复制“椭圆1”图层，得到“椭圆1拷贝”图层，在“属性”面板中设置“填充”为深青色（RGB参数值分别为36、185、191），如图9-94所示。

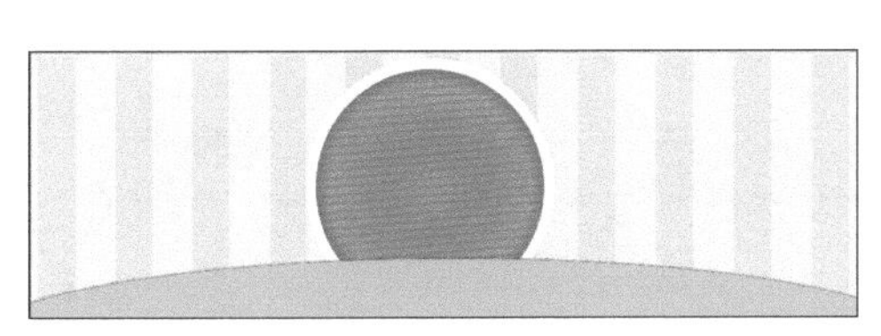
图9-93 绘制椭圆

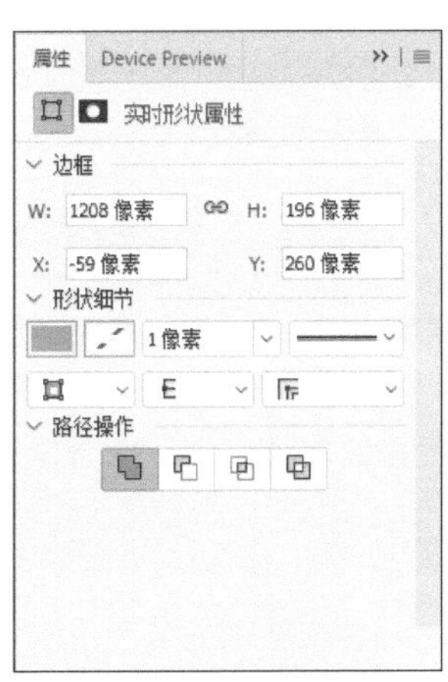

图9-94 设置“填充”颜色

步骤 05 移动图像至合适位置，并适当缩放图像，效果如图9-95所示。

步骤 06 按【Ctrl+O】组合键，打开“鱼儿.png”素材图像，运用移动工具将素材图像拖曳至背景图像编辑窗口中，适当调整图像的位置，效果如图9-96所示。

图9-95 移动并缩放图像

图9-96 拖曳图像

步骤 07 单击“图像”|“调整”|“色相/饱和度”命令，弹出“色相/饱和度”对话框，在“属性”面板中，设置“色相”为-137，单击“确定”按钮，效果如图9-97所示。

步骤 08 按【Ctrl+O】组合键，打开“装饰.png”素材图像，运用移动工具将素材图像拖曳至背景图像编辑窗口中，适当调整图像的位置，效果如图9-98所示。

图9-97 图像效果

图9-98 图像效果

9.4.3 制作人物与彩色文字效果

下面详细介绍制作人物与彩色文字效果的方法。

步骤 01 按【Ctrl+O】组合键，打开“人物3.psd”素材图像，运用移动工具将素材图像拖曳至背景图像编辑窗口中，适当调整图像的位置，效果如图9-99所示。

步骤 02 选取工具箱中的横排文字工具，在“字符”面板中设置“字体系列”为“方正综艺简体”、“字体大小”为10点、“设置所选字符的字距调整”为200、“颜色”为橙色（RGB参数值分别为255、128、0），在图像编辑窗口中输入文字，效果如

图9-100所示。

图9-99 拖曳图像

图9-100 输入文字

步骤 03 单击“图层”|“图层样式”|“描边”命令，打开“图层样式”面板，设置“大小”为4、“颜色”为白色（RGB参数值均为255），如图9-101所示。

步骤 04 选中“投影”复选框，设置“不透明度”为66%、“角度”为90、“距离”为6像素、“扩展”为45%、“大小”为8像素，单击“确定”按钮，即可为文字添加图层样式，效果如图9-102所示。

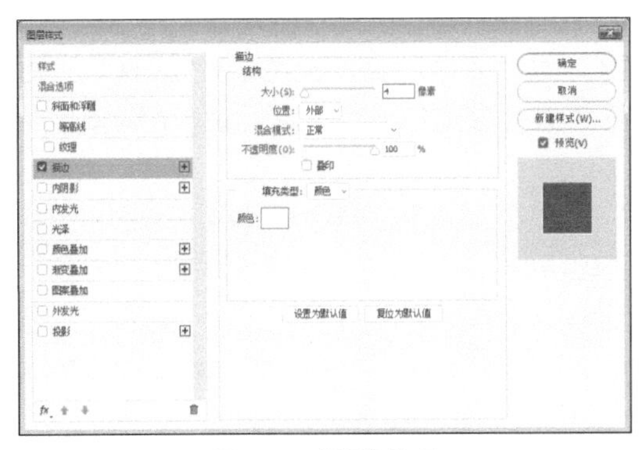

图9-101 设置各选项

图9-102 添加图层样式

步骤 05 按住【Ctrl】键的同时单击文字图层的图层缩览图，载入选区，如图9-103所示。

步骤 06 单击“选择”|“修改”|“扩展”命令，弹出“扩展选区”对话框，设置“扩展量”为10像素，单击“确定”按钮，即可扩展选区，效果如图9-104所示。

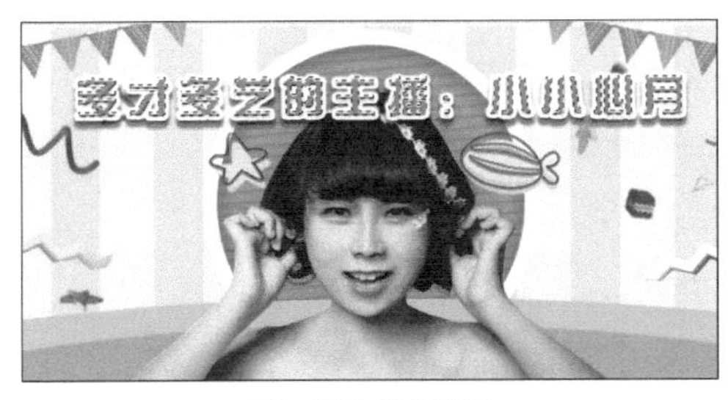

图9-103 载入选区

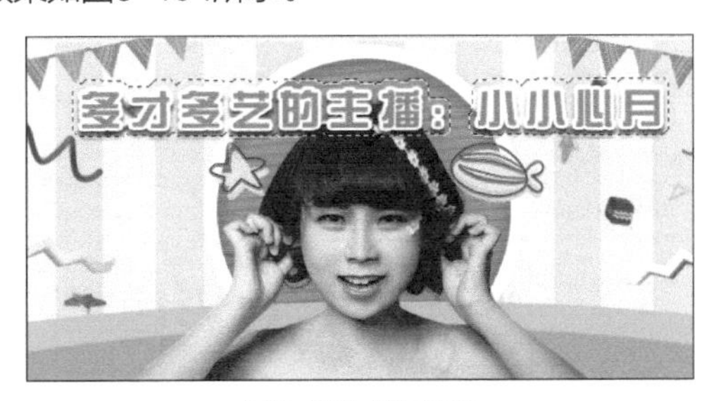

图9-104 扩展选区

专家指点

创建选区后，若选区过大，可以执行“选择”|“修改”|“收缩”命令来缩小选区范围。

步骤 07 设置前景色为深青色（RGB参数值分别为7、175、188），新建一个图层，并为选区填充前景色，效果如图9-105所示。

步骤 08 按【Ctrl+D】组合键，取消选区，将图层调整至文字图层下方，并适当调整图像的位置，效果效果如图9-106所示。

图9-105 填充前景色

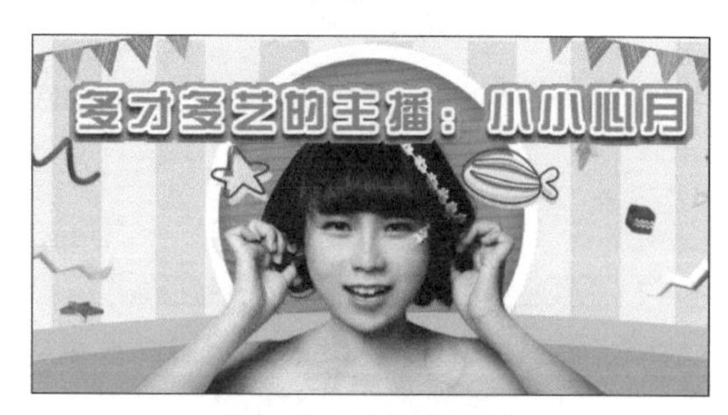

图9-106 调整图像位置

步骤 09 选取工具箱中的横排文字工具，在“字符”面板中设置“字体系列”为“汉仪秀英体简”、“字体大小”为10点、“设置所选字符的字距调整”为200、“颜色”为淡黄色（RGB参数值分别为250、238、118），在图像编辑窗口中输入文字，效果如图9-107所示。

步骤 10 单击“图层”面板底部的“添加图层样式”按钮，在弹出的快捷菜单中选择“投影”选项，弹出“图层样式”对话框，设置设置“不透明度”为75%、“角度”为90、“距离”为4像素、“扩展”为0%、“大小”为4像素，如图9-108所示。

图9-107 输入文字

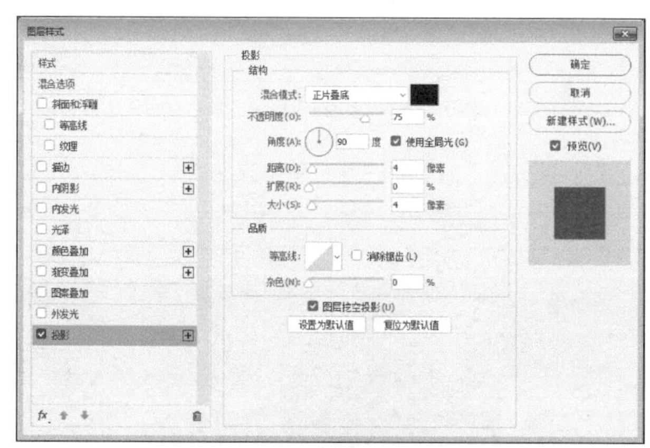

图9-108 图像效果

步骤 11 选中“描边”复选框，设置“大小”为2像素、“颜色”为棕色（RGB参数值分别为100、49、0），单击“确定”按钮，即可为文字添加图层样式，效果如图9-109所示。

步骤 12 复制刚刚输入的文字，将其移动至合适位置，运用横排文字工具修改文本内容，效果如图9-110所示。

图9-109 添加图层样式

图9-110 修改文本内容

9.5 实战——游戏直播间设计

在制作游戏直播间时，先运用图层样式制作出紫色立体的边框，再用椭圆工具绘制出多个圆形，拖入头像与装饰素材，最后添加适当说明性文字，即可完成设计。

本实例最终效果如图9-111所示。

图9-111 实例效果

扫码看视频

- 素材文件 素材\第9章游戏界面.jpg、人物4.jpg、气球.png、文字3.psd
- 效果文件 效果\第9章\游戏直播间设计.psd、游戏直播间设计.jpg
- 视频文件 视频\第9章\9.5 实战——游戏直播间设计.mp4

9.5.1 制作紫色立体边框效果

下面详细介绍制作紫色立体边框效果的方法。

步骤 01 单击“文件”|“新建”命令，弹出“新建”对话框，设置“名称”为“游戏直播间设计”、“宽度”为1920像素、“高度”为1080像素、“分辨率”为300像素/英寸、“颜色模式”为“RGB颜色”、“背景内容”为“白色”，如图9-112所示。单击“创建”按钮，新建一个空白图像。

步骤 02 在“图层”面板中新建“图层1”图层，并为图层填充暗紫色（RGB参数值分别为47、0、112），效果如图9-113所示。

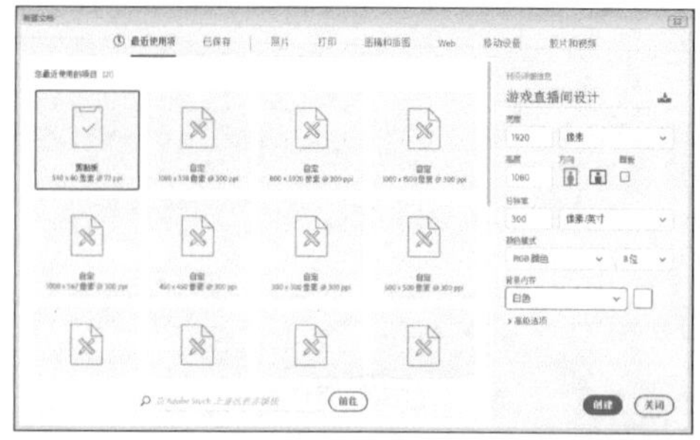

图9-112 设置各选项

图9-113 填充暗紫色

步骤 03 选取工具箱中的圆角矩形工具，在工具属性栏中设置“选择工具模式”为“形状”、“填充”为无、“描边”为玫红色（RGB参数值分别为250、59、255）、“描边宽度”为12像素、“半径”为20像素，在图像编辑窗口中绘制一个圆角矩形形状，效果如图9-114所示。

步骤 04 双击“圆角矩形1”图层，打开“图层样式”对话框，选中“投影”复选框，设置“不透明度”为75%、“角度”为90、“距离”为3像素、“扩展”为20%、“大小”为10像素，单击“确定”按钮，即可添加投影图层样式，效果如图9-115所示。

图9-114 绘制圆角矩形

图9-115 添加投影图层样式

步骤 05 按【Ctrl+J】组合键，复制“圆角矩形1”图层，得到“圆角矩形1拷贝”图层，按【Ctrl+T】组合键，调出变换控制框，适当缩放图像，并按【Enter】键确认变换，效果如图9-116所示。

步骤 06 展开“属性”面板，在其中设置“填充”为灰色（RGB参数值均为148）、“描边”为无、“半径”为8像素，效果如图9-117所示。

图9-116 确认变换

图9-117 图像效果

步骤 07 双击“圆角矩形1拷贝”图层的“投影”图层样式，在弹出的“图层样式”对话框中设置“阴影颜色”为紫色（RGB参数值分别为135、0、171），“不透明度”为100%、“距离”为1像素，单击“确定”按钮，即可改变图层样式，效果如图9-118所示。

步骤 08 按【Ctrl+O】组合键，打开“游戏界面.jpg”素材图像，运用移动工具将素材图像拖曳至背景图像编辑窗口中，适当调整图像的位置，效果如图9-119所示。

图9-118 改变图层样式

图9-119 拖曳图像

9.5.2 制作主播头像边框效果

下面详细介绍制作主播头像边框效果的方法。

步骤 01 选取工具箱中的椭圆工具，在工具属性栏中设置“填充”为紫色（RGB参数值分别为80、4、173）、“描边”为无，在图像编辑窗口中绘制一个椭圆形状，效果如图9-120所示。

步骤 02 复制“椭圆1”图层，按【Ctrl+T】组合键，调出变换控制框，按住【Shift+Alt】组合键的同时拖曳控制框四周的控制柄，从中心等比例缩图像，如图9-121所示。按【Enter】键确认变换。

图9-120 绘制椭圆选框

图9-121 从中心等比例缩图像

步骤 03 展开“属性”面板，设置“填充”为紫色（RGB参数值分别为107、23、225），效果如图9-122所示。

步骤 04 在“图层”面板中选中“椭圆1”图层与“椭圆1拷贝”图层，运用移动工具将其移动至合适位置，效果如图9-123所示。

图9-122 设置“填充”颜色

图9-123 移动图像

步骤 05 按【Ctrl+O】组合键，打开“人物4.jpg”素材图像，运用椭圆选框工具在图像的适当位置绘制一个正圆选区，如图9-124所示。

步骤 06 运用移动工具将选区内的图像拖曳至背景图像编辑窗口中，适当调整图像的大小与位置，效果如图9-125所示。

图9-124 绘制一个正圆选区

图9-125 拖曳并调整图像

步骤 07 按住【Ctrl】键的同时，单击“图层3”的图层缩览图，将其载入选区，如图9-126所示。

步骤 08 单击“编辑”|“描边”命令，弹出“描边”对话框，设置“宽度”12像素、“颜色”为玫红色（RGB参数值为239、16、247），选中“居外”单选按钮，如图9-127所示。

图9-126 载入选区

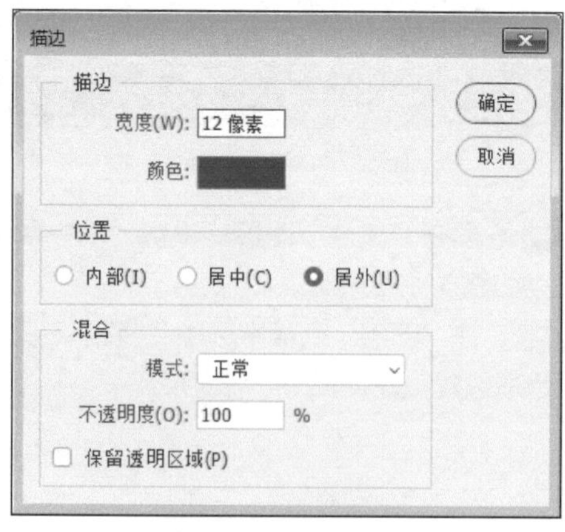

图9-127 设置各选项

步骤 09 设置完成后，单击“确定”按钮，即可为图像描边，按【Ctrl+D】组合键，取消选区，效果如图9-128所示。

步骤 10 单击“图层”|“图层样式”|“投影”命令，打开“图层样式”对话框，设置“投影颜色”为暗紫色（RGB参数值分别为29、0、99）、“不透明度”为100%、“距离”为9像素、“扩展”为0%、“大小”为9像素，单击“确定”按钮，即可为图像添加投影图层样式，效果如图9-129所示。

图9-128 取消选区

图9-129 添加投影图层样式

步骤 11 选取工具箱中的横排文字工具，在“字符”面板中设置“字体系列”为“汉仪菱心体简”、“字体大小”为14点、“颜色”为玫红色（RGB参数值分别为231、39、241），如图9-130所示。

步骤 12 选中“椭圆1拷贝”图层，图像中会显示“椭圆1拷贝”的路径，在合适位置单击鼠标左键，确定插入点，如图9-131所示。

图9-130 设置各选项

图9-131 确定插入点

专家指点

文字的划分有很多种，如果从排列方式上划分，可分为横排文字预览窗口直排文字；如果从文字的类型上划分，可分为文字和文字蒙版；如果从创建的内容上划分，可以分为点文字、段落文字和路径文字；如果从样式上划分，可以分为普通文字和变形文字。

步骤13 输入相应文字，并按【Ctrl+Enter】组合键确认输入，如图9-132所示。

步骤14 双击文字图层，打开“图层样式”对话框，选中“斜面和浮雕”复选框，设置“高光颜色”为白色（RGB参数值均为255）、“阴影颜色”为紫色（RGB参数值分别为107、16、106），其他各参数如图9-133所示。

图9-132 确认输入

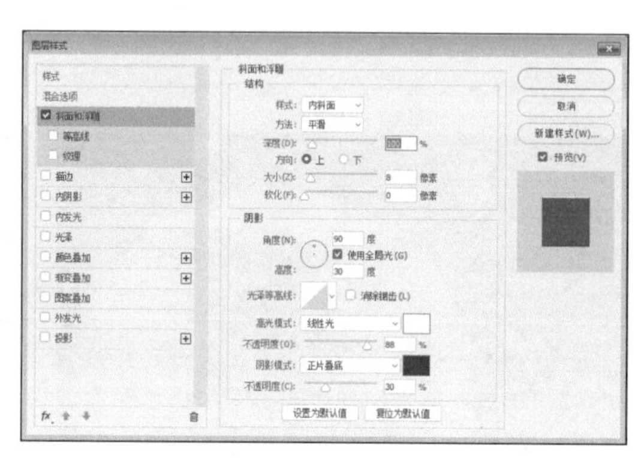

图9-133 设置各选项

步骤15 选中“描边”复选框，设置“大小”为2像素、“颜色”为紫色（RGB参数值分别为121、0、125），如图9-134所示。

步骤16 选中“投影”复选框，设置“阴影颜色”为暗紫色（RGB参数值分别为29、0、99）、“距离”为4像素、“扩展”为43%、“大小”为2像素，单击“确定”按钮，即可为文字添加相应图层样式，效果如图9-135所示。

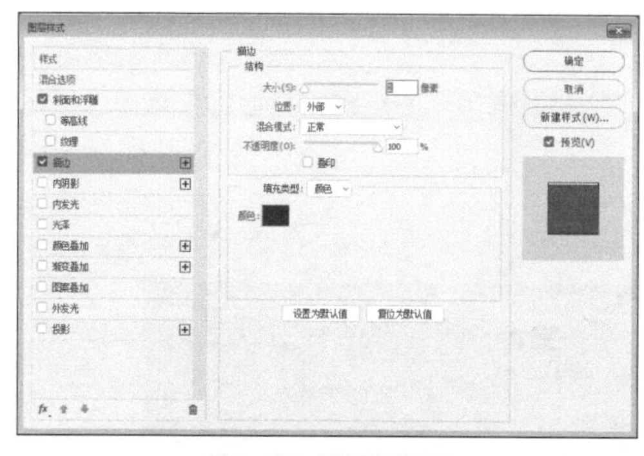

图9-134 设置各选项

图9-135 添加相应图层样式

9.5.3 制作装饰与文字效果

下面详细介绍制作装饰与文字效果的方法。

步骤01 按【Ctrl+O】组合键，打开“气球.png”素材图像，运用移动工具将素材图像拖曳至背景图像编辑窗口中，适当调整图像的位置，效果如图9-136所示。

步骤02 选取工具箱中的圆角矩形工具，在工具属性栏中设置“填充”为白色（RGB参数值均为255）、“描边”为无、“半径”为25像素，在图像编辑窗口中绘制一个圆角矩形，如图9-137所示。

图9-136 拖曳图像

图9-137 绘制圆角矩形

步骤 03 在“图层”面板中设置“圆角矩形 2”图层的“不透明度”为50%，效果如图9-138所示。

步骤 04 选取工具箱中的横排文字工具，在“字符”面板中设置“字体系列”为“汉仪菱心体简”、“字体大小”为14点、“颜色”为玫红色（RGB参数值分别为231、39、241），在图像编辑窗口中输入文字，效果如图9-139所示。

图9-138 设置图层“不透明度”参数

图9-139 输入文字

专家指点

在Photoshop中，文字具有极为特殊的属性，当用户输入相应文字后，文字表现为一个文字图层。文字图层具有普通图层不一样的可操作性，例如，在文字图层中无法使用画笔工具、铅笔工具、渐变工具等工具，只能对文字进行变换、改变颜色等有限的操作。当用户对文字图层使用上述工具操作时，则需要将文字栅格化。

步骤 05 双击文字图层，打开“图层样式”对话框，选中“描边”复选框，设置“大小”为2像素、“颜色”为灰色（RGB参数值均为206），如图9-140所示。

步骤 06 选中“外发光”复选框，设置“不透明度”为35%、“扩展”为0%、“大小”为13像素，单击“确定”按钮，即可为文字添加相应图层样式，效果如图9-141所示。

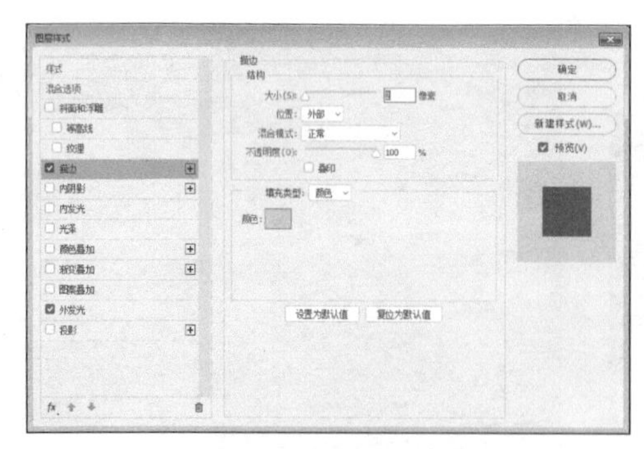

图9-140 设置各选项

图9-141 添加相应图层样式

步骤07 选取工具箱中的自定形状工具，在工具属性栏中设置“填充”为玫红色（RGB参数值分别为231、39、241）、“描边”为无、“形状”为“箭头19”，在图像编辑窗口中的适当位置绘制一个形状，效果如图9-142所示。

步骤08 复制相应文字图层的图层样式，并粘贴在“形状1”图层上，效果如图9-143所示。

图9-142 绘制形状

图9-143 粘贴图层样式

步骤09 选取工具箱中的横排文字工具，在“字符”面板中设置“字体系列”为“黑体”、“字体大小”为7点、“颜色”为白色（RGB参数值均为255），并激活仿粗体图标，在图像编辑窗口中输入文字，效果如图9-144所示。

步骤10 按【Ctrl+O】组合键，打开“文字3.psd”素材图像，运用移动工具将素材图像拖曳至背景图像编辑窗口中，适当调整图像的位置，效果如图9-145所示。

图9-144 输入文字

图9-145 拖曳图像